DRY-AGING
WET-AGING
MIXED-AGING

숙성육의 기술

「숙성」— 시간으로 고기를 요리하다

정건호

PROLOGUE

시간의 미학(味學), 기다림의 대가는 달콤하다

오래전 해양대학교를 갓 졸업하고 해운회사의 배에 올라타 수년 동안 세계 곳곳 대양을 항해하고 다녔던 때였던 것 같다. 육체적 노동과 외로움이 컸던 만큼 제공되는 부식비가 높아서 배에서의 매끼 식사는 든든했다. 특히 세계 각국의 고기를 충분히 싣고 다니며 수년 동안 먹은 고기가 내가 자라온 시절 먹은 양보다 충분히 많았을 만큼이었으니 허풍을 조금 보태면 그때부터 고기맛 좀 볼 줄 알았다고 자부한다. 아울러 이때 부식을 보관하는 냉동냉장시설을 정비하고 관리하던 업무도 있었으니 돌아보면 지금의 숙성육을 공부하면서 숙성냉장고의 운영을 잘할수 있는데 정말 많은 도움이 된 것 같다.
물론 의도했던 바는 아니지만 십여 년 전 IT사업을 접고, 지인의 소개로 육가공회사에 입사했다. 그곳에서 경영 · 마케팅 실무를 담당하며 고기에 대한 정육 마케팅의 새로운 방향을 모색하던 중 비선호 부위, 저지방 등급의 활용이 필요함을 확신했고, 오래 전 승선생활 중 먹었던 유럽의「마블링이 없던」 소고기들이 떠올랐다. 살살 녹는 듯 부드럽지는 않았지만 적당한 식감과 고소한 육향과 육즙의 맛이 떠올랐다. 전문적인 숙성방법은 아니었지만 길게는 몇 개월을 항해해야 하는 배의 특성상 고기를 적당한 온도에서 상하지 않게 보관해야만 했고, 이런 과정을 거치면서 마블링이 많지 않은 소고기도 적당한 식감으로 즐길 수 있었던 기억이 있다. 훗날 사후강직이 해소되는 기간이 필수적으로 필요한 소고기를 보다 맛있고 건강하게 먹으려면 보관방법이 발달해야 하는데, 이 방법이 곧「숙성」이라는 것을 확신하였다.

건식숙성(Dry-aging) 방식은 처음엔 국내에서 다소 생소한 분야였고, 마니아를 중심으로 시장을 형성하기 시작했다. 고기 특유의 풍미와 부드러운 육질을 만들기 위해 고기를 공기 중에 그대로 노출한 채 냉장상태로 저장하는 방식으로, 적당한 시간과 환경이 제공된다면 질 좋은 소고기로 숙성된다. 단, 습도, 온도, 바람 등 최적화된 환경이 아닌 상태로 방치된다면「숙성」이 아니라「부패」가 된다. 따라서 숙성하면서 썩지 않는 고도의 기술과 노하우가 필요하다. 그렇기 때문에 저온저장고에서 4주 정도 자연숙성된 고기를 맛본다는 것은 정육인의 노력이고 정성이며, 시간으로 만드는 가장 훌륭한 요리이다.

식생활에 가장 많이 사용되는 원재료인 고기를 차원이 다른 육질과 육향으로 바꾸는 기다림은 더 이상 기다림이 아닌 오마주의 시간으로 받아들여진다. 앞서 이야기하였듯이 나는 축산학을 전공한 식육전문가가 아니다. 고기에 대한, 엄밀히 말하면 고기 숙성에 대한 관심이 열정으로 바뀌었고, 이제는 자부심으로 자리잡아 지금의 숙성육 전문가인 나를 만들었다.

이 책이 소고기 숙성에 대한 모든 지식을 가르쳐 줄 수는 없을 것이다. 다만 우리에게 훌륭한 단백질 공급원 중 하나인 고기를 다루는 정육인들이 붉은 조명 아래에만 머무르지 않고 고기에 대한 고민을 계속할 수 있도록, 그리고 부패가 아닌 숙성이라는 미세한 차이를 올바르게 인식하여 소비자에게 맛있는 고기를 제공하고 싶은 마음으로 용기를 내어 나의 서툰 지식을 옮겨 보았다. 한없이 부족하지만 이것만으로도 큰 보람이 아닐 수 없다. 더불어 이 책은 건식숙성만이 옳다는 것도 아니고, 식육을 다루는 누구나가 효율적인 방법을 선택하여 자신에게 알맞은 숙성법을 개발할 수 있도록 안내하려고 한다. 어려운 용어나 숙성의 기원, 문헌을 참고한 내용보다는 내가 겪은 숙성과정 중 실패와 성공적인 연구과정을 상세히 기록하여 누구나가 작은 공간에서 최소한의 투자로 부패가 되지 않는 숙성방법으로 경쟁력을 높이고, 더불어 보다 나은 축산업계가 되길 희망할 뿐이다.

끝으로 축산업에 종사하는 한사람으로서 오늘도 새롭게 다짐하는 나만의 서약이다.

나는, 정육점 주인으로서 나의 직업은 책임감을 갖고 동물 전체를 잘 사용하는 것이다.

나는, 내 일의 가치와 고객 가족의 행복을 위해 노력한다.

나는, 동물에 대한 존중으로 양심의 마지막 힘줄 하나까지 모든 것을 사용하여 매일매일 일하겠다.

나는, 고객에게 동물 총무게의 10% 미만을 차지하는 부위만을 판매할 수는 없기에, 어렵고 기다림이 필요한 숙성과 고기요리에 나의 정성을 다할 것이며, 아울러 이를 건강하고 아름답게 만들어야 한다.

나는, 위의 말들이 나의 의무이자 책임이라 생각하기 때문에 나의 정육점을 「아름다운 고기요리를 기다리는 곳」이라고 하겠다.

정건호

CONTENTS

PART 01

숙성의 이해

PART 02

숙성의 방법

PART 03

숙성을 위한 부위별 발골과 정형 테크닉

PART 04

부위별 숙성과정과 숙성 후 정형 테크닉

PART 05

국내 숙성육 시장 전망

PART 06

숙성육을 맛있게 먹는 방법

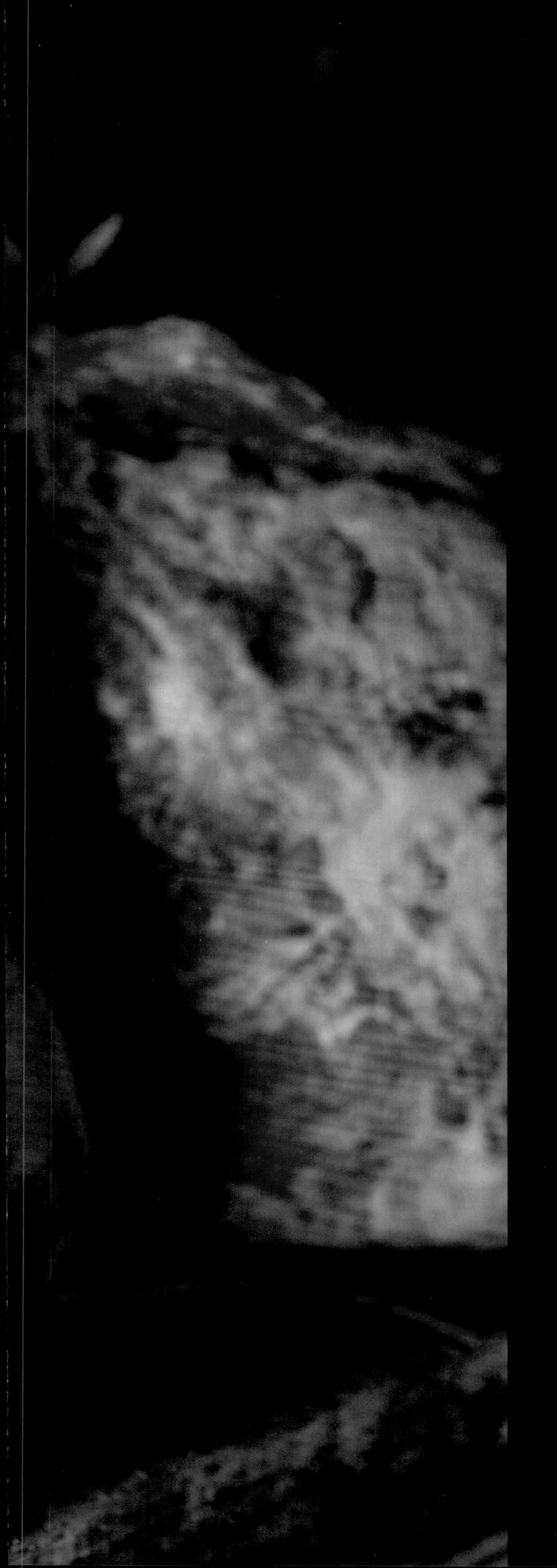

PART 01

숙성의 이해

01 숙성의 시작

오래전 육가공업계(정육점)에 발을 들여놓으면서 그곳에서 처음으로 「3등급 육우 비거세」를 접하였다. 흔히 말해 시장에서 가장 저렴하고 질긴 소고기를 만났고, 숙성과의 인연이 시작되었다.

지금도 등급과 품종에 대한 소비자 인식에 다소 차이가 있지만, 이때만 해도 소비자나 판매자에게 육우에 대한 인식은 좋지 않았다. "육우는 젖소다.", "육우는 나쁜 고기" 등 뚜렷한 이유 없이 육우에 대한 인식이 좋지 않았다. 마치 돼지 삼겹살은 좋은 부위이고, 돼지 뒷다리살은 나쁜 부위라는 논리처럼 질긴 부위는 나쁘고 해롭다고 인식되는 것 같았다. 젖소가 되었든 등급이 어떻든, 생산 과정에서 위생적으로 문제가 없고 인체에 해롭지 않다면, 마블링이 없어도 맛있다면 좋은 소가 아닐까? 오히려 좋은 소, 나쁜 소의 구분보다는 마블링 수치, 숙성기간, 사육 사료, 더 나아가 전단력 수치 등 지표화할 수 있는 다양한 정보를 올바르게 전달한다면 소비자는 요리방법, 선호도에 따라 자신에게 알맞은 소고기를 선택하지 않을까? 라는 반항심도 이때부터 생긴 것 같다. 여하튼 당시에는 마블링이 없다는 이유와 등급이 낮은 소고기를 판매한다는 이유만으로 안 좋은 고기를 판매하는 나쁜 사람이 된 것 같았다.

참으로 흥미로운 사실은 그때나 지금이나 독일 및 서양의 많은 국가들은 돼지 뒷다리살과 앞다리살이 가장 좋은 부위이며, 지방이 많은 삼겹살은 소비자에게 많은 관심을 받지 못하고 있다. 물론 서양이 옳다는 것은 아니지만, 건강한 식육문화를 만들고 싶었던 열정으로 저등급, 저지방 비선호 부위에 관심을 갖기 시작했고, 이때 「숙성」이라는 단어를 처음 접하였다. 과학적인 말은 아니지만, "고기와 과일은 썩기 전이 가장 맛있다"라는 말에 확신을 갖기 시작했다. 또한, 마블링이 적다는 것은 해로운 것이 아닌 오히려 사람에게 유익한 것이라는 확신도 하게 되었다. 이때부터 숙성이 필요한 이유에 스스로 답을 찾고 숙성방법을 연구하기 시작하였다.

02 최상의 숙성 노하우는 「선택 과정」이다

현재 축산업은 급속하게 성장하고 있으며, 그 중에서도 숙성육 시장은 다양한 숙성방법이 연구 개발되고 있다. 건식숙성, 습식숙성, 냉수침지숙성, 혼합숙성 등 다양한 숙성방법이 2주부터 6주, 심지어 120일 숙성 등 오랜 시간을 나타내는 숫자와 함께 마케팅에 활용되고 있다. 이는 숙성에 대한 소비자의 요구가 시장에 반영되고, 시장은 그만큼 빨리 반응하고 있음을 나타낸다. 그래서인지 숙성방법에 대한 문의와 배우기를 희망하는 사람들이 최근 들어 적지 않게 문의를 해온다. "숙성을 하면 정말 맛이 좋아지나요?", "숙성을 시작하려면 시설비용이 어느 정도 필요한가요?"라는 질문을 가장 많이 받는다.

우선, 숙성이 고기의 맛을 높이는 최고의 요리방법인 것은 사실이다. 하지만 시설비용에 대한 답은 단정지어 말하기가 어렵다. 시설비용은 숙성방법에 따라서도 많은 차이가 날 수 있으며, 예측생산량에 비례해서도 차이가 발생한다. 아울러 타겟고객, 판매방식, 조리방법, 원료육, 수급방법 등 수집된 다양한 정보에 따라 숙성법이 변하기 때문에 시설비용에 대한 산출은 정확히 계산하여 말하기 어렵다. 그렇다고 숙성을 위해서 많은 투자비용이 소요된다는 것은 아니다. 모든 숙성법에서 가장 중요한 요소인「온도」를 일정하게 유지시키는 최소의 시설만으로도 숙성은 가능하다. 그렇지만 식육에 다양한 숙성맛을 입힐 수 있는 건식숙성으로 운영한다면 온도 외에도「습도」와 「바람」이라는 조건이 추가되고, 이 조건들은 상당히 다양한 형태로 결과물을 생산해내기 때문에 복잡해진다.

따라서 나만의 숙성방법을 구축하지 않고 숙성시설에 먼저 투자한다면 시장 환경, 고객 성향, 식육 상태, 재고량, 계절 요인 등 수시로 변하는 환경에 맞추어 숙성을 적용하기가 쉽지 않을 것이다. 그래서 숙성을 시작하기 전, 숙성자의 환경에 맞는 숙성방법을 찾아가는 과정이 가장 중요하다. 즉 자신에게 맞는 숙성방법을 찾아가는 과정에서 선택하는 것들로부터 자신의 숙성 철학이 담긴 숙성법이 만들어진다. 물론 이때 비로소 시설비용도 손쉽게 산출할 수 있을 것이다. 숙성은 유행이 아닌 필수라는 확실한 철학을 갖고 자신의 환경에 알맞은 숙성방법을 선택하여 찾아간다면 자신만의 창의적인 숙성법으로 최상의 품질 좋은 숙성육을 만들 수 있으리라 확신한다.

따라서 이 책에서는 숙성에 대한 기술적인 정보와 함께 여러분의 숙성을 위한 선택이 필요한 상황에서 「나만의 숙성방법 개발을 위한 선택 과정」을 7단계에 걸쳐 제시한다. 여러분은 이 과정을 통해 자신과 환경에 맞는 숙성법을 찾을 것이다.

숙성은 원재료의 상태, 즉 식육 등급에 의존하여 고기의 맛을 결정하던 예전의 수동적인 판매방법에서, 식육을 가공하는 주체자가 과학적으로 고기의 맛을 높일 수 있는 보다 능동적인 판매방법으로 전환시킬 수 있는 핵심기술이라고 할 수 있다. 이제 우리는 정형기술과 함께 숙성이라는 기술을 습득하여 축산시장을 보다 높은 수준으로 함께 발전시켜야 한다.

다방의 커피 판매원은 커피전문점의 바리스타로, 빵을 팔던 아저씨는 파티시에로, 식당의 주방장은 셰프로, 주류업계의 판매자는 소믈리에로 발전하였다. 이런 발전은 그들을 부르는 명칭만 고급스럽게 바뀐 것이 아니다. 새로운 도전과 원재료에 대한 끊임없는 연구가 이러한 업종을, 많은 사람들에게 사랑받고 배우고 싶도록 발전시킨 것이 아닐까?

식육은 식탁 위의 중요한 요리재료로 가장 많이 쓰여왔고, 그 어느 재료보다도 더 중요하게 늘 우리 곁에 있어왔다. 이제 그 잠재력을 바탕으로 새로운 기술을 연구하고 도전한다면 많은 이들에게 사랑받는 업종으로 재탄생할 것이다.

03 식육의 사후 변화와 숙성

이제 본격적으로 숙성에 대한 이론과 자신이 원하는 숙성방법의 선택 과정을 시작해 보자.

모든 동물은 도축하고 몇 시간 후부터 근육이 강하게 경직되는 사후강직 현상이 나타난다. 사후강직이 진행된 식육은 탄성을 잃고 경직성이 나타나 완전강직에 도달한 후, 시간이 지나면서 경직현상이 해제되어 근육은 다시 부드러운 상태로 되돌아간다. 이러한 현상을 「사후강직의 해제」라고 하며, 이때 고기의 맛을 좌우하는 매우 중요한 연도(부드러움)와 다즙성이 알맞게 향상된다.

일반적으로 사후강직의 해제는 동물의 종류, 부위, 온도에 따라 차이가 있으며, 1~4℃ 내외에서 소고기의 경우에는 이완과정이 약 14일, 돼지고기는 1~2일 걸린다. 즉, 이 기간 동안에 자연스럽게 발생한 효소에 의해 근원섬유 단백질과 결체조직 단백질이 서서히 분해되어 육질이 부드러워지고 아미노산이 합성되면서 풍미가 향상된다. 이 과정이 「숙성」이다.

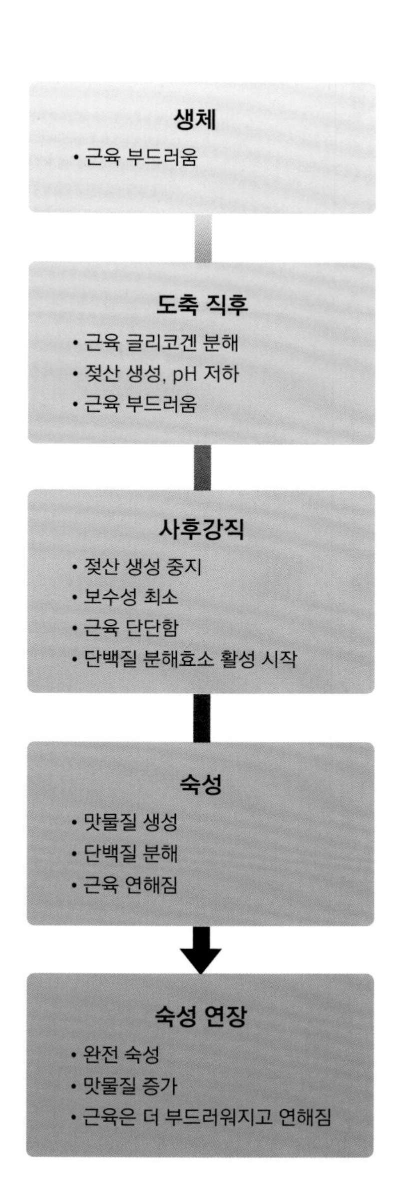

생체
• 근육 부드러움
도축 직후
• 근육 글리코겐 분해
• 젖산 생성, pH 저하
• 근육 부드러움
사후강직
• 젖산 생성 중지
• 보수성 최소
• 근육 단단함
• 단백질 분해효소 활성 시작
숙성
• 맛물질 생성
• 단백질 분해
• 근육 연해짐
숙성 연장
• 완전 숙성
• 맛물질 증가
• 근육은 더 부드러워지고 연해짐

숙성이란?
자연적인 사후강직 현상으로 딱딱하게 질겨진
육류의 근육이 적당한 냉장상태에서 시간이 경과하면서
부드러워지고 고기맛이 풍부해지는 공정이다.

식육을 보다 맛있고 부드럽게 하려면 부위별 특장점을 살린 전문적인 손질방법(정육기술)과 연육기 또는 연육제를 이용한 연육방법도 있지만, 자연적인 숙성을 통해 고기의 맛을 높이고 부드럽게 하는 방법에 대해 알아보자.

숙성은 크게 2가지의 식육 변화로 구분할 수 있다.

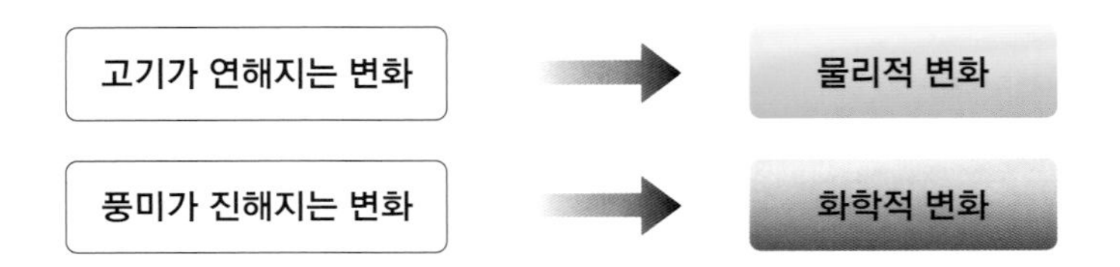

숙성방법을 정의한다면, 식육을 부드럽고 하고 풍미를 증진시키기 위해 물리적 변화와 화학적 변화를 적절히 이용하는 것이다.

물리적 변화 : 고기가 연해지는 변화 : 연도 증가

동물의 근육은 액틴(actin)과 미오신(myosin)이라는 근원섬유 단백질로 구성되어 있고, 근섬유 다발의 기본 단위인 근절(sarcomere)이 도축 직후 강직이 시작되면 수축되었다가 사후강직이 풀리고 숙성기간이 경과하면서 이완된다. 다시 말해, 사후강직은 이 두 단백질의 불가역적인 결합으로 근육이 굳어지는 단계이고, 숙성은 이 두 단백질의 분리로 식육이 부드러워지는 과정이다. 즉 식육 속에 존재하는 단백질 분해효소에 의해 근육 단백질이 분해(Z-Disk의 붕괴)되어 부드러워지는 과정이다.

화학적 변화 : 고기에 풍미가 생기는 변화 : 맛의 변화

화학적 변화를 중심으로 숙성을 정의하면, 고기는 낮은 온도에서 부패를 막으면서 인공적으로 자기소화를 진행시키는 것을 숙성이라고 하는데, 이때 핵산계 단백질 IMP, GMP 등이 생성된다. 근육이 수축하고 이완할 때 에너지 역할을 하는 ATP라는 단백질이 있는데, 이 단백질이 IMP와 GMP 등 핵산단백질로 분해되면서 고기 특유의 감칠맛과 향이 증가한다. (IMP는 감칠맛에 많은 영향을 주기도 하지만 너무 많이 분해되면 쓴맛이 나고 통풍에도 영향을 줄 수 있다는 연구결과가 있으니 과도한 숙성은 좋지 않다.) 또한, 고기의 근육단백질은 단백질 분해효소에 의해 유리아미노산, 펩타이드 등 맛을 느끼게 해주는 물질로 또다시 분해되면서 고기의 풍미 증진에 도움을 준다.

물리적 변화와 화학적 변화는,
적당한 숙성기간 동안 근육의 결체조직이 끊어져
연도가 향상(물리적 변화)되고
단백질이 아미노산으로 분해되어
맛성분이 증가(화학적 변화)하는 것이다.

04 숙성 전후 소고기의 맛에 영향을 주는 요인

숙성을 하기 전과 후에 소고기의 맛에 영향을 주는 요인이 무엇인지 알아보자.

소의 연령 | 소의 품종 및 도축 전 환경 | 숙성방법

도축 후 도체 냉각 조건 | 부위 및 부위별 조리법

소의 연령

소는 연령이 높아질수록 근육 내 지방은 적고, 근육을 연결하는 근막과 근육이 점차 질겨진다. 따라서 연령이 낮고 적정중량(약 650㎏)의 소를 선택하는 게 중요하다. 이런 이유로 한우에 비해 발육이 빠른 육우를 선택하여 숙성을 연구하였다. 우리나라는 우유 생산을 위해 홀스타인종 젖소가 필요하고, 5:5 정도의 비율로 암컷과 수컷이 교배로 자연스럽게 새끼가 태어나기 때문에 우유를 생산하는 젖소를 제외한 나머지 육우를 질 좋은 고기소로 한다면 수급도 쉬울뿐더러 나아가서는 국가에도 도움이 될 것이라 판단하였다.

소의 품종 및 도축 전 환경

도축 전에 스트레스가 없는 소는 근육 내 글리코겐이 충분하여 도축 후에도 일정기간 젖산이 분비되는데, 이 젖산이 쌓이면 사후강직이 일어날 때 pH가 정상범위인 5.4~5.6 정도로 낮아진다. 만약 도축 전에 소가 스트레스를 많이 받는다면, 도축 후 글리코겐이 별로 남아 있지 않고 젖산분비도 그만큼 줄어들어 근육의 pH는 5.8~6.0로 높아지고 고기도 질겨질 가능성이 많다. 또한, pH 6.0 이상이면 세균 증식의 가능성이 높아 건식숙성의 경우에는 부패할 확률이 높다. 그러나 부분육을 매입하여 판매하는 일반 매장의 경우, 소의 도축 전 환경을 사전에 알 수 있는 방법이 어렵기 때문에 앞으로는 생산농가와의 지속적인 교류와 신뢰로 이 문제를 해결해 나가야 한다.

도축 후 도체 냉각 조건

식육의 경우, 특히 소나 양을 도축한 후 5℃ 이하로 신속히 냉각할 때 근형질 내의 칼슘농도가 높아져, 근육은 이완되지 못하고 골격근이 현저히 수축하여 질겨지는 현상이 발생한다. 이를 저온단축 현상이라고 한다. 그러나 국내 대부분의 도축장에서는 무조건 도축 후 위생적으로 보관하기 위하여 0~1℃에서 1일 정도 보관한 후 육가공장으로 유통된다. 가급적 도체의 급속냉각을 피하고, 도체를 현수보관(지육 또는 부분육을 현수레일에 걸어서 보관하는 방법)하여 최대한 저온단축을 예방해야 한다.

숙성방법

저장 중에 사후경직이 완료되면 그 후 경직이 서서히 풀려 고기가 부드러워지고 맛이 좋아지는데, 그 현상이 숙성이다. 소는 도축한 직후에는 근육이 부드럽지만 24시간 이내에 사후강직이라는 근육수축이 일어나면서 단단해지고 매우 질겨진다. 그러다가 시간이 경과하면서 근육이 다시 이완되어 연해지기 시작한다. 저온냉장 숙성방법으로는 건조숙성, 습식숙성, 혼합숙성 등이 있다.

부위 및 부위별 조리법

소고기는 10개의 대분할과 39개의 소분할 부위로 구분되는데, 각 부위는 국내 소비자들의 식습관에 맞게 조리법과 숙성법이 달라져야 한다. 숙성은 시간이 길어질수록 연도가 좋아지지만, 건조숙성의 경우 숙성향이 발생한다. 국거리를 선호하는 국내 소비자에게는 풍미 위주의 건식숙성 방식보다는 숙성향을 최소화하는 습식방법으로 숙성시켜 식육을 판매해야 한다. 즉, 요리에 알맞은 숙성방법이 필요하다. 이와 함께 연육을 돕는 과일이나 기타 부재료를 이용한 조리법 및 다양한 가열방법으로도 연도를 향상시킬 수 있다. 숙성과 함께 다양한 가공과 조리법의 발전이 필요한 이유도 모든 육류의 맛을 좌우하는 마지막 단계는 조리법이기 때문이다. 등급이 높은 소고기도, 숙성이 잘된 소고기도 조리과정에서 과하거나 덜 조리되면 맛에 큰 영향을 주기 때문에 올바른 조리법으로 소비자에게 제공하는 것도 판매자의 필수조건이 되어야 한다.

05 소비자가 원하는 숙성

맛있는 숙성육을 가정에서 먹기 위해 개인적으로 숙성을 연구하는 사람들도 있겠지만, 전문적인 숙성기술로 식육상품의 차별화, 전문화, 그리고 유통 안정성을 높여 고객 만족과 함께 매출을 향상시키려는 숙성전문가가 대부분이다. 숙성은 이제 점점 선택에서 필수로 되어가고 있다. 즉, 매출 향상을 위한 숙성기술은 식육을 구매하는 소비자의 요구(needs)를 파악하여 소비자가 원하는 숙성기술을 개발해야 한다. 그렇다면 숙성기술을 연구하기 전에, 소비자는 과연 소고기를 구매할 때 어떤 요소를 가장 중요하게 생각하는지, 고기의 맛을 평가하는 기준은 무엇인지를 반드시 파악해야 한다.

소비자의 식육 구매 성향을 분석하기 위해, 소매 매장에서 근무하는 판매원을 대상으로 소비자가 소고기를 구매할 때 가장 많이 하는 질문이 무엇인지를 조사해보았다.

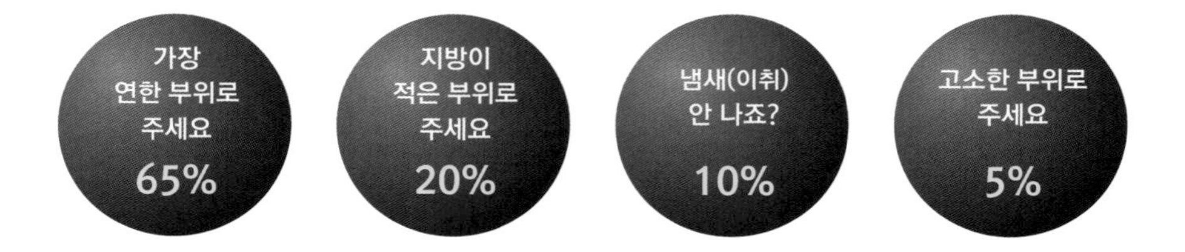

위의 결과는, 조사를 통해 일반 소비자가 소고기의 맛을 결정하는 중요 요소라고 인지한, 다음 3가지와 유사하다.

특히 한국 소비자들은 소고기의 맛을 평가할 때 고기의 연한 정도 55%, 향미 27%, 다즙성 18% 등의 기준으로 결정한다는 연구 결과로도 보여주듯이, 연도는 소고기를 구매할 때 가장 중요한 기준이다. 즉, 숙성기술을 연구해야 하는 가장 중요한 이유도 대다수 소비자의 니즈를 충족시키는 육질의 연도를 향상시키는 데 있다.

그럼 지금부터 소비자가 원하는 조건인 연도(부드러움), 저지방, 풍미 등을 향상시키기 위한 숙성의 역할을 하나씩 알아보자.

「가장 연한 부위를 주세요」 — 연도

고기를 판매하면서 소비자로부터 귀가 닳도록 듣는 소리가 바로 「부드러운 고기」이다. 거짓말을 조금 보태면 판매 당일 모든 소비자한테서 「이 고기 질기지 않나요?」라는 유사 질문을 받는다. 연도는 한국 사람들이 마블링 고기를 선호하게 된 가장 핵심적인 요인이기도 하다. 하지만 점차 건강에 대한 소비자의 인식 변화로 마블링이 적으면서도 부드러운 고기를 찾기 시작하였고, 이로 인해 고소함은 다소 떨어지지만 마블링과 지방이 적으면서 가장 부드러운 소 안심 부위가 소비자에게는 가장 안전하고 좋은 부위로 자리잡았다. 그러다보니 소 전체의 1%도 안 되는 안심 가격은 점점 상승하였고, 등급이 낮거나 비선호 부위는 계속 적체되어 재고의 불균형이 커졌다. 이렇게 연도는 소비자들이 식육, 특히 소고기를 구매할 때 가장 중요한 선택사항이 되었고, 생산자 및 판매자에게도 가장 중요한 조건이 되었다.

연도를 향상시키기 위해 가장 선호했던 방법은, 소에게 많은 사료를 주고 최소한으로 운동시키는 것이었다. 1^{++} 등급이 나오려면 많은 양의 사료를 공급해야 하고, 이는 소고기 가격에 많은 영향을 미치는 요인이 된다. 하지만 사료의 대부분을 수입에 의존하는 국내 축산시장에서는 수입산 소고기와의 가격 경쟁력이 점점 힘들어졌고, 소비자는 마블링이 적고 부드러운 고기를 점점 원하였다. 즉, 소비자와 판매자 모두 지방이 적고 부드러운 고기를 원했고, 이는 「숙성」이라는 기술과 연결되었다. 그래서 숙성이 이러한 악순환의 고리를 끊을 수 있는 핵심적인 대안이라고 판단하여 다양한 실험으로 숙성을 연구해왔다.

연도는 식육의 관능적 평가(계획된 조건 아래 여러 사람들의 감각을 통해서 제품의 질을 판단하고 보편타당한 결론을 얻어내는 수단)에서도 품질을 결정짓는 주요 요소이며, 전단력(剪斷力)은 연도를 측정할 수 있는 가장 대표적인 방법이다. 숙성이 연도에 미치는 영향을 알아보고자 가장 전단력이 높고

(전단력이 낮을수록 연하다), 등급이 낮으며, 국내산 소고기 중 가격이 가장 낮은 3등급 육우를 사용하여 숙성을 연구하였는데, 숙성방식으로는 건식숙성(Dry-aging)과 습식숙성(Wet-aging)을 적용하였다.

연구 결과, 건식숙성과 습식숙성 모두 숙성방법과는 관계없이, 숙성기간 동안의 전단력은 숙성 시작 후 약 21일까지 감소했으며(연해졌으며), 이는 저등급 소고기가 고등급의 비슷한 수준까지 연도를 증진할 수 있음을 확인한 것이다.*

* 이 연구는 「3등급 육우를 사용하여 저등급 · 저지방 식육의 부가가치 증진 프로젝트」로 서울대학교 조철훈 교수, 숙명여자대학교 윤요한 교수와 함께 연구하였다.

근육 내 미세구조 변화

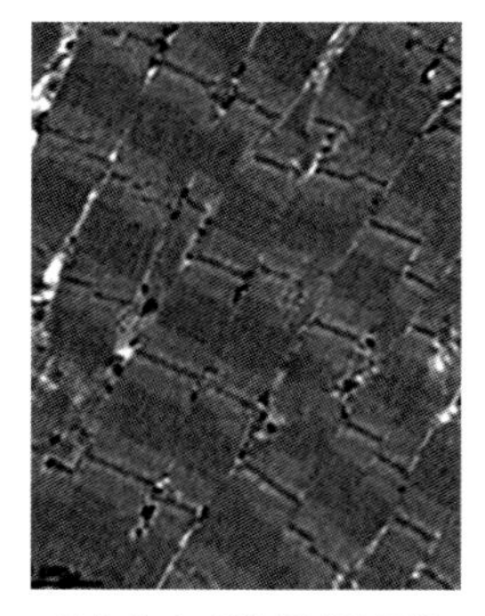

도축 후 1~3일 이내의 근육

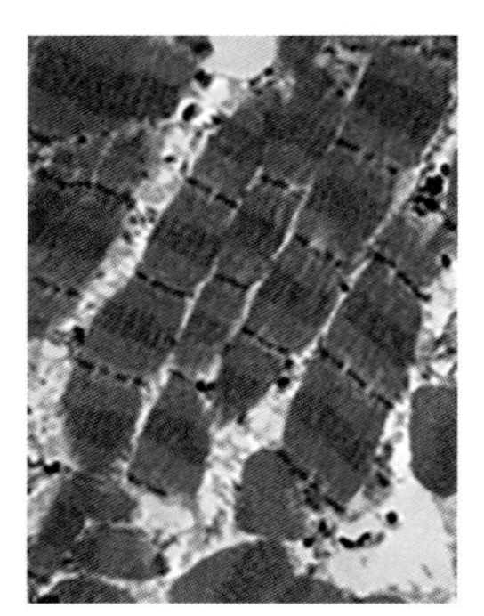

28일 숙성 후 근육

「도축 후 1~3일 이내의 근육」은 잘 쌓은 벽돌처럼 견고해 보이지만, 「28일 숙성 후 근육」에서는 벽돌이 허물어진 듯한 변화를 확인할 수 있다.

숙성은, 온도·시간·습도·풍속이라는 4가지 요소가 만들어내는 「최고의 고기요리」라고 할 수 있다. 이 중에서 온도와 시간이 주재료이고, 습도와 풍속은 조미료로 비유할 수 있다. 즉, 주재료가 좋으면 굳이 조미료 없이도 맛있는 고기요리, 즉 숙성이 가능하다는 의미다. 특히, 온도는 식육의 안전과 가장 밀접하다. 숙성과 부패를 결정짓는 가장 중요한 요소이기도 하지만, 온도가 유지되지 않는다면 숙성은 부패만 남는다. 온도가 유지되는 조건에서 시간은 기다림이 만들어내는 미학(味學)

이다. 이 시간만 잘 활용한다면 대부분의 소비자와 판매자가 원하는 적당한 연도의 소고기를 저등급육으로도 충분히 맛볼 수 있다. 숙성의 시간이 우리에게 주는 효과는 소비자가 가장 선호하는 연도로 개선시키는 것이다. 「최상의 숙성 노하우는 선택의 과정이다」라고 했는데, 다음은 그 과정 중 첫 번째 선택이다.

나만의 숙성방법 개발을 위한 선택 과정 | 1단계

선택과 규칙

① **숙성방식 : 건식숙성, 습식숙성, 혼합숙성, 냉수침지법 외 모든 숙성방식**
② **온도 : 1~4℃**

사실 온도는 선택이기보다는 꼭 지켜야만 하는 규칙이다. 식육이 부패하지 않고 숙성되는 허용 최고온도와, 숙성이 진행되기 위한 최저온도가 필요한데, 제시한 온도값 안에서 적당한 온도를 선택해야 한다. 온도에 따른 자세한 숙성기술은 뒤에 다시 설명하겠지만, 소비자에게 안전한 숙성육을 공급하기 위해서는 제시한 온도범위 안에서 반드시 냉장숙성을 진행해야 한다.

「선택 과정 1단계」에서 온도가 제시된 이유는, 숙성 조건 중 온도가 가장 중요한 요소이고, 온도에 따라 숙성시간이 단축 또는 연장되기 때문이다. 단, 높은 온도로 숙성하여 시간이 단축되었을 때는 부패 위험이 높아지고, 너무 낮은 온도이면 숙성이 진행되지 않고 식육이 얼 수 있기 때문에 기준 온도범위 안에서 주의하여 숙성해야 한다.

판매방식 선택

① 신선육 판매를 선택한다.
② 습식숙성육 판매를 선택한다.

「오늘 소 잡은 날」, 「오늘은 소 들어온 날」처럼 신선육 판매방식과 「4주 숙성한 소고기」, 「몇 일 건조숙성한 소고기」처럼 숙성을 강조한 판매방식 중 어떤 방법을 선택할지는 어렵다. 아직까지 국내 소비자에게 신선육은 생산자와 소비자 사이의 유통시간이 짧다는 장점이 있어 안전성 면에서 많은 신뢰를 확보하고 있다. 반면, 숙성육은 신선육에 비해 유통시간이 다소 길어 소비자에게 불안감을 준다는 단점이 있기도 하다. 하지만 건강의 트렌드가 신선하고 마블링이 많은 고기에서, 숙성시킨 지방이 적은 고기로 방향이 전환되고 있다. 이런 생각으로 나는 「②번 습식숙성육을 판매한다」를 선택하였다. 물론 판매가격면에서도 낮은 등급의 소고기를 높은 등급 수준의 연도로 저렴하게 판매했을 때 시장에서 경쟁력이 충분하다고 판단하기도 했다.

어떤 사람들은 ①번과 ②번 모두를 선택하여 판매할 수도 있다고 하지만, 숙성이라는 전문성을 소비자와 공감하기 위해서는 한 가지를 선택하는 게 마케팅 측면에서 유리하다고 생각했다.

또한 ②번에서 숙성방식을 습식숙성이라고 정한 이유는 모든 숙성이 기다림의 시간이 필요한데, 비슷한 연도(식감)를 구현한다고 했을 때 시설투자가 가장 적은 습식숙성법을 기본으로 적용하였다.

「지방이 적은 부위를 주세요」 — 건강

최근 소비자의 식육에 대한 요구(needs)는 더욱 다변화되고 있다. 눈이 내린 듯한 마블링이 있는 살살 녹는 맛의 소고기를 선호하는 소비자에서부터, 호주 및 해외에서 점점 인기가 높아지고 국내에서도 소비자가 증가하고 있는 럼프 스테이크(보섭살 부위)와 같은 마블링 없는 소고기를 찾는 소비자까지, 식육 소비의 패턴이 다양하게 변화하고 있다.

여기서 눈여겨볼 부분은 소고기의 맛을 결정하는 기준이기도 한 마블링이 「맛의 기준」에서 「건강의 기준」으로 변화하고 있다는 점이다. 최근 들어 소비자가 소고기를 구매할 때 신경쓰는 요소 중 2번째가 「지방이 적은 부위」이다. 실제로도 1^{++} 등급보다 1등급의 소고기를 구매하는 소비자가 점점 증가한다는 보도도 있다. 이를 보더라도 건강, 비만이라는 키워드는 식육에서 빼놓을 수 없는 조건이 되었다. 하지만 아쉽게도 소고기 대부분의 부위는 연도가 좋으려면 마블링이 많아야 하고, 마블링 적으면 연도가 낮을 수밖에 없다. 물론 이를 만족시키는 안심 부위가 있어 건강과 연도라는 소비자의 니즈를 충족시키고 있지만, 소고기 한 마리에서 나오는 양이 적어서 희소성에 따른 비싼 가격으로 소비자의 경제적 사정을 충족시키지는 못한다. 그렇기 때문에 안심 이외의 다른 부위를 부드럽게 만들어 판매하기 위해 노력해야 하며, 이는 소 한 마리 전체 부위를 골고루 판매할 수 있을 때까지 계속 연구되어야 한다. 「숙성을 왜 하느냐?」고 질문한다면 「지방이 적은 부위를 부드럽고 건강하게 먹기 위해서」라고 말할 수 있어야 한다. 이것이 소비자가 원하는 숙성의 요구이기 때문이다.

나만의 숙성방법 개발을 위한 선택 과정 3단계

등급 선택(수입육 포함)

① 1등급 이상을 선택하여 습식숙성한다.
② 2등급 이하를 선택하여 습식숙성한다.

숙성 시

- 원료육 품종 : 한우, 육우, 수입육
- 원료육 등급 : 1^{++}, 1^{+}, 1, 2, 3, 수입육별 등급체계

마블링은 소고기의 연도와 등급에 많은 영향을 미친다. 등급은 근내 지방도에 의해 나

눠는데 연도(조직감)를 구분할 수 있는 대표적인 기준이기도 하다. 소고기의 연도를 향상시키려면 1등급 이상의 마블링이 많은 고등급 소고기를 이용하여 숙성하거나, 2등급 이하의 마블링이 적은 소고기를 숙성하는 방법으로 구분할 수 있다. 물론 1등급 이상 소고기의 연도를 더욱 향상시키기 위한 숙성방법을 선택할 수도 있지만, 소비자가 원하는 보편적인 연도를 기준으로 보면, 1등급 이상의 소고기는 이미 부드러운 조직감을 충분히 갖고 있기 때문에 굳이 「시간」이라는 기회비용을 투자하여 연도를 향상시킬 필요는 없다. 물론 풍미를 위해서 건조숙성을 선택하는 것은 뒤에서 다시 다루겠다.

참고로 나의 경우는, 마블링을 선호하는 소비자가 많았던 시기에 마블링을 싫어하는 소비자층을 조사한 적이 없었기에 「숙성」이라는 선택이 어려웠었다. 하지만 「건강」이라는 소비자의 요구를 믿고, 2등급 이하의 소고기를 숙성하기로 선택하였었다.

나만의 숙성방법 개발을 위한 선택 과정 4단계

등급 선택과 숙성 부위 선택(수입육 포함)

① 1등급 이상을 선택하여, 선호 부위는 신선육으로, 비선호 부위는 습식숙성한다.
② 2등급 이하를 선택하여, 전체 부위를 습식숙성한다.

선택 4단계부터는 경우의 수가 많아져 선택 과정이 조금 복잡해지므로 집중해야 한다.

1등급 이상의 원료육 중 「등안채」라고도 부르는 대표적 구이용 부위인 등심, 안심, 채끝을 제외한 특수부위는 신선육으로 숙성 없이 판매한다. 그리고 비선호 부위 중에서 숙성을 통해 구이 또는 스테이크용으로 개선 가능한 부위인 보섭살, 뭉치사태, 삼각살, 부채살, 치마양지 등을 선택할 수도 있다. 이는 구매단가가 비교적 낮은 비선호 부위를 구이용으로 전환시키면서 판매단가를 높이고, 오히려 선호 부위의 판매단가를 낮추어 시장경쟁력을 확보하는 방법으로 활용할 수도 있기 때문이다. 이와는 다르게 2등급 이하의 소고기를 선택하여 모든 부위를 숙성한다면 전체적으로 판매가격을 낮출 수 있다.

나의 경우는, 마블링 없는 고기를 선택하여 「마블링이 싫어요」라는 획기적인 마케팅 슬로건과 건강을 내세워 ②번을 선택하였다. 단, 판매자가 위치한 시장 환경에 따라 1등급 이상을 유독 선호하는 소비층이 많은 지역도 있기 때문에, 미리 지역의 시장조사를 충분히 한 후 선택해야 한다.

「풍미 · 향미 · 보수성」— 맛

풍미, 향미, 보수성은 소비자가 식육을 구매할 때 판매자에게 자주 문의하는 사항은 아니지만, 소고기의 맛을 결정하는 중요한 요소임에는 분명하다. 시대가 변하면서 예전의 소비자가 가치소비자로 변화하고 있다. 즉, 「소고기를 먹는다」는 일반소비에서 「가치를 먹는다」는 가치소비로 변하고 있다. 자신이 추구하는 맛에 어떤 가치를 부여하여 기꺼이 과감하게 소비하는 맞춤형 소비자가 증가하고 있다. 이는 건강뿐 아니라 맛에 대한 섬세함과 이를 위한 전문성이 가치소비자를 만족시키고 있다는 것이다. 때문에 숙성 요소 중 조미료 역할과 같다는 습도와 풍속을 이용한 「건식숙성 방식」이 중요하게 부각되고 있다. 건식숙성 방식을 통해서 판매자는, 식육의 맛을 원료육에만 의존했던 기존의 수동적인 판매방식에서 스스로 식육의 맛을 조절할 수 있는 능동적인 판매방식으로 변화시킬 수 있다.

건식숙성이란, 단백질이 유익한 곰팡이균과 효모에 의해 자가소화가 이루어지면서 육류 내부의 아미노산과 지미 성분이 증가하는 화학적인 변화로, 육질이 부드러워지고 보수성이 증가하며 향미가 풍부해지는 숙성방식이다. 또한 건식숙성 기간 중 올레산과 GMP의 함량이 증가한다. 올레산은 지방산의 일종으로 소고기의 맛과 향에 많은 영향을 준다고 알려져 있다. 특히 한우는 다른 품종에 비해 올레산을 많이 함유한다는 보고도 있다. GMP 역시 감칠맛에 영향을 주는 핵산단백질 중 하나이다. 원래 소고기에는 적으나 숙성과정 중에 그 함량이 증가한다는 연구 결과가 있다. 숙성기간이 길어질수록 연도가 증가하고, 보수성(육이 지닌 수분이나 외부에서 첨가된 수분을 그대로 유지하는 능력)도 높아진다는 연구 결과가 있다. 이는 고기를 씹을 때 나오는 육즙이 증가했다는 것이다. 건식숙성의 특성상 고기의 수분은 감소하지만 지방이 농축되면서 나타나는 현상으로 파악된다. 아울러 보수성은 사후강직 또는 해동강직 등에 의해 근육의 단축도가 심한 고기일수록 떨어지지만 숙성을 통해 보수성을 높일 수 있다. 건식숙성기간에 따른 향미, 연도, 다즙성의 선호도와 구입 의사를 조사한 결과, 숙성기간이 길어질수록 연도와 다즙성의 선호도가 증가한다고 한다.

건식숙성기간에 따른 선호도(2008)

건식숙성기간	향미	연도	다즙성
14일	6.8	7.0	6.4
21일	6.6	7.0	6.2
28일	6.6	7.1	6.4
35일	6.6	7.5	6.6

* 10 매우 좋음 / 1 매우 나쁨

나만의 숙성방법 개발을 위한 선택 과정 5단계

풍미를 고려한 숙성방식 선택(수입육 제외)

① 연도를 만족시키는 습식숙성을 선택한다.
② 연도와 풍미까지 만족시키는 건식숙성을 선택한다.

나의 경우는, 선택 과정 1~4단계를 거치면서 연도와 가격경쟁력을 위하여 2등급 이하의 소고기를 습식숙성하기로 결정했기 때문에, 선택 과정 5단계에서는 풍미에 대한 고민만을 하였다. 소비자들의 요구(needs)가 연도에 많이 치중(65%)되어 있었기에 습식숙성만으로 연도를 개선하여 저렴한 가격의 소고기를 제공하는 것도 좋을 것 같았다. 하지만, 건식숙성으로 생기는 풍미를 소비자에게 알리고 싶었고 가치소비자의 등장으로 변화하는 식육시장을 믿었기에 5단계의 선택은 연도와 풍미까지 만족시키는 건식숙성 방식을 선택하였다. 물론 이는 구이용(스테이크용) 부위로 제한하며 기타 국거리용, 불고기용, 찜용, 육수용, 육회용 부위는 습식숙성 또는 신선육으로 판매하기로 선택하였다. 습식이나 건식 두 종류의 숙성방법은 모두 숙성육의 맛과 밀접한 관계가 있지만, 건식숙성의 경우는 식육의 숙성기간 중 자연적인 수율 감소와 숙성 후 건조와 오염으로 인한 겉면의 제거과정(트리밍) 때문에 수율 감소로 판매가격이 상승한다. 또한, 건식숙성을 작업하기 위한 시설 설치와 재고 확보를 위한 비용에도 많은 영향을 주기 때문에 영업장 환경에 맞는 선택이 보다 중요하다.

하지만 선택 과정 5단계에서는 숙성 시 풍미의 필요성에 대해서만 선택해보자. 물론 비용과 가격은 소비자와 판매자 모두에게 중요한 요소이므로 뒤에 다시 한 번 더 이에 관한 선택 과정이 있음을 미리 알려드린다. 또한, 냉장수입육은 수입과정에서 부득이하게 습식숙성이 이루어지는데 이를 다시 건조숙성할 경우에는 혼합숙성에 해당한다. 따라서 수입육의 숙성방식은 혼합숙성법에서 다룰 예정이다.

06 숙성을 위한 비용과 가격

숙성 시 손실 비용

생산자와 소비자 모두에게 유익한 식육문화를 위해서는 고등급 소고기 소비와 더불어 저등급, 저지방육, 비선호 부위의 소비를 확대할 수 있는 새로운 패러다임이 필요하다. 소 총무게의 10% 미만을 차지하는 구이용 부위만을 판매하고 소비할 수는 없다. 동물 전체를 잘 사용해야 한다는 책임감을 갖고 숙성과 가공을 함께 한다면 부위별 가격차를 줄이고 동시에 보다 올바른 식육문화가 자리 잡을 것이다.

구이용으로 소고기 사태를 판매한다면 잘못된 일인가? 사태는 비선호 부위이지 몸에 해로운 부위는 아니다. 다시 말해, 비선호 부위가 숙성과 가공을 통해 우리의 식습관과 잘 어우러진다면 특정 비선호 부위의 적체현상이 줄어들어 보다 안정된 가격의 식육시장이 될 것이다. 또한 최상급 소고기를 생산하기 위해서는 보다 많은 사료의 공급이 필요하다. 이는 대부분의 사료를 수입에 의존하고 있는 국내 환경에서는 소고기 가격에 많은 영향을 미친다. 아무리 질 좋고 맛 좋은 숙성이라도 가격이 높으면 소비자에게 당연히 외면당한다. 숙성을 하는 이유에는 맛과 건강이라는 키워드도 있지만 그에 따르는 경제적 상황도 고려해야 한다.

습식숙성육은 숙성과정 중에 발생하는 손실률이 거의 없는 반면, 건식숙성육은 숙성과정에서 발생하는 손실이 상당히 크다. 건식숙성육의 손실은 크게 「건조(Dry) 손실」과 「제거(Trimming) 손실」로 나뉜다. 건조 손실은 숙성육의 정형상태에 따라 차이를 보인다. 뼈와 함께 숙성이 진행되는 경우와 얇은 지방층이 덮여 있는 상태에서 숙성이 진행되는 경우에는 최대 20% 이상의 손실률 차이가 발생한다. 건조 손실은 숙성시간이 경과하면서 손실률이 커진다. 아울러 상대습도가 낮아도 손실률은 커지고, 풍속이 지나쳐도 손실률은 증가한다. 제거 손실은 건조숙성육을 판매하기 위해 표피를 제거하는 과정에서 발생하는데, 총 손실률 중 가장 큰 비중을 차지한다. 부위에 따라 20~40%의 제거 손실이 발생한다. 불편한 결론이지만, 건조숙성육은 습식숙성육에 비해 건조 손실과 제거 손실 외에도 이 작업에 따른 인건비용이 추가되며, 이는 건조숙성육의 판매가격에 고스란히 반영이 될 수밖에 없다. 이렇게 숙성할 때의 손실비용을 감안하여 숙성방법을 선택하는 것도 중요하다.

숙성 냉장 설비(내부)

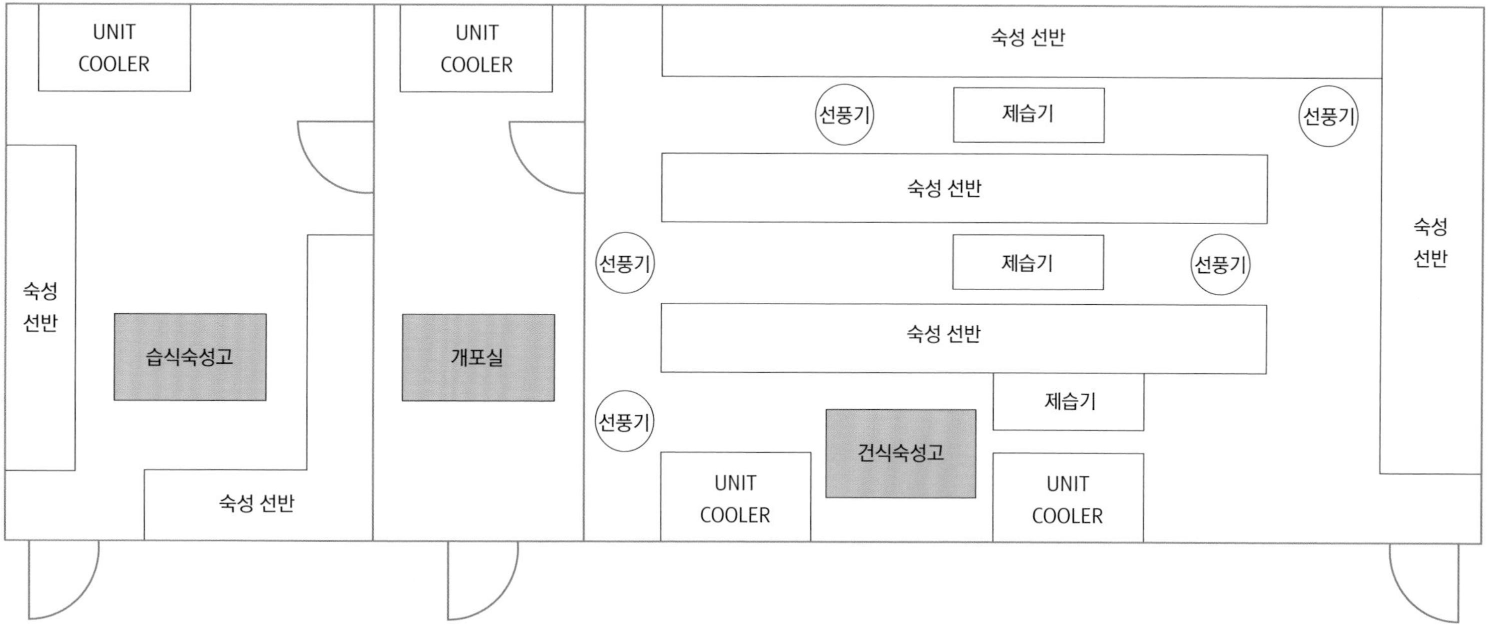

UNIT COOLER
숙성 선반
습식숙성고
숙성 선반
UNIT COOLER
개포실
숙성 선반
선풍기
제습기
선풍기
숙성 선반
선풍기
제습기
선풍기
숙성 선반
선풍기
제습기
건식숙성고
UNIT COOLER
UNIT COOLER
숙성 선반

손실비용에 따른 숙성방식 선택

① 손실비용, 운영비용이 높은 건식숙성 방식을 선택한다.
② 비용이 저렴한 습식숙성 방식을 선택한다.

6단계에서 많은 분들은 현실적인 문제에 직면하게 된다. 나 역시 6단계 선택 과정에서 수없이 많은 고민을 하였다. 결론은 보다 능동적인 정육업의 선두주자가 되고 싶어 ①번을 선택하였고, 마니아층을 타깃으로 건식숙성육의 전문성을 내세워 시장에 진입하기로 하였다.

숙성시설 비용

숙성은 방법에 따라 시설비용이 다르다. 습식숙성을 위해서는 양질의 진공필름과 생산규모에 알맞은 진공포장기만 있다면 누구나 쉽게 할 수 있다. 진공상태의 제품은 교차오염으로부터 안전하여 위생면에서도 안전하며, 보관 및 유통도 건식숙성 방법보다 관리가 수월하고 연도의 개선도 차이가 없다. 대부분의 1차 육가공업체는 식육을 정형한 후 분할하여 각 부위별로 진공포장을 하기 때문에 소매업체 또는 2차 가공장의 경우 적당한 온도에서 식육이 겹쳐서 눌리지 않게 보관만 잘한다면 쉽게 숙성할 수 있다. 그에 비해 건식숙성 방법은 시설비용과 손실비용이 현저히 증가한다. 공기에 노출된 상태로 식육을 숙성하기 때문에 교차오염 예방을 위한 별도의 숙성저장고가 필요하고, 제상 또는 문을 열고 닫을 때의 온도차를 줄이기 위해 별도의 시설이 필요하다. 그 외에도 습도를 제어하는 제습기, 가습기가 필요하고, 적당한 풍속으로 식육을 건조시킬 풍속 장치, 숙성을 위한 인력, 숙성육 유통을 위한 적정기간의 식육 재고도 필요하다.

일본 시즈오카의 「사노만 정육점」의 숙성고. 특이하게 면포를 사용하여 건식숙성을 하고 있다.

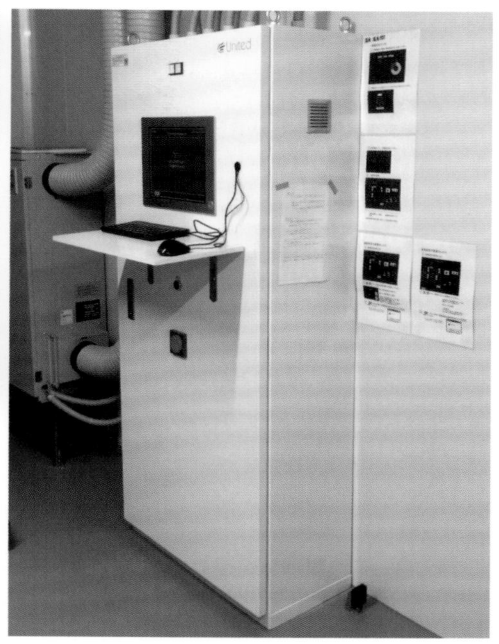

숙성실 내부의 온도, 습도를 제어 관리하는 시설.

독일 슐뤼히테른 지역의 숙성육 전문육가공장의 마이스터 부부.

육가공장에 특수 설계된 유리벽 실내에서 현수숙성을 하는 건식숙성고.

숙성시설 선택의 주의 사항

① 판매량을 예측한 숙성고 크기
② 숙성고의 위급상황을 고려한 이중시설

선택 과정의 끝으로 숙성시설에 대해 알아보자. 숙성실은 최소한의 재고, 즉 사후강직이 풀리는 시간인 14일의 재고를 보관해야 한다. 4주 건조숙성의 경우에는 매주 판매량을 예상한 4주분의 숙성육이 건조되고 있어야 한다. 더욱이 판매량이 급증하는 계절별, 월별 등 크고 작은 이벤트 등을 예측해야 한다. 물론 판매량이 급감하는 시즌은 더욱 조심해야 한다. 자칫 재고에서 과도한 숙성 때문에 생기는 불편취나 이취 등이 일어나기 때문이다. 숙성고의 위급상황은 아래 실패 사례에서도 설명하겠지만 숙성고를 운영하는 사람에게는 가장 큰 위험요소이다. 이를 위해 시설비용이 투자되더라도 반드시 이중으로 냉장시설의 설치를 권장한다.

숙성실 운영의 실패 사례

숙성 초기에 잘못된 숙성설비와 빗나간 공간 예측으로 대출을 받아 설치하였던 숙성저장고를 4개월만에 이전했던 아픈 경험이 있다.

- 숙성육과 일반육을 한 공간에 보관하여 몇 차례의 숙성 실패에 따른 원료육 비용과 기회 비용의 손실.
- 판매량과 숙성재고량의 과도한 숙성으로 숙성육 부패 손실.
- 숙성저장고 고장으로 숙성육 부패 손실.

숙성육과 일반육을 한 공간에서 보관할 경우, 박스 포장의 분진 외에도 교차오염을 일으킬 위험요소가 많아지고, 일반육을 꺼내기 위해 자주 숙성실을 열고 닫게 되어 온도 유지가 힘들어진다. 주변의 숙성 실패 사례를 보면 일반육과 한 공간에서 숙성이 이루어진 경우가 많다. 숙성재고 운영은 철저한 데이터 분석과 운영 노하우가 필요하다. 특히 명절에는 항상 과부족이 발생하므로 이에 따른 대책을 수립하여 숙성재고를 준비해야 한다. 끝으로 지금에서야 웃을 수 있는 이야기이지만, 직원 실수로 숙성고 전원을 끄고 퇴근한 사례도 있는데 이렇듯 운영하면서 예상치 못한 일들이 발생한다. 이를 위해 항상 점검하고 관리하는 습관 또한 숙성육을 생산하는 주요 기술이라 할 수 있다.

가격 경쟁력을 위한 숙성 조건

저지방 저등급의 소고기 활성화

국내 소고기의 소비문화는 등심 등 부드러운 구이용 부위를 선호하는 현상이 뚜렷하다. 이에 따라 부위별 판매가격의 차이가 날로 심화되고 있으며, 유통시장에서는 부위에 따른 재고량의 차이로 많은 문제를 겪고 있다.

- 앞다리, 설도, 우둔은 전체 소고기 생산량의 50% 이상을 차지하는데도 불구하고 소비가 둔화되어 적체현상이 일어나고 있다.
- 식육 부위별 소비 불균형은 식육산업 발전에 장애요소로도 작용한다.

맛과 건강을 위해서라도 저지방·저등급의 소고기, 비선호 부위의 숙성을 통해 가격경쟁력을 높여야 한다. 숙성은 최상등급에 비해 적은 사료와 사육기간이 짧은 저등급 소고기의 소비를 활성화하고, 축산 선진국과의 FTA체결 등 수입소고기와의 치열한 경쟁체제에 대비하는 우리의 필수조건이 될 수 있다. 또한 선호 부위와 비선호 부위의 소비량 격차를 줄여 선호 부위의 가격 상승을 완충할 수 있다.

숙성기술의 개발

건식숙성(드라이에이징)은 상대습도의 변화에 따라 육표면에 일어나는 증발로 그 양만큼의 중량 감소가 일어나고, 마르고 변질된 표면을 제거할 때 중량 감소가 일어난다. 시간, 온도, 습도에 의해 민감하게 좌우되는 중량 감소율을 줄이기 위해 꾸준한 연구와 다양한 숙성방법이 개발되어야 한다.

PART 02

숙성의 방법

01 숙성방식의 종류

숙성 종류에는 건식숙성과 습식숙성이 있다. 건식숙성(Dry-aging)은 지육 전체나 4분도체 또는 부분육을 진공포장 하지 않은 상태로 냉장실에 걸어두거나 진열하여 보관하는 방법이다. 습식숙성(Wet-aging)은 진공포장 숙성이라고도 하며 소고기의 부분육을 진공포장 상태로 냉장실에 보관하는 방법이다.

건식숙성(Dry-aging)

건식숙성은 고기를 공기 중에 그대로 노출한 채 특수 제작한 숙성고에서 냉장상태로 저장하는 방식으로 시간, 온도, 습도, 바람, 미생물 등의 조절이 핵심이다. 무엇보다 세균에 감염되지 않는 것이 중요한데, 좋은 효모에 의해 숙성된 고기는 부패하지 않으면서 서서히 감칠맛이 증가하고 부드러움은 배가된다. 소고기의 부위나 중량에 따라 짧게는 2주에서 길게는 8주 동안 숙성시키는데, 습도가 낮으면 지나치게 말라버리고, 습도가 높으면 곰팡이가 쉽게 피기 때문에 최적의 상태를 유지해야 한다.

동물의 근육은 여러 뭉치의 근섬유다발로 구성되어 있고, 근섬유다발을 구성하는 근원섬유마다 근절이 반복적으로 위치한다. 이 근절은 강직 중에 형성된 복합 액토미오신 상호결합이 근육 내 PH와 이온조성의 변화에 의해 점차 변형, 약화되어 근절 길이가 길어지는 변화가 온다. 특히 숙성 시 일어나는 연도의 증가는 근육 내 단백질 분해효소에 의한 근육의 자가소화로 일어난다. 사후에 시간이 경과하면서 근원섬유 단백질이 분해되기 시작하는데 그 변화를 분석해보면, 저분자물질 단백질의 양이 고기 연도와 밀접한 관계가 있다는 연구 결과가 있다. 이 단백질은 숙성온도가 높을수록 그리고 PH5.4에서 생성량이 많아진다는 연구 보고가 있다. 따라서 건식숙성은 숙성시간 단축과 미생물 번식을 고려하여 최적의 온도를 찾는 것이 가장 중요하다.

건식숙성이 끝난 고기는 표면이 검고 딱딱하게 변하면서 수분이 빠져 크기가 줄어드는데, 하얀 곰팡이가 핀 부분과 딱딱해진 겉면을 잘라내기 때문에 생고기 상태일 때보다 수율이 60~70%에 그친다. 숙성을 마친 고기는 다시 부위별로 정형된다.

건식숙성으로 나타나는 고기의 특징은 풍미 증진, 연도 개선, 다즙성 향상 등이다. 감칠맛 성분인

아미노산이 증가하고 산도가 높아 보수력이 좋다. 또한, 포화지방산은 감소하고, 올레인산을 비롯한 불포화지방산의 비율은 높아지며, 기능성 펩타이드의 함량은 증가하여 건강에도 매우 유익하다. 장기간 건식숙성한 등심의 맛은 pH, 융점, 불포화지방산, 유리 아미노산 등이 복합적으로 작용하여 숙성 전보다 감칠맛과 관련 있는 글루탐산 함량이 무려 15배나 증가한다는 결과도 나왔다. 이처럼 드라이에이징 기법은 이미 일본에서도 활용되어 화우(일본 전통소)의 드라이에이징 기법 표준화를 추진하고 있다.

건식숙성은 낮은 등급의 원육에서 더욱 큰 효과를 나타낼 수 있어 고부가가치 숙성방식으로 주목받는다. 저등급 원육을 숙성시키면 고기 특유의 풍미와 부드러운 육질이 만들어져서 특등급 못지않은 맛을 즐길 수 있다. 이처럼 드라이에이징 기술이 일반화되면 등급이 아니라 품질로 원육을 선별할 수 있어 기존 소고기의 소비 패턴을 바꿀 수 있다.

습식숙성(Wet-aging)

습식숙성은 소를 도축한 다음 고기 표면이 마르지 않은 상태에서 진공포장을 하여 수분을 고스란히 보존하는 숙성방식이다. 수분 증발이 적기 때문에 마블링이 보존되어 입안에서 사르르 녹는 부드러운 육질을 선호하는 사람들의 입맛에 제격이다.

습식숙성은 진공포장 기술의 발달로 숙성기간을 거치면 고기가 부드러워지고 겉면이 마르지 않아 고기의 양을 거의 그대로 사용할 수 있기 때문에 손실율이 적다는 장점이 있다. 습식숙성한 고기를 익힌 후 단면을 썰면 머금고 있던 육즙이 흘러나오는데, 건식숙성과 연도 개선 효과가 비슷하고, 관리가 수월하여 일반적인 스테이크 숙성방식으로 활용되고 있다. 소비자에게 건식숙성육과 습식숙성육의 블라인드 테스트를 해보니, 선호도에서 큰 차이를 보이지 않았다는 보고도 있다.

혼합숙성(Mixed-aging)

습식숙성과 건식숙성을 각각 적절하게 혼합하여 숙성하는 방법이다. 혼합숙성은 기본적으로 습식(진공)방법으로 먼저 일정기간 숙성한 뒤 건식방법으로 나머지 기간을 숙성한다.

혼합숙성의 장점

- 건식숙성의 단점인 육표면의 수분 증발로 인한 손실률을 줄일 수 있다.
- 건식숙성의 장점이기도 한 숙성취가 다소 강하게 느껴지는 소비자를 위해 혼합숙성으로 숙성취를 조절할 수 있다.
- 습식숙성의 장점인 보관의 편리함으로 숙성고의 면적당 생산량을 늘릴 수 있다.
- 냉장 수입된 수입육의 경우에는 혼합숙성으로 숙성이 가능하다. 수입육은 국내에 도착하기까지 2주 이상 걸리는 경우가 많다. 유통 온도가 4℃ 이하로 잘 유지된다면 건조숙성 기간을 적절히 혼합하여 풍미를 증가시킬 수 있다.

혼합숙성의 단점

- 효소에 의한 화학적 변화 기간이 짧아 풍미와 향미가 건식숙성에 비해 떨어진다. 이는 육우와 같은 품종을 혼합숙성할 때 풍미가 다소 떨어지는 현상이 나타나기도 한다.
- 습식숙성에서 부분육들이 겹쳐져 보관되면 하중에 의한 핏물 고임현상이 나타나거나, 진공상태 불량으로 핏물 고임현상이 일어나 상품에 악취가 날 수 있다. 이 현상은 다음에 이어지는 건식숙성 과정에서 부패나 심한 악취를 발생시킨다.

숙성방법마다 더 많은 장단점이 있겠지만 숙성에 입문하기 위하여 하나의 방법을 선택해보자. 선택에 있어서 옳고 그름은 없다. 왜냐하면 소비자의 취향과 인식은 지역별, 상권별로 각각 다르기 때문이다.

숙성방법에 대한 결론

건식숙성과 습식숙성을 비교한 미국의 사벨(Savell) 박사의 연구보고서(2008)에서 의하면, 건식숙성 소고기를 품질, 관능성, 경제적인 관점 등에서 장단점을 비교한 결과, 모든 건식숙성 제품이 습식숙성 제품보다 맛이 좋은 것은 아니었으며 특히 경제적인 부분에서 건식숙성 중에 발생되는 감량으로 인한 경제적인 손실이 많다고 보고되었다. 따라서 무조건적인 건식숙성만을 고집하기보다는 소비자의 기호와 경제적인 생산을 고려하여 알맞은 숙성법을 적용하는 것이 바람직하다.

02 숙성조건과 숙성기간

건식숙성(Dry-aging)

건식숙성에 영향을 미치는 주요 요소는 온도, 시간, 상대습도, 바람이다. 이 요소는 고기의 외관, 풍미, 유통기한, 미생물에 의한 오염과 직결된다. 건식숙성에서는 되도록 지육, 4분도체 또는 뼈와 함께 겉지방을 분리하지 않은 상태의 부분육을 추천한다. 이는 숙성과정에서 발생하는 육표면의 수분증발을 최소화하는 동시에 나중에 겉표면의 제거 작업을 경제적으로 할 수 있기 때문이다.

온도

숙성실의 온도는 1~4℃에서 숙성시켜야 바람직하다. 숙성고의 온도는 식육 품질과 숙성시간에 따라 다소 달라지지만 온도 변화가 거의 없이 일정온도를 꾸준히 유지하는 것이 좋다. 이는 식육의 부패와 밀접하기 때문에 가장 중요하다.
사후강직을 단축시키기 위해서 고온 단시간으로 하는 경우도 있는데, 소고기의 경우 37℃에서 6시간 정도 소요되고, 7℃의 저온에서는 그 4배인 24시간이 소요된다는 실험결과도 있다. 하지만 무턱대고 사후강직 시간만을 단축하려고 고온숙성을 진행한다면 세균 번식으로 단백질 분해가 과다하게 일어나 PH가 증가하고 세균 증식, 균수 증가로 부패가 이어진다. 저온일수록 숙성시간이 길어지지만 일반적으로 세균 번식을 최소화할 수 있는 온도인 1~4℃를 권장한다. 이럴 경우 숙성기간은 약 14일 이상 소요된다.
아울러 일반적인 냉장고의 경우, 제상 시간에는 온도가 최대 10℃까지 상승할 수가 있고, 온도를 원하는 값으로 설정해도 오차범위가 1~3℃가 될 수 있기 때문에 자칫 식육이 얼거나 높은 온도에서 숙성될 수도 있다. 따라서 건식숙성을 위해서는 온도 변화가 없는 냉장시설을 갖추어야 한다.

습도

상대습도가 품질과 맛에 영향을 미친다는 과학적 입증은 없지만, 습도 저하가 전반적으로 선호도를 감소시키므로 보통 80~85%의 습도가 적합하다. 그러나 과학적으로 입증이 안 되었을 뿐 실제 숙성을 하다보면 풍미와 향미에 많은 영향을 미친다.

습도가 낮으면 식육 감량이 증가하고, 습도가 높아지면 식육 표면에 미생물이 지나치게 발생할 우려가 있다. 감량을 과도하게 하면 경제적 손실만이 아니라 수용성 단백질, 아미노산, 비타민, 염류 물질 등이 감소되어 상품적 손실도 크다.

숙성 초기에 수분 감량이 많이 일어나고 시간이 지날수록 감소한다. 가장 적당한 상대습도는 88%라고 알려져 있지만, 75~90%의 안전한 범위에서 습도를 조절하면 풍미와 향미를 숙성자의 취향에 맞게 유지할 수 있다.

지육을 10일 동안 보관할 경우 약 1~4%의 감량이 일어나는데, 부분육의 경우에는 표면이 더 마르고 이로 인해 손질 범위가 많아져 중량 손실이 일어난다. 이럴 경우에는 온도를 낮추고 습도를 높여 감량을 줄일 수 있다. 습도도 식육 품질, 숙성량, 부위에 따라 달라지므로 지속적으로 식육을 관찰하여 상시 조절해야 한다. 숯이나 소금 등을 이용해 습도를 조절할 수 있다.

풍속

숙성실의 풍속은 빠를수록 습도가 낮아지는 것이 일반적이며, 공기의 순환이 지나치게 빨라지면 식육 감량 증가와 변패의 우려가 있어 대개 식육 표면에 수분 응축이 일어나지 않을 정도로 0.5~2m/sec 범위 내에서 조절해야 한다.(U.S. Meat Export Federation)

TIP 부위별(채끝 · 보섭 · 우둔) 건식숙성 효과의 비교 연구

- 건식숙성한 2등급 한우를 부위별로 비교하였을 때, 보섭 · 채끝에서 지방 함량이 높았고 관능 특성이 우둔에 비해서 우수하였다.
- 숙성 초기 우둔의 연도는 등심보다 낮았으나 21일간의 저온숙성을 하니, 7일 숙성한 등심과 비슷한 수준으로 연도가 개선되었음을 확인하였다. 또한 숙성기간 동안 우둔의 생리활성 물질(betaine, L-carnitine) 함량이 등심보다 높게 나타났다.

숙성 온도(℃)	상대습도(%)	참고문헌
0~1	80~85	Parrish et al., 1991
1	83 ± 11	Smith, 2007
2	76	Campbell et al., 2001
2.0~2.6	87 ± 2.6	Ahnstrom et al., 2006
3.1~3.6	78 ± 3	Warren & Kastner, 1992

습식숙성(Wet-aging)

소고기 부분육을 진공포장 상태로 숙성하는 습식숙성의 조건은 건식숙성에 비해 간단하다. 진공포장은 저장 중 식육 산화, 수분 증발, 호기성 박테리아의 번식을 방지하고 억제하기 때문에, 일정 온도만을 유지하면서 숙성하면 된다. 1~4℃에서 2주 이상 6주 이내로 하는 것이 좋다. 경제적이고 연도 개선에 매우 효과적이다.

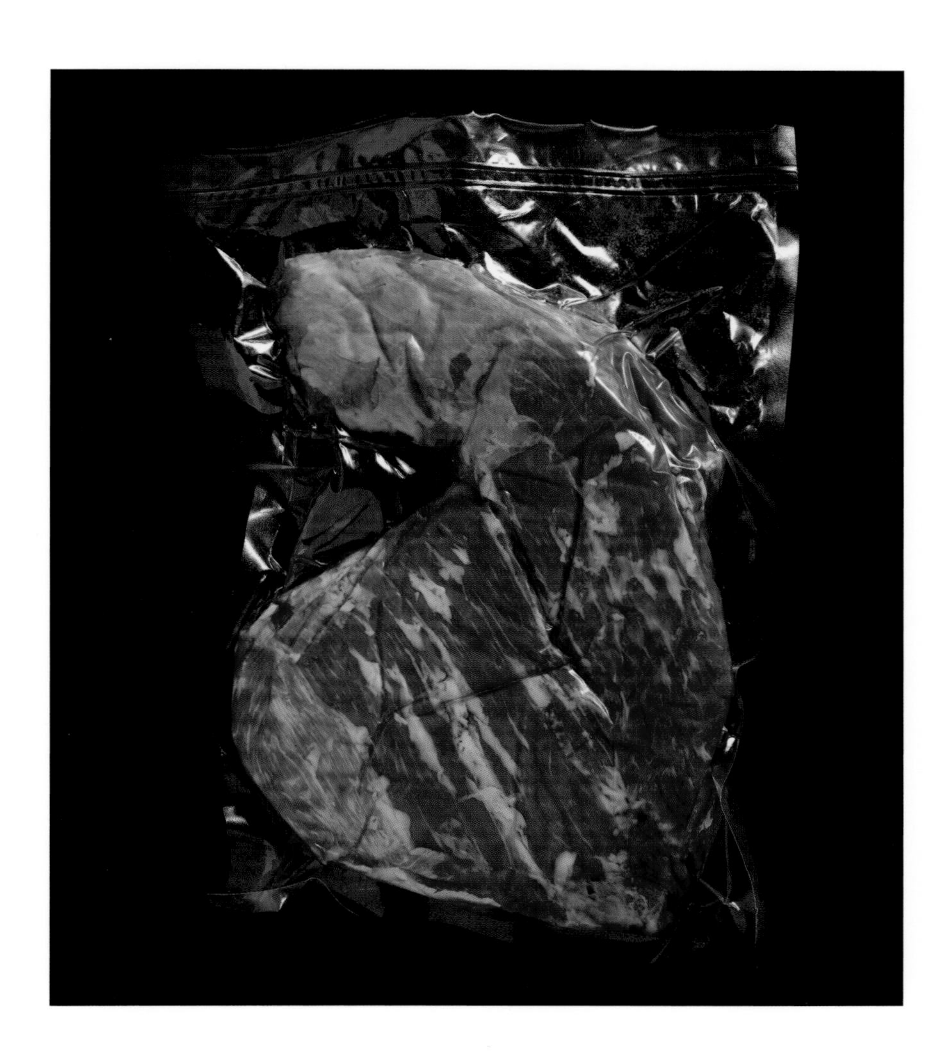

03 안전한 건식숙성육 생산

건식숙성육은 온도와 습도 변화, 교차오염의 가능성 때문에 항상 미생물학적 위험성에 노출될 수 있다. 「건식숙성육의 생산단계별 교차오염 가능성」과 「건식숙성 조건별 미생물 발생 가능성」에 대해 알아보자.

「건식숙성육의 생산단계별 교차오염 가능성」은 도축 시 교차오염된 식육을 구입했을 가능성에서부터 그 위험성은 노출된다. 생산단계에서도 선반, 고리, 작업자의 위생관리 소홀로 교차오염이 발생할 수 있으며, 특히 외피제거(트리밍) 단계와 포장단계에서 사용하는 칼과 도구의 위생관리 소홀에서도 교차오염이 발생한다.

「건식숙성 조건별 미생물 발생 가능성」을 알아보면, 저장온도의 상승으로 병원성 세균과 부패 세균이 증식할 가능성이 높다. 상대습도 역시 지나치게 높을 경우 병원성 세균과 부패 세균이 증식하고, 반대로 상대습도가 너무 낮을 경우에는 고기의 과도한 수축으로 질적인 면에서나 경제적인 면에서도 좋지 않다.

숙성 중 숙성실 온도와 습도의 과도한 변화는 식육 품질에 매우 나쁜 영향을 준다. 때문에 건식숙성할 때는 특히 온도, 습도, 기간, 풍속을 꾸준히 유지하는 것이 중요하다. 숙성온도가 높을수록 숙성기간이 단축되어 경제적일 수는 있지만, 세균 번식으로 부패 현상이 발생할 수 있다. 숙성온도가 낮을수록 숙성기간이 길어져 일반적인 냉장육 보관기간인 6주를 넘기면 관리적인 측면이나 경제적인 측면에서 부작용이 발생하기 때문에, 건식숙성의 적정온도인 1~4℃를 권장한다. 숙성기간이 길어질수록 연도가 증가하고 맛을 좌우하는 효소들이 증가하지만, 일정시간(약 28일) 이후부터는 소고기 특유의 숙성취가 심해질 수 있으며, 연도와 맛의 개선 효과도 미비하고, 부패 가능성이 있기 때문에 적당한 시간을 권장한다.

건식숙성 공정 단계별 주의사항

건식숙성 공정 단계	주의 사항
원료육 구매 단계	• 위생적이지 못한 도축장 이용 금지 • 운반 차량 및 원료육 중심부 온도 5℃ 미만 유지 • 포장재 손상 확인
원료육 보관 단계	• 1~4℃ 보관 유지 • 포장재 손상 및 교차오염 주의 • 이물질 혼입 주의
건식숙성 준비 단계	• 작업자의 교차오염 주의(반드시 라텍스 장갑 착용) • 작업 중 숙성실 온도 유지 • 비좁은 숙성실 운영으로 공기 흐름이 제한되는지 확인
건식숙성 단계	• 적절한 온도 유지 (1~4℃) • 적절한 습도 유지 (75~85%) • 적절한 공기 흐름 (2.5m/s)
표면제거 단계 (트리밍 단계)	• 제거된 표피의 교차 오염 가능성 제거 • 표피 제거 과정 중 작업장의 온도 유지 • 작업 도구의 청결 유지
절단 단계	• 미흡한 표피 제거 작업으로 절단육에 잔여 미생물 존재 여부 확인 • 절단 과정 중 작업장 온도 유지 • 칼 또는 장비에 의한 금속오염 확인
포장 단계	• 작업자, 장비에 의한 교차오염 확인 • 포장 중 작업장 온도 유지
보관 및 판매 단계	• 저장 및 판매 과정 중 제품 표면의 온도 제어 • 유통기한

건식숙성육 생산관리의 주요 5가지 조건

① 숙성고 및 보관고의 온도 유지(1~4℃)

② 숙성고 및 보관고의 습도 유지(75~85%)

③ 위생 부주의로 인한 교차오염 주의

④ 작업자의 철저한 개인위생 관리

⑤ 건식숙성육 이동 카트 및 작업 도구의 세척 및 소독

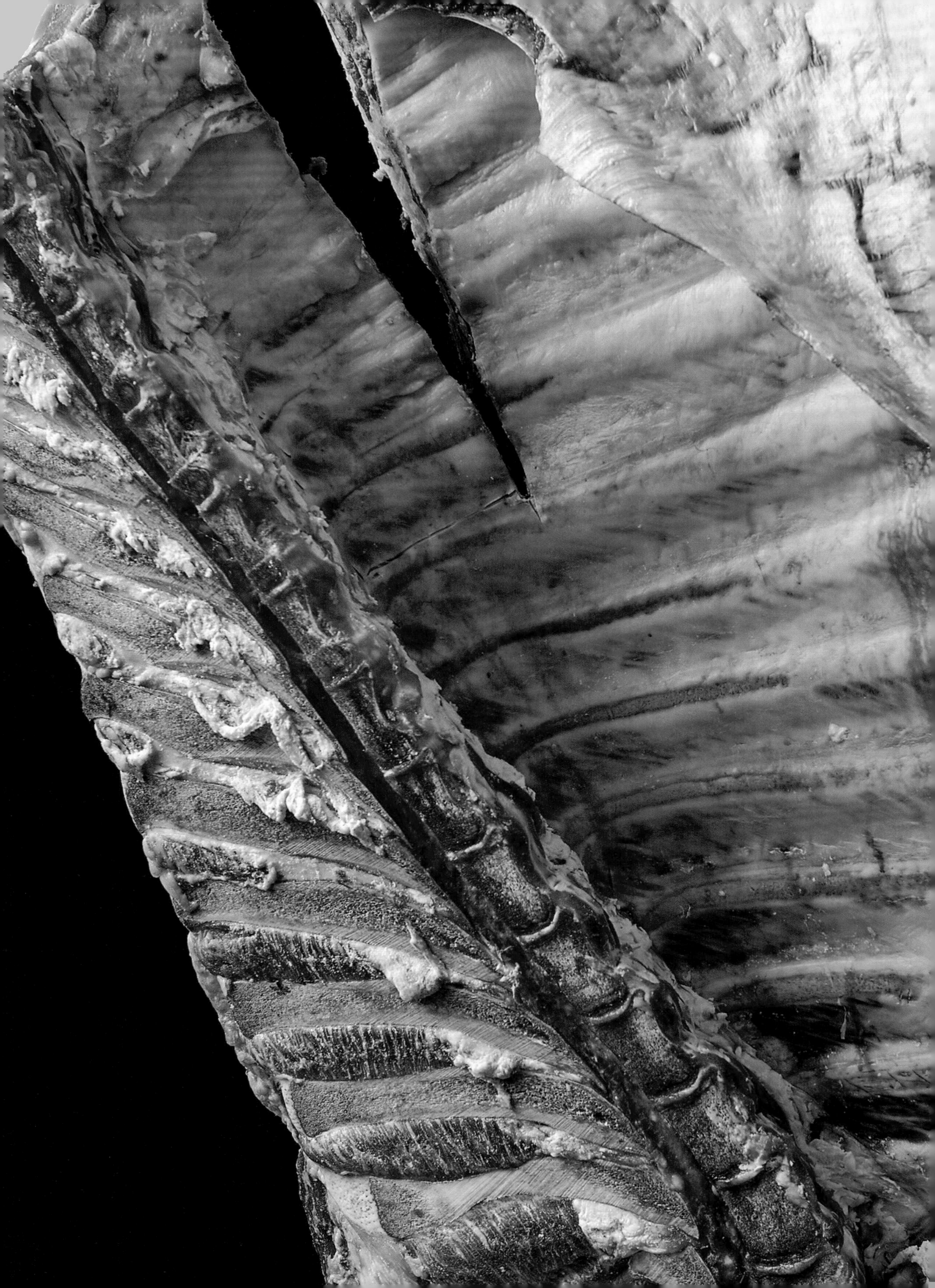

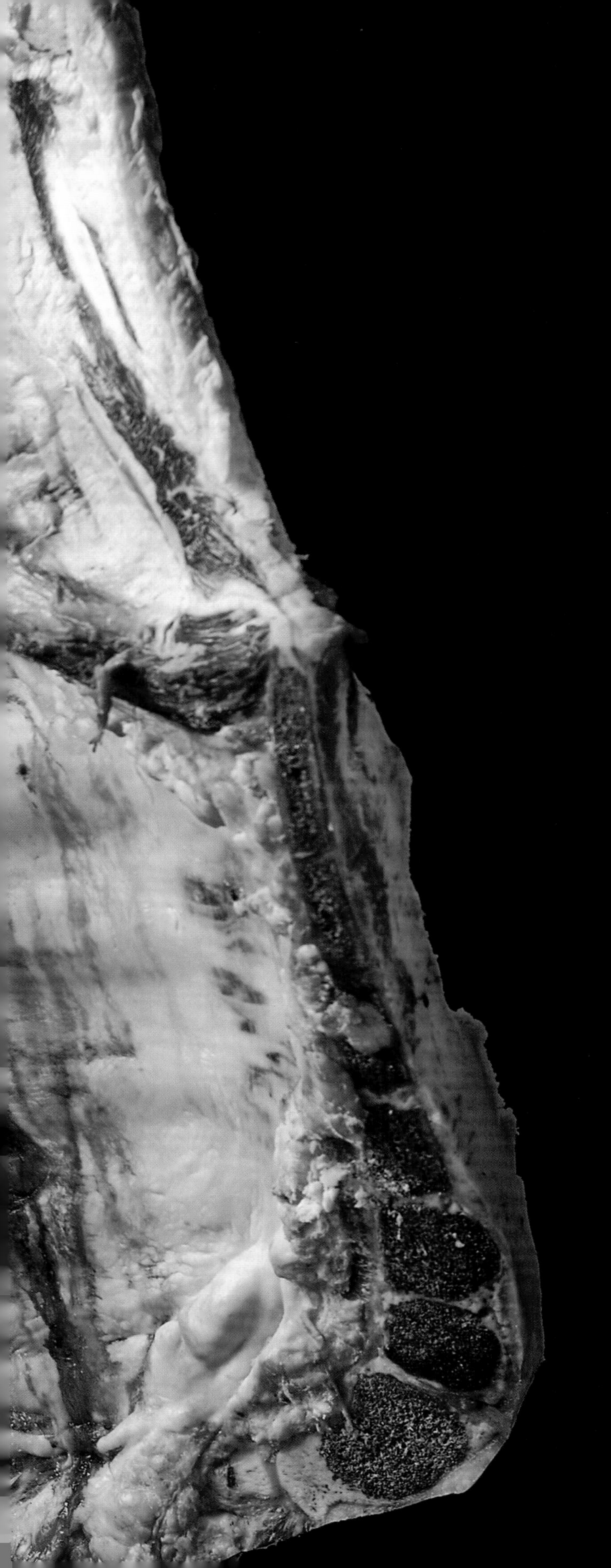

PART 03

숙성을 위한 부위별 발골과 정형 테크닉

숙성을 위한 발골이란?

숙성에 필요한 지방 및 뼈를 활용하기 위한 과정이다. 칼질을 최소화하여 분리한 숙성 부위를 효율적으로 판매하기 위해 발골과 정형을 한다.

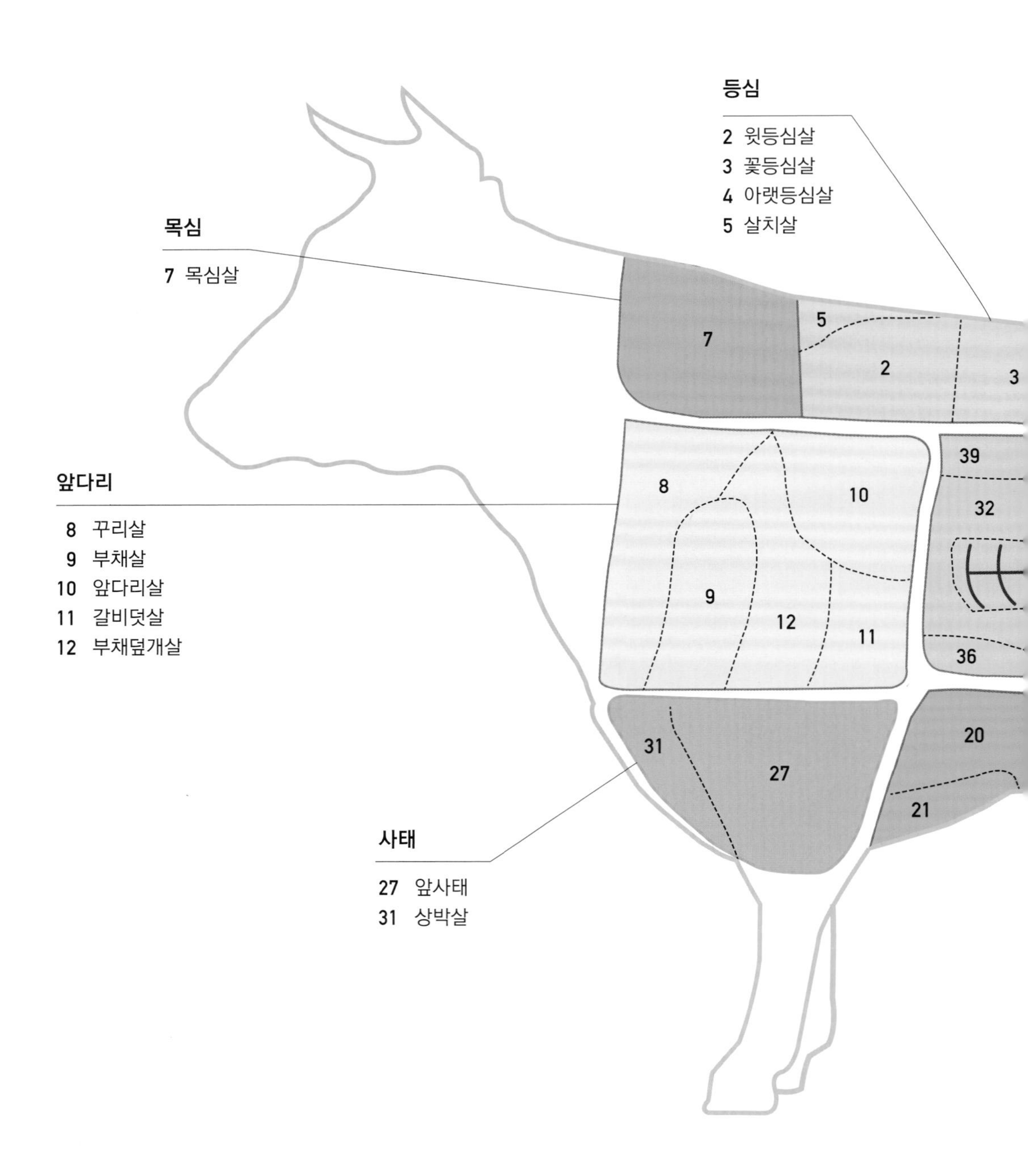

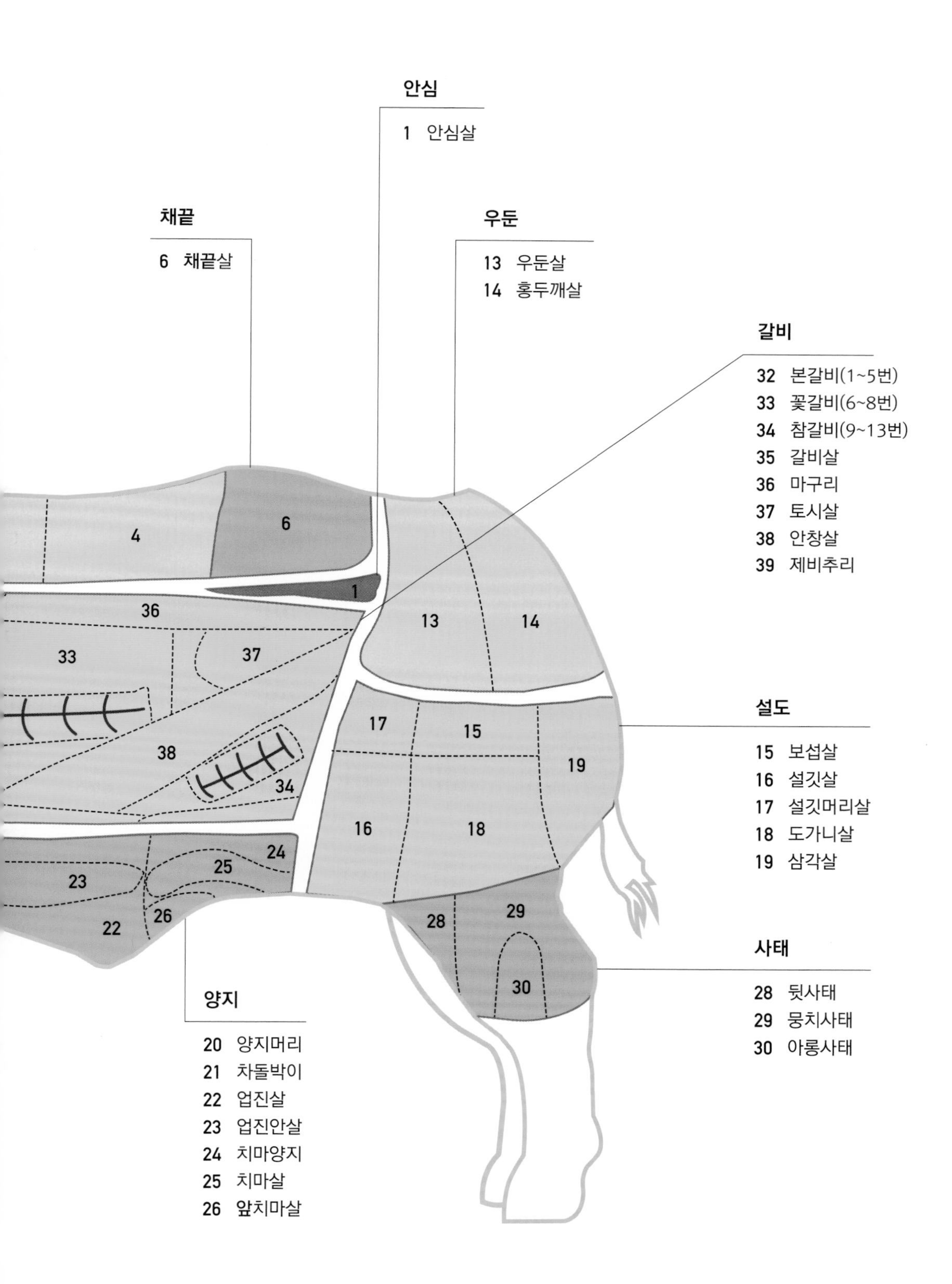
안심
1 안심살
채끝
6 채끝살
우둔
13 우둔살
14 홍두깨살
갈비
32 본갈비(1~5번)
33 꽃갈비(6~8번)
34 참갈비(9~13번)
35 갈비살
36 마구리
37 토시살
38 안창살
39 제비추리
설도
15 보섭살
16 설깃살
17 설깃머리살
18 도가니살
19 삼각살
사태
28 뒷사태
29 뭉치사태
30 아롱사태
양지
20 양지머리
21 차돌박이
22 업진살
23 업진안살
24 치마양지
25 치마살
26 앞치마살
4
6
1
36
13
14
33
37
17
15
38
19
34
16
18
24
25
23
26
22
28
29
30

01

소의 대분할과 부위별 명칭

대부위 분할	소분할
안심	안심살
등심	윗등심살 꽃등심살 아랫등심살 살치살
채끝	채끝살
목심	목심살
앞다리	꾸리살 부채살 앞다리살 갈비덧살 부채덮개살
우둔	우둔살 홍두깨살
설도	보섭살 설깃살 설깃머리살 도가니살 삼각살

대부위 분할	소분할
양지	양지머리 차돌박이 업진살 업진안살 치마양지 치마살 앞치마살
사태	앞사태 뒷사태 뭉치사태 아롱사태 상박살
갈비	본갈비 꽃갈비 참갈비 갈비살 마구리 토시살 안창살 제비추리

소고기 지육 4분도체

4분도체는 지육 상태의 소를 넷으로 나누는 작업이다. 4분도체는 소의 흉추 13번(채끝 부위)을 중심으로 절반을 나눈 후 왼쪽과 오른쪽으로 나눈 형태이다.

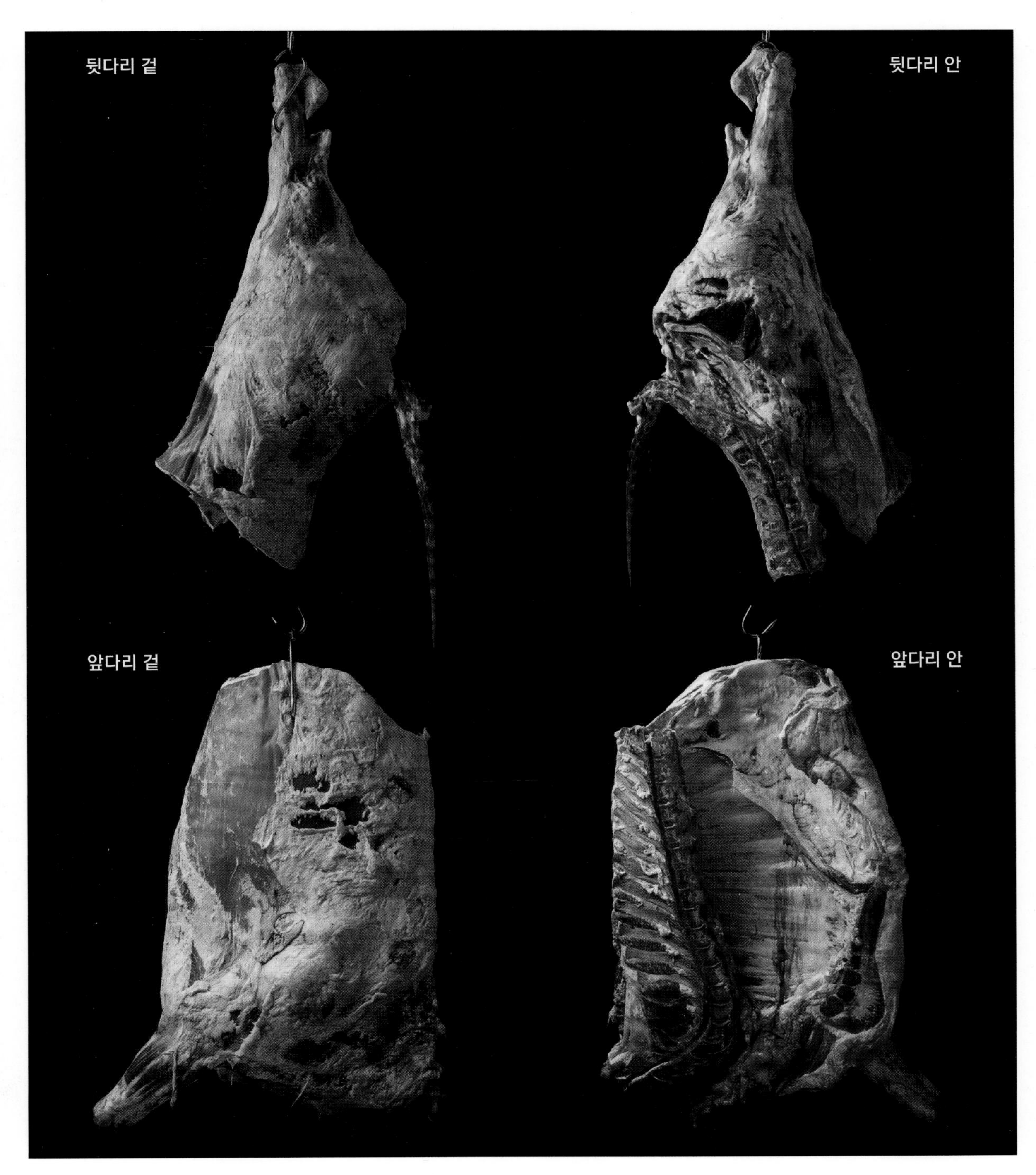

4분도체_ 앞다리

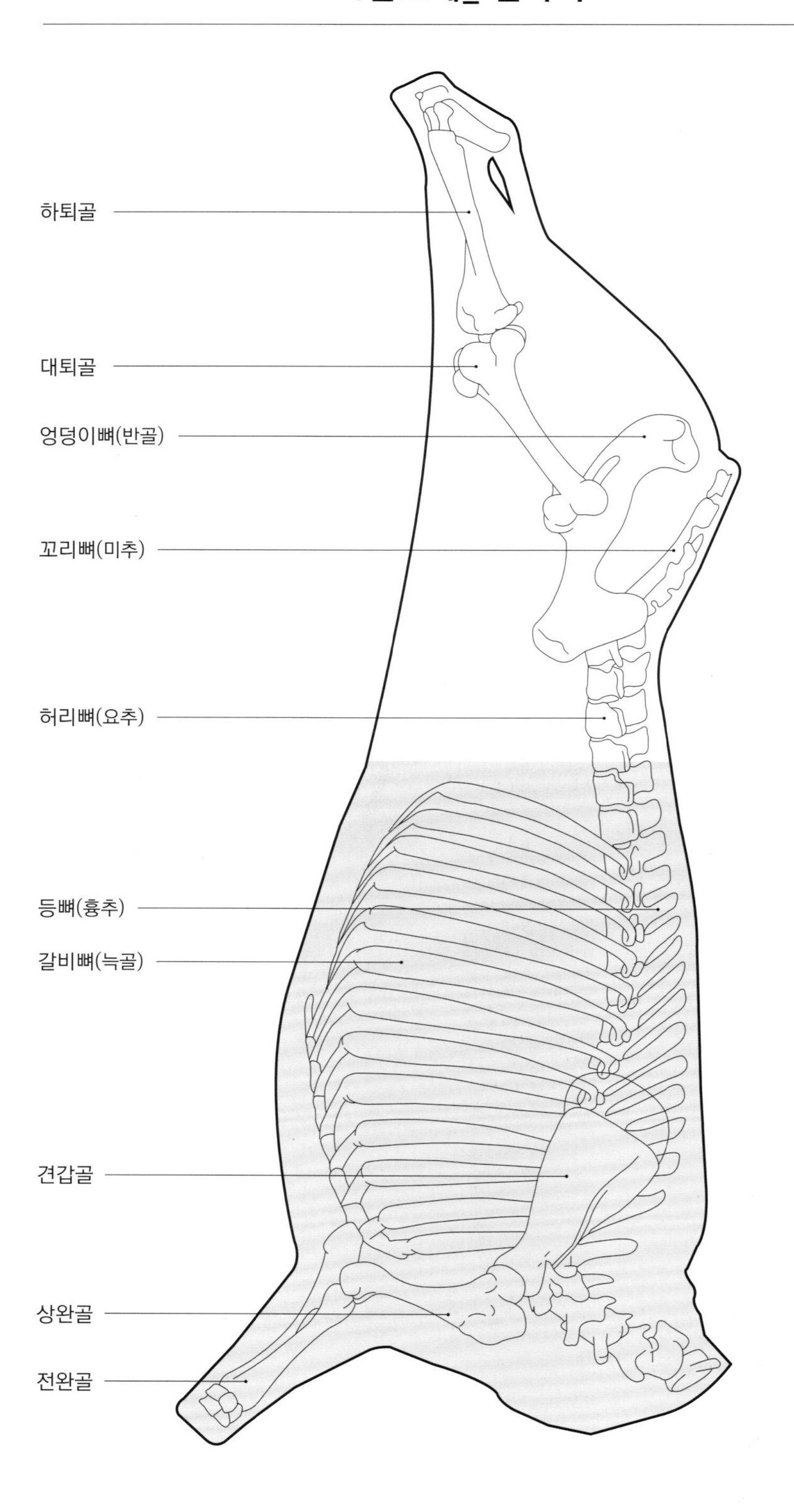
하퇴골
대퇴골
엉덩이뼈(반골)
꼬리뼈(미추)
허리뼈(요추)
등뼈(흉추)
갈비뼈(늑골)
견갑골
상완골
전완골

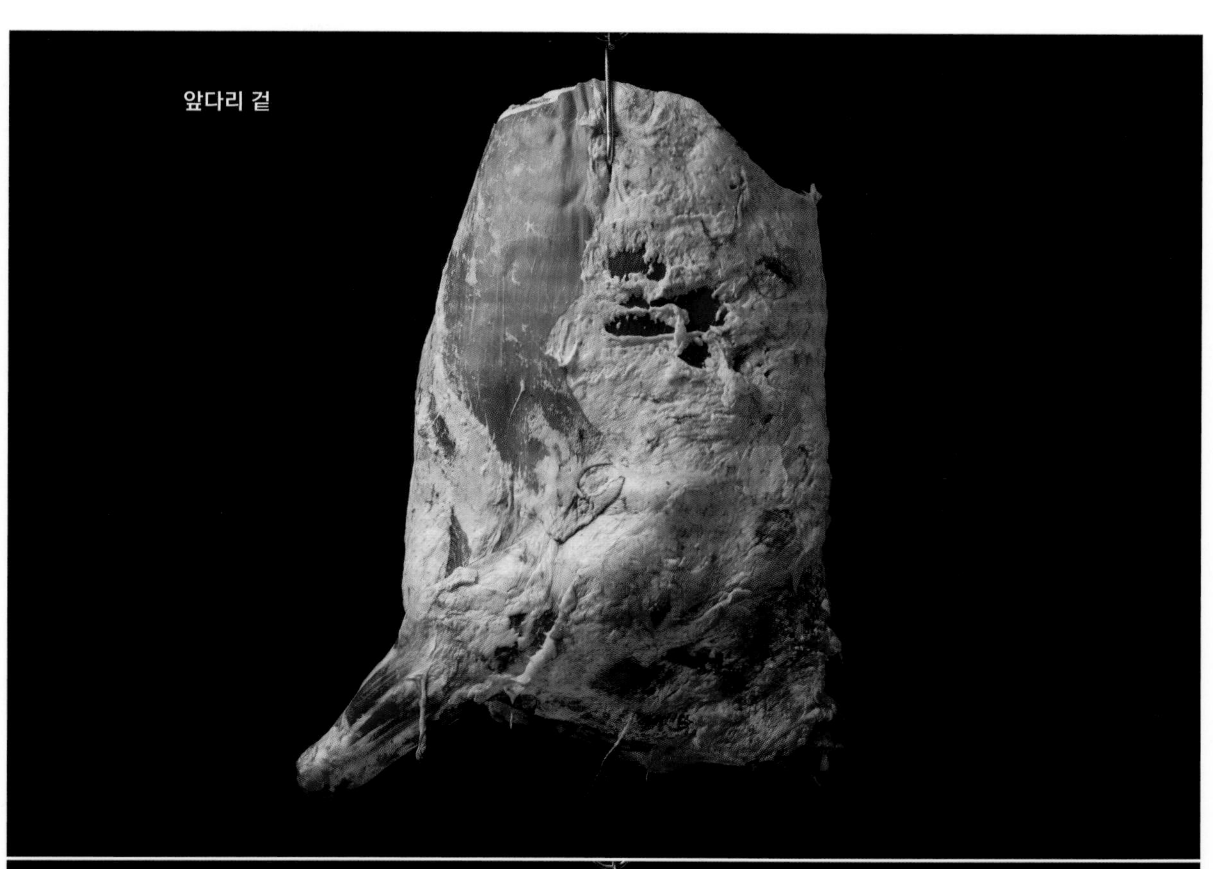
앞다리 겉

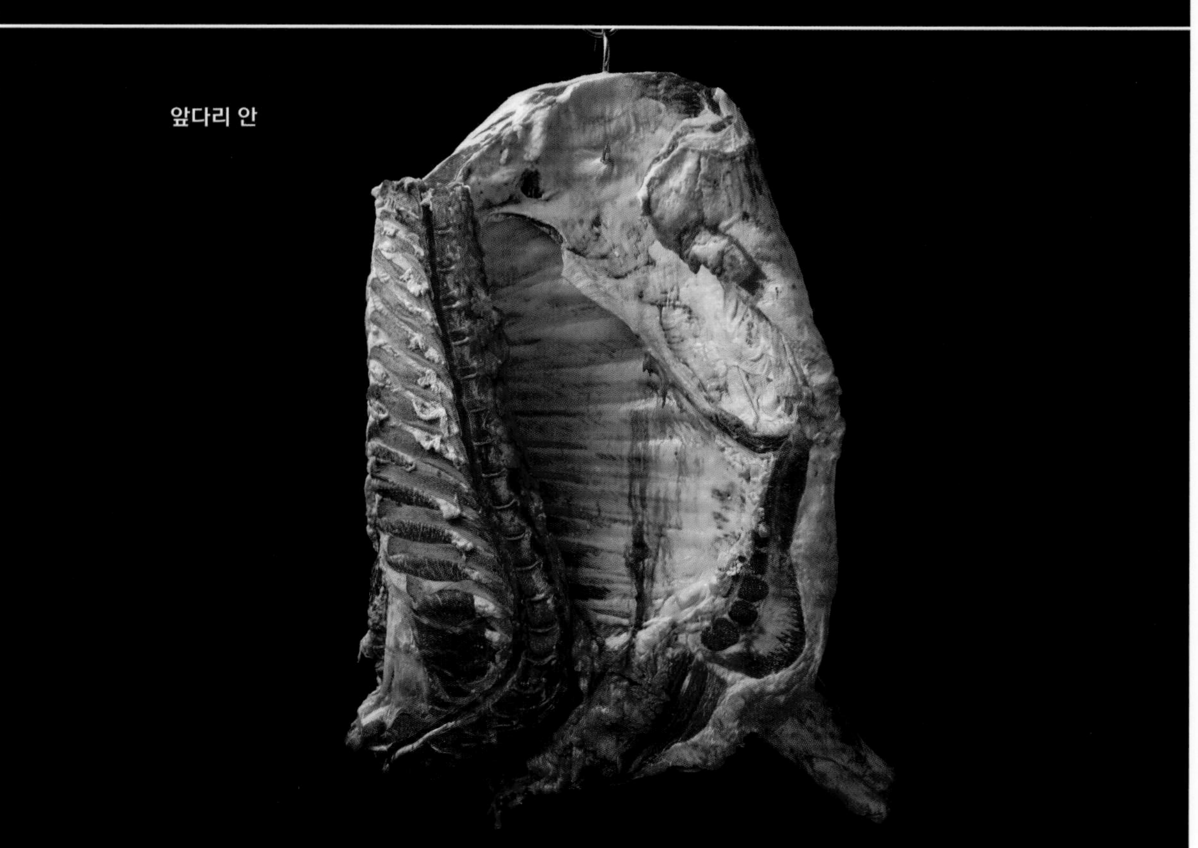
앞다리 안

4분도체_ 뒷다리

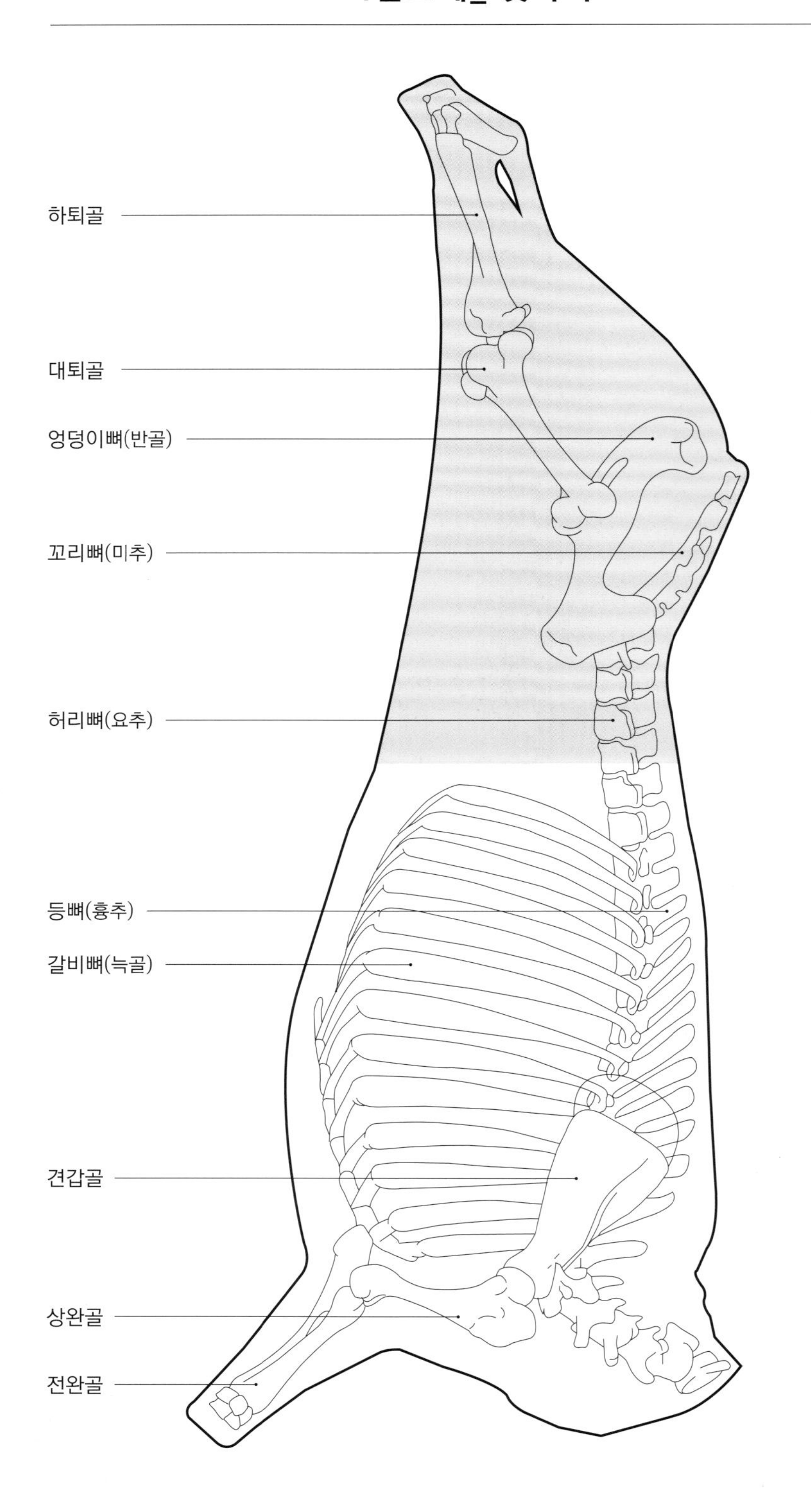
하퇴골
대퇴골
엉덩이뼈(반골)
꼬리뼈(미추)
허리뼈(요추)
등뼈(흉추)
갈비뼈(늑골)
견갑골
상완골
전완골

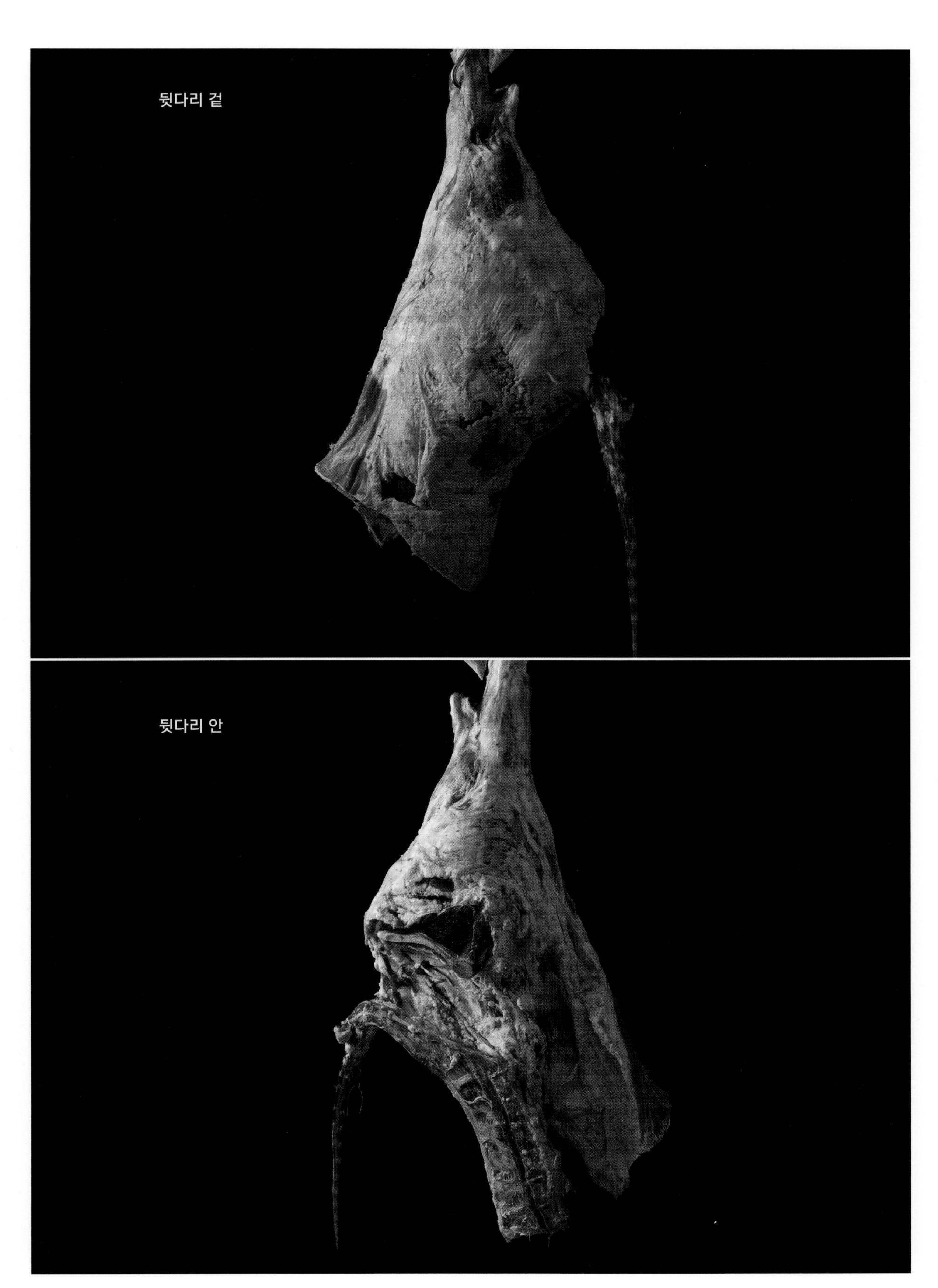
뒷다리 겉
뒷다리 안

02

숙성을 위한 대분할과 소분할의 발골 및 정형

전반적인 발골과 정형에 대한 전문적이고 구체적인 설명보다는, 숙성을 위해 꼭 필요한 발골과 정형의 테크닉과 주의 사항이다.

앞다리 분리, 발골과 정형

앞다리는 상완골을 둘러싸고 있는 상완두갈래근(상완이두근), 어깨 끝의 넓은등근(광배근)을 포함한다. 몸체와 상완골 사이의 근막을 따라서 등뼈(흉추) 방향으로 어깨뼈(견갑골) 끝의 연골 부위 끝까지 올라가서 넓은등근(활배근) 위쪽 두터운 부위의 1/3지점에서부터 등뼈와 직선되게 절단한다.

앞다리 분리

분리 작업을 할 때, 윗등심쪽 살치살 부위에 칼이 깊게 들어가지 않도록 주의한다. 해당 부위에 칼이 깊게 들어갈수록 고급 부위일수록 숙성육 손질에서 손실률이 커진다.

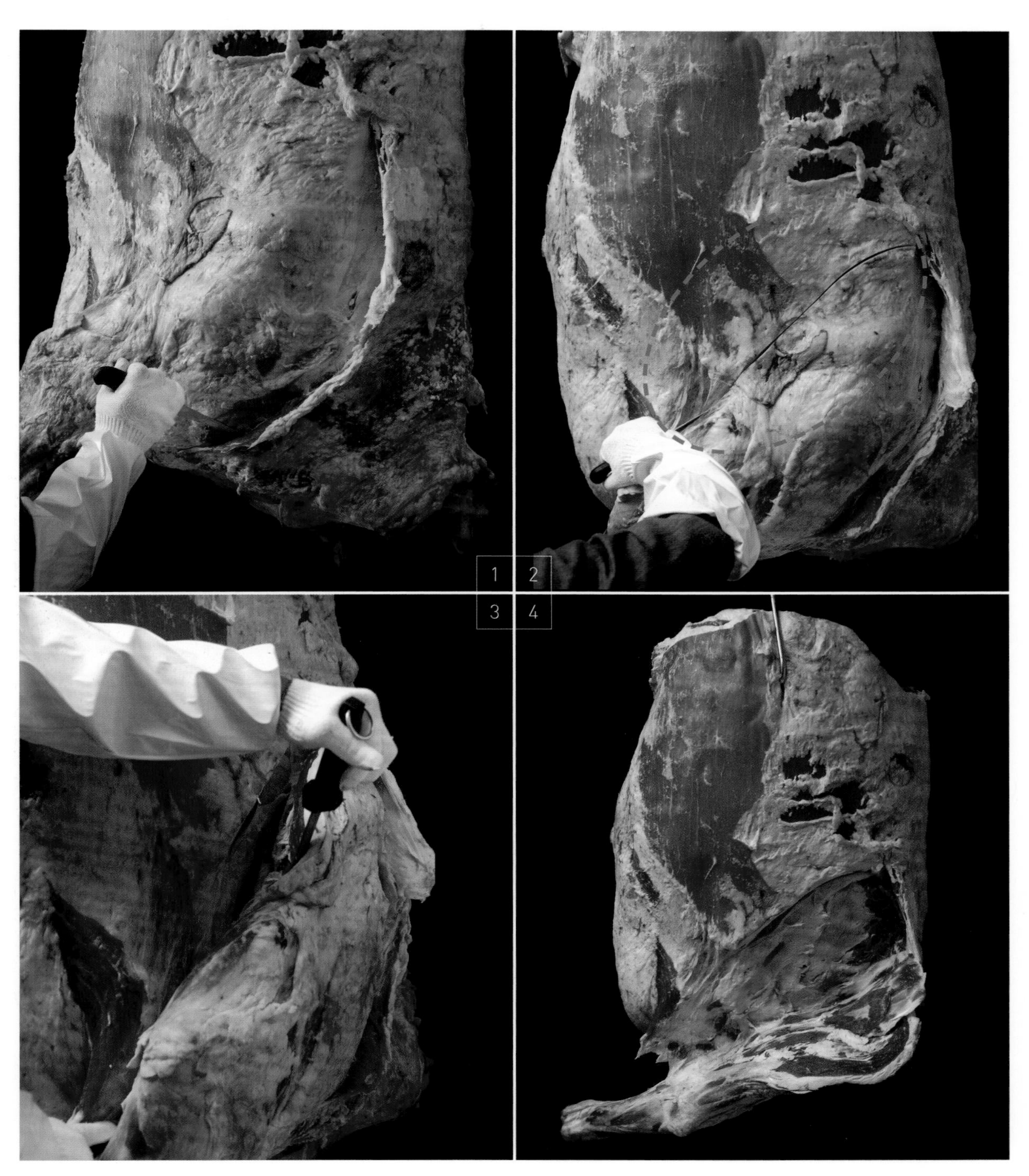

앞다리 발골과 정형

1

앞사태 중간 부위에서 뼈를 따라 근막을 건드리지 않고 발목까지 절개한다.

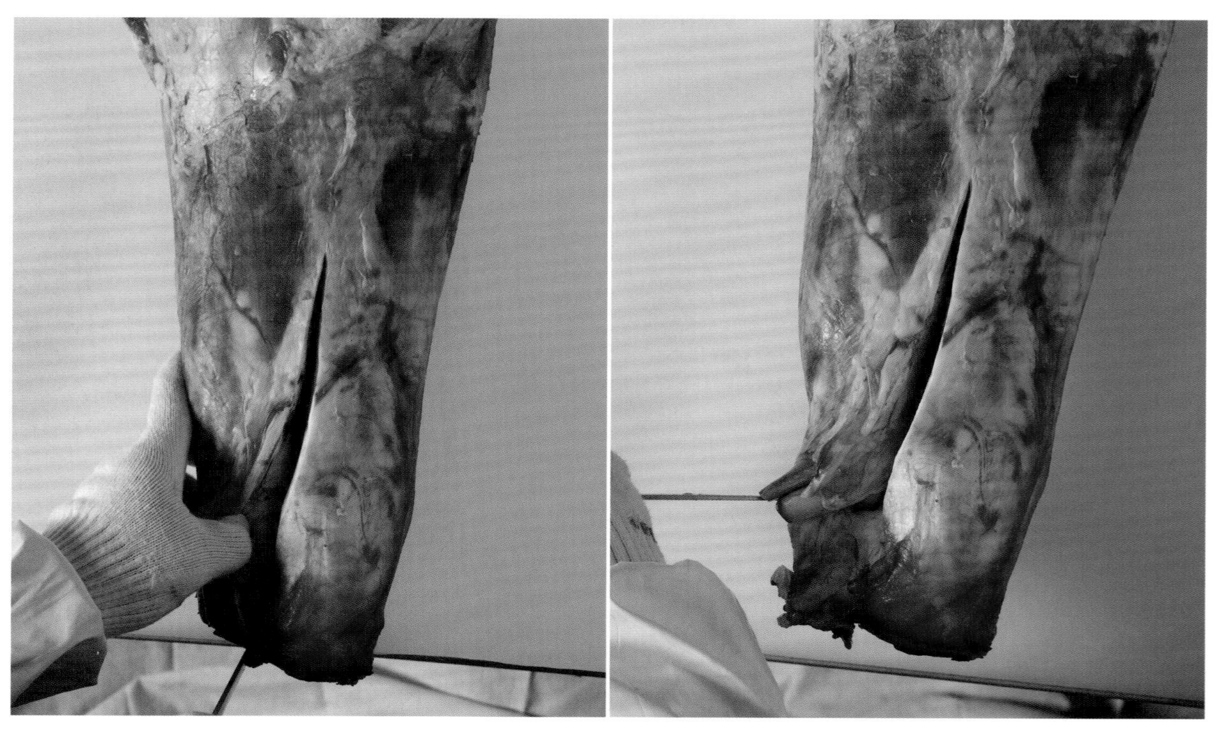

인기 품종부터 희귀 품종까지 200여 종의 관엽식물을 생생한 사진과 함께 기르기 가꾸기!

COOKING

최신 트렌드의 요리와 안전한 먹을거리

와인은 어렵지 않아 [증보개정판]

Ophélie Neiman지음 | 185×240 | 280쪽 | 29,000원

시대 흐름에 발맞춰 최신 정보로 재무장한 업그레이드판.
무려 64page를 보강하여 새롭게 출발한 이 책은
내추럴와인, 오렌지와인, 뱅존에 대한 정보는 물론
와인과 관계있는 유명 인물도 소개한다. 또한, 무엇을
배웠는지 와인지식도 셀프로 테스트할 수 있다.

04083 서울시 마포구 토정로 53 (합정동) | 전화 02-324-6130 | 팩스 02-324-6135
계좌번호: 하나은행 209-910005-93904 (예금주 주식회사 동학사)

2

앞사태 중간 부위에서 뼈를 따라 상완골 방향으로 절개한다.

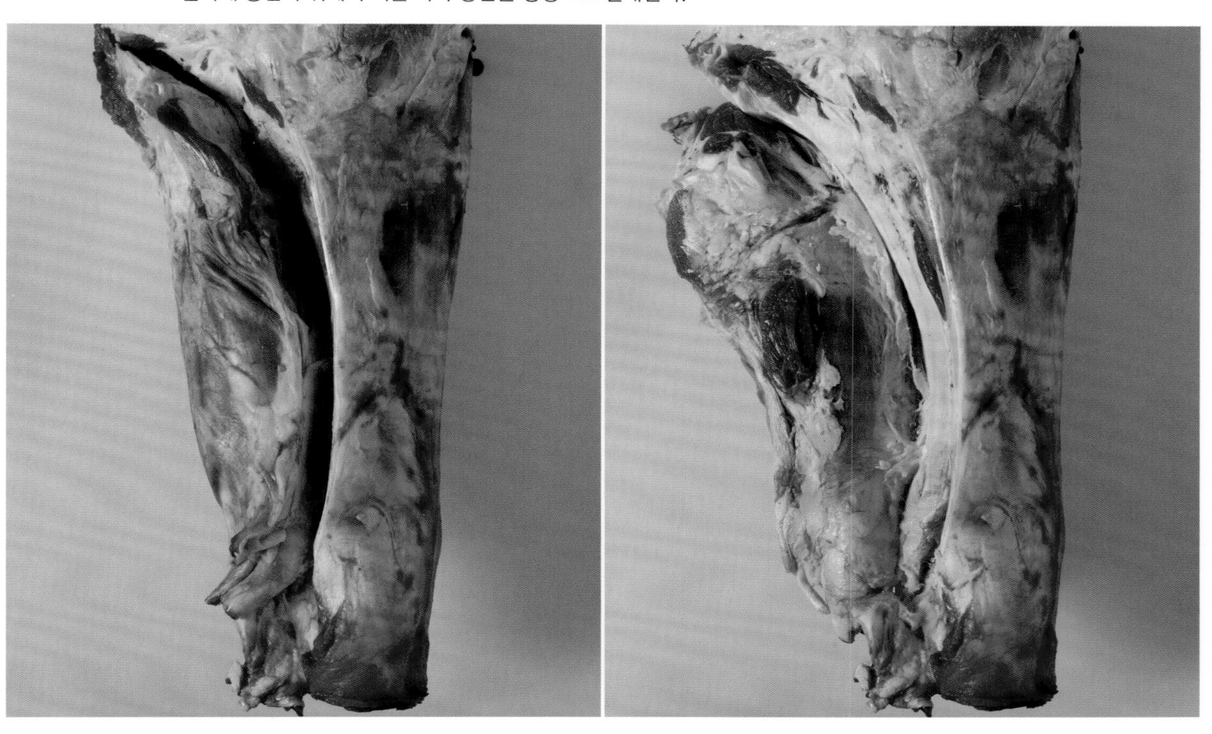

3

전완골의 다른 쪽 뼈를 따라 절개한다.

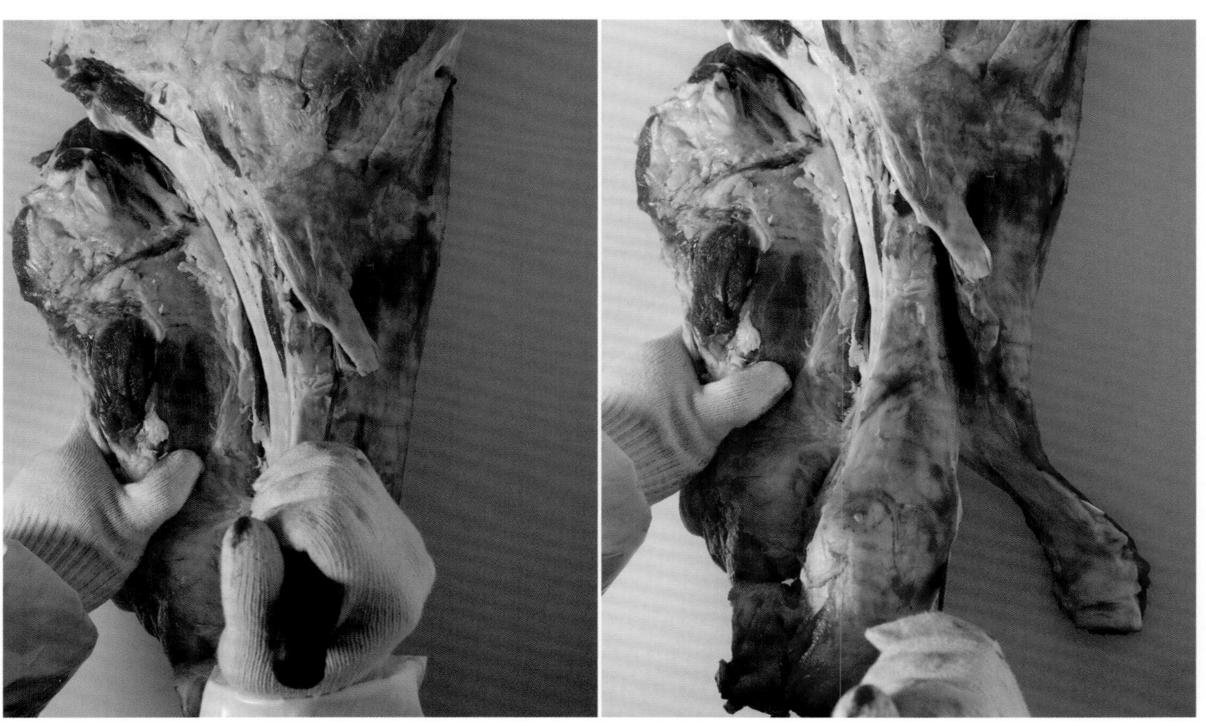

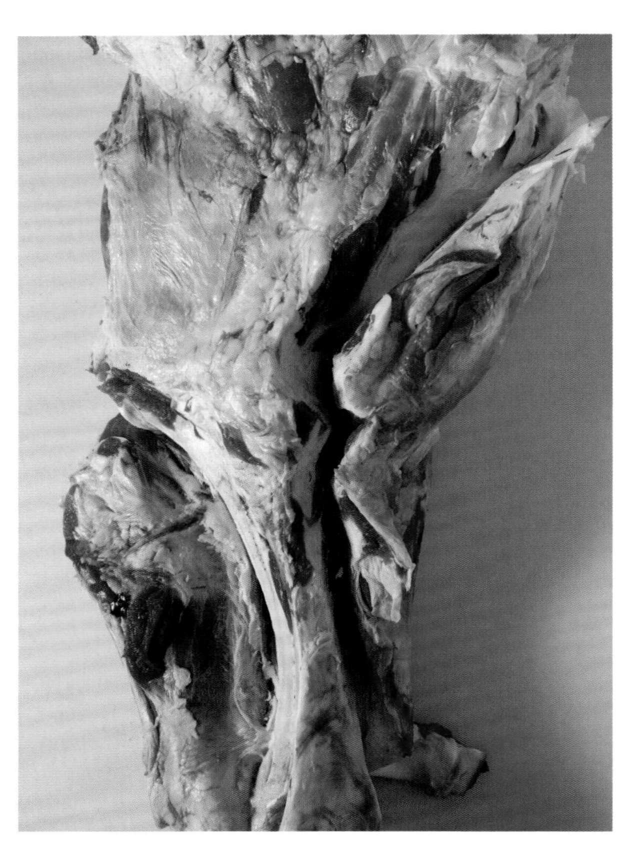

4

상완골을 따라 절개한다.

➡

6

전완골 발골 완성.

앞사태는 전완골과 상완골을 싸고 있는 부위다. 작은 근육으로 이루어져 있어 웻에이징에 적합하고, 국거리나 찜에 사용한다.

5

전완골과 상완골을 따라 분리한다.

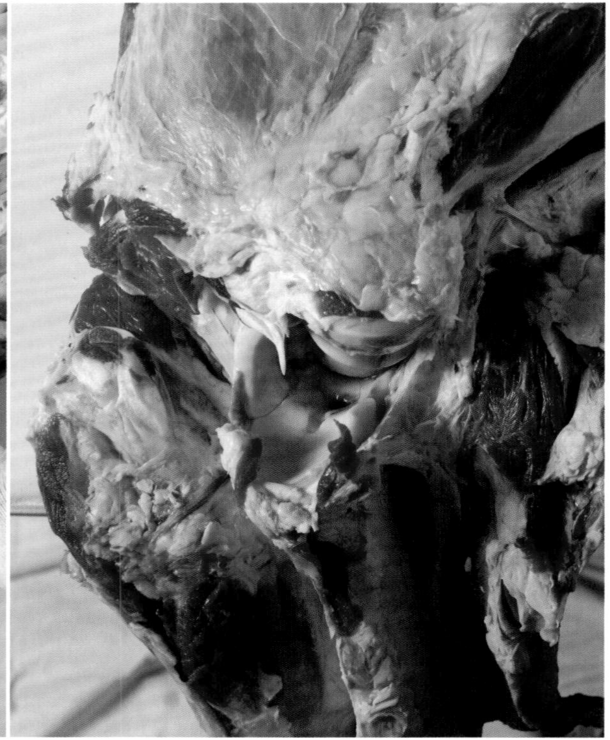

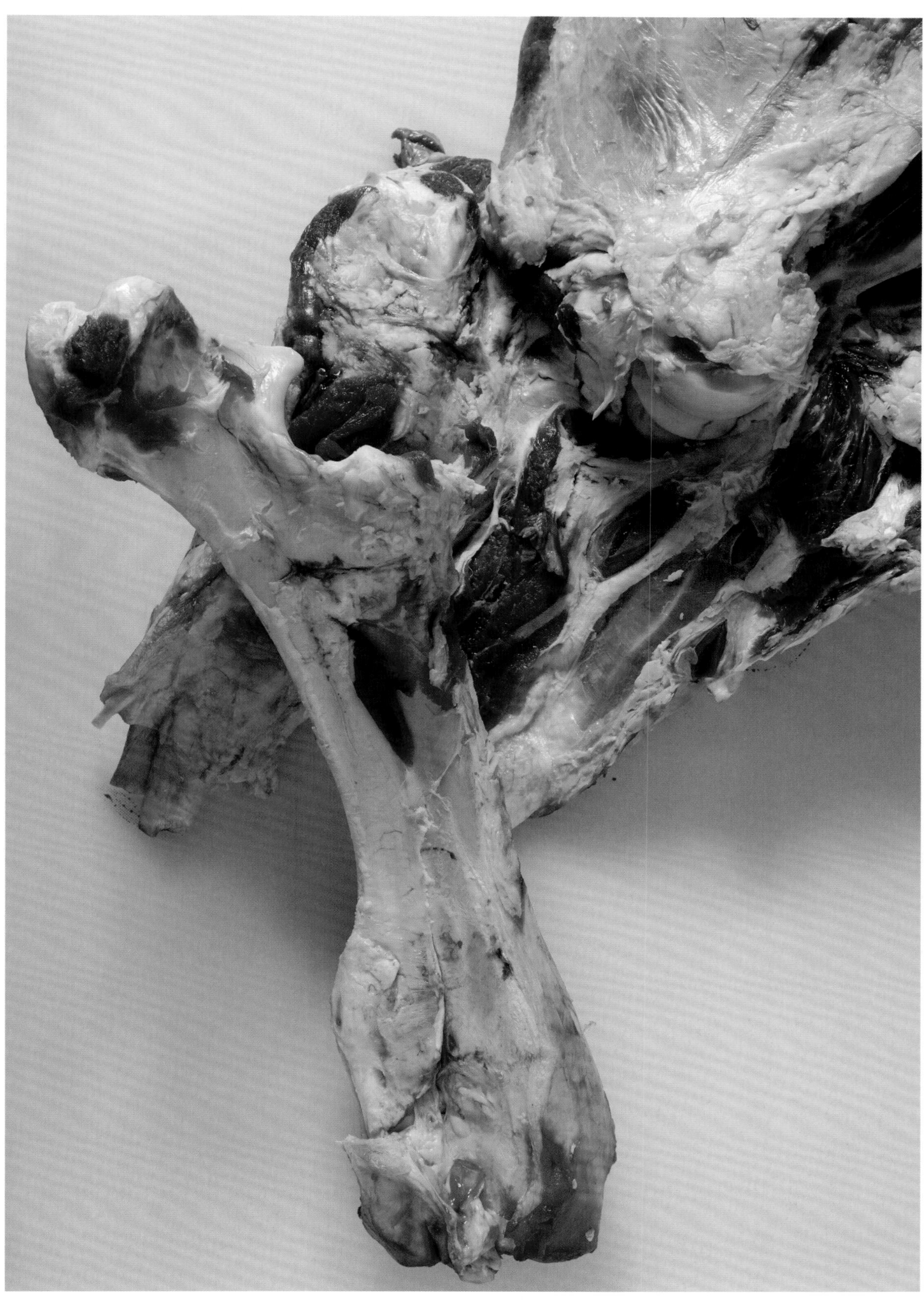

7

상완골 주위의 앞사태를 절개한다.

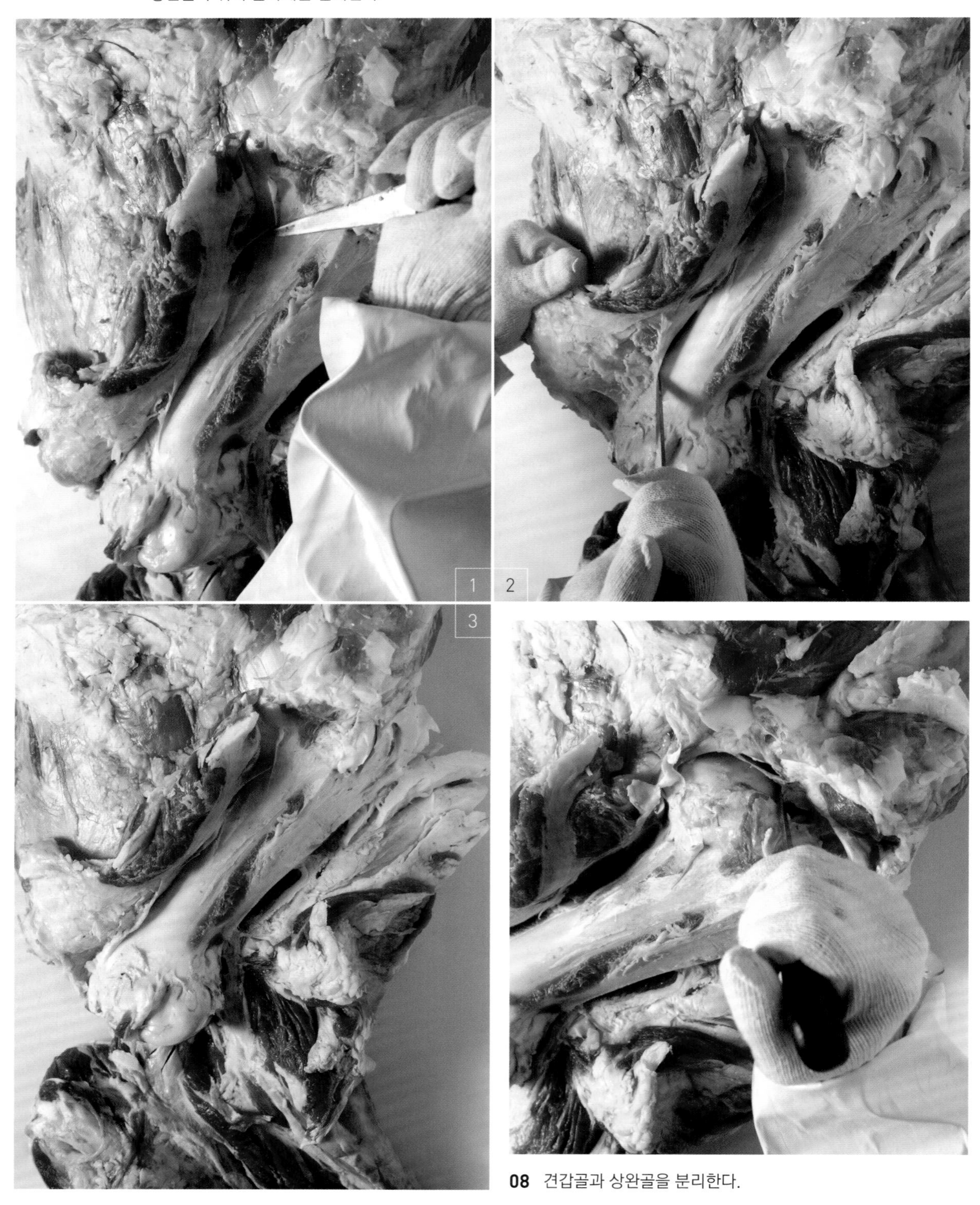

08 견갑골과 상완골을 분리한다.

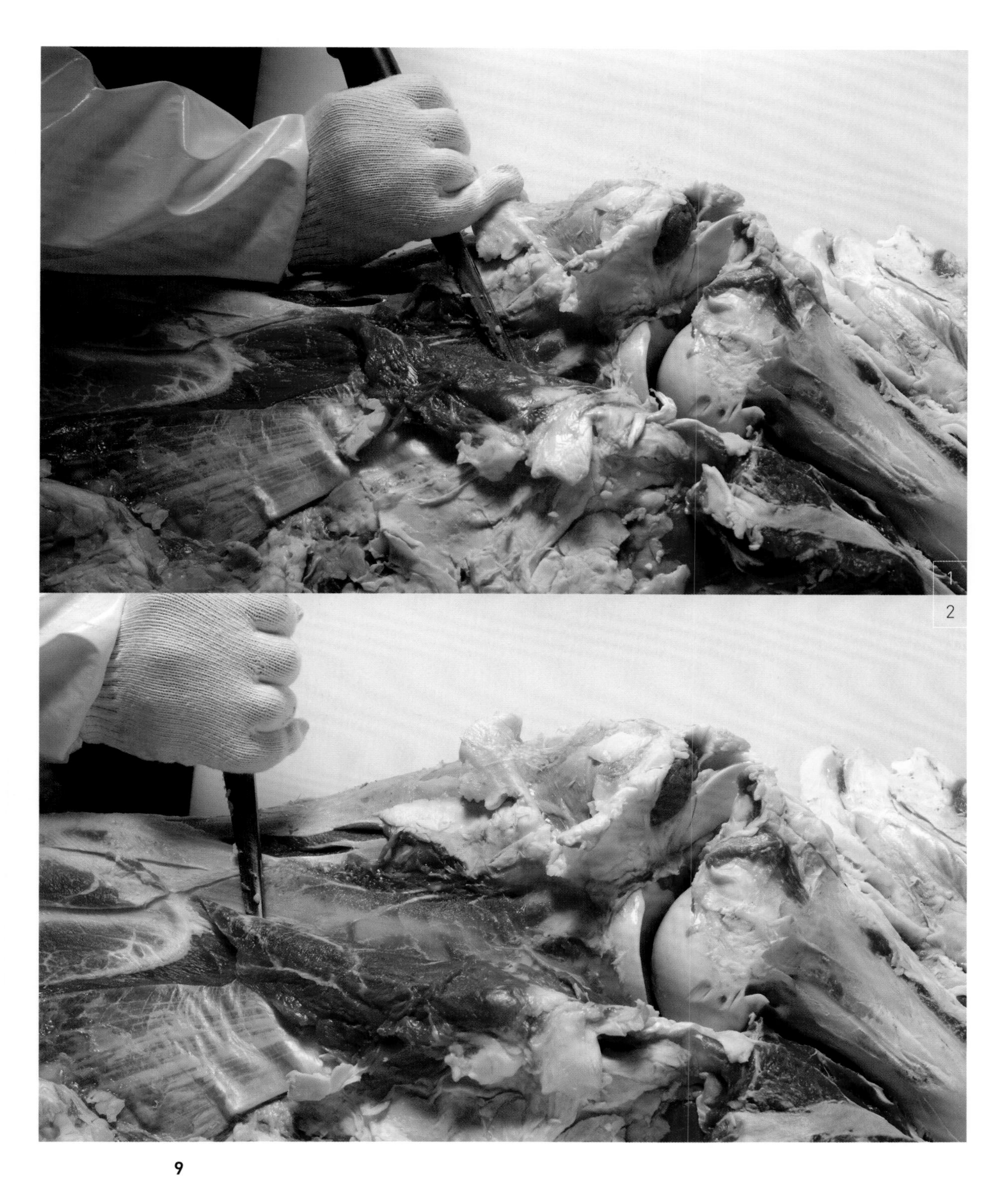

9

부채덮개살과 꾸리살을 절개한다.

꾸리살을 절개할 때, 최대한 근막을 따라 조심스럽게 절개하여 정육에 칼날이 들어가지 않도록 주의한다. 정육에 손상이 많을수록 숙성(웻에이징) 과정에서 육즙(흔히 핏물이라고 함)이 많이 빠진다.

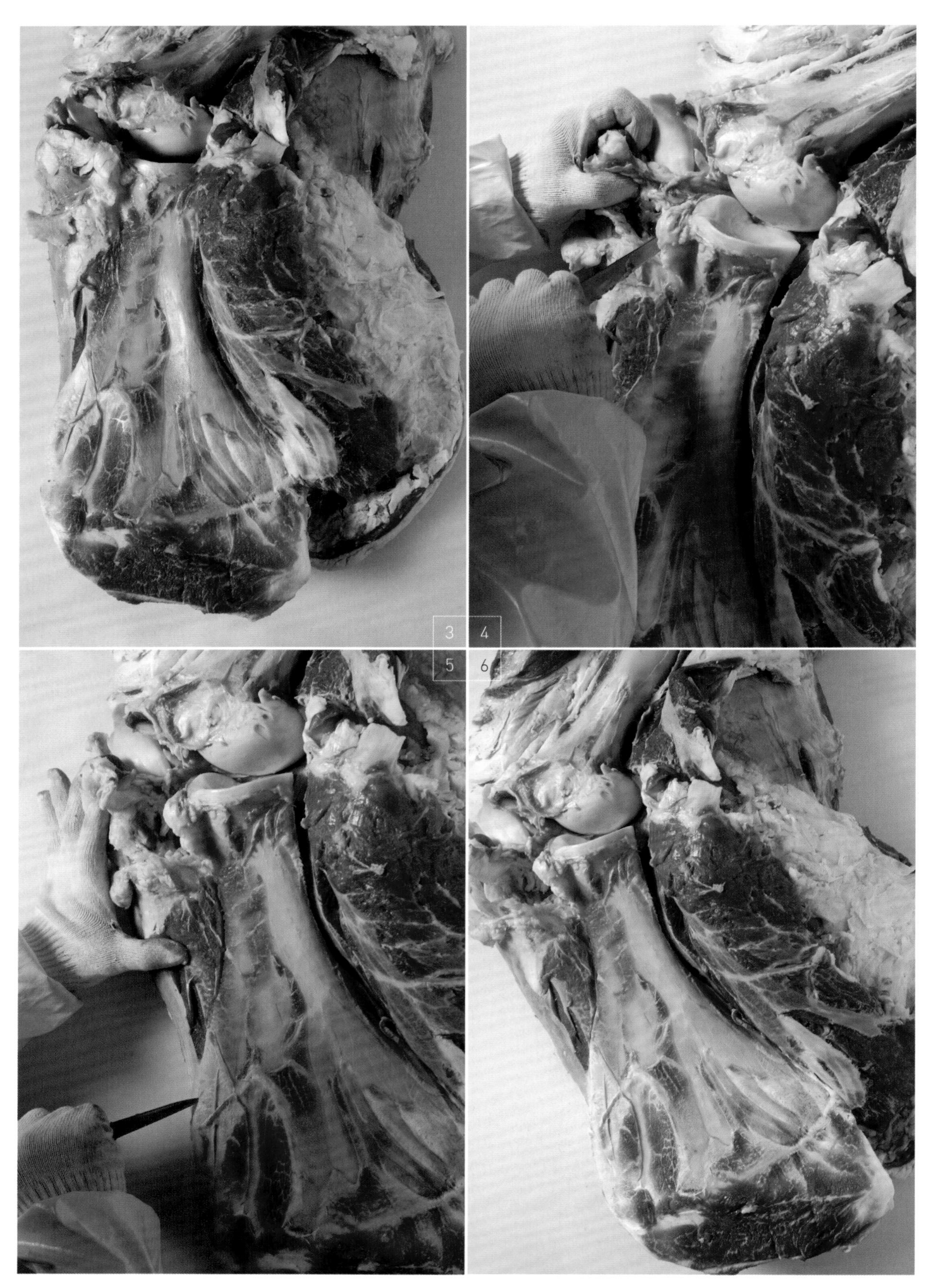
3
4
5
6

10

견갑골을 발골한다.

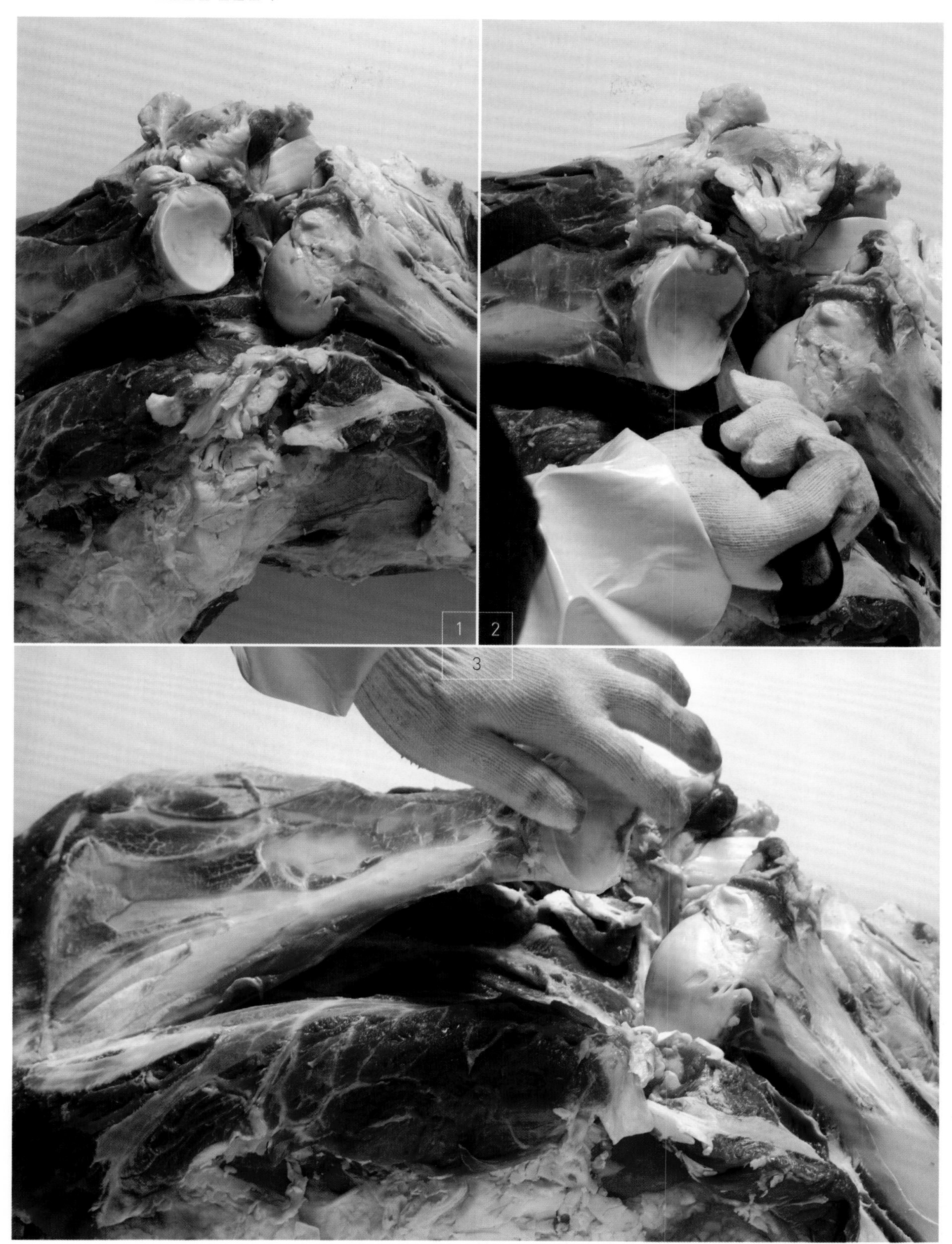

4

5

11

상완골을 발골한다.

1

2

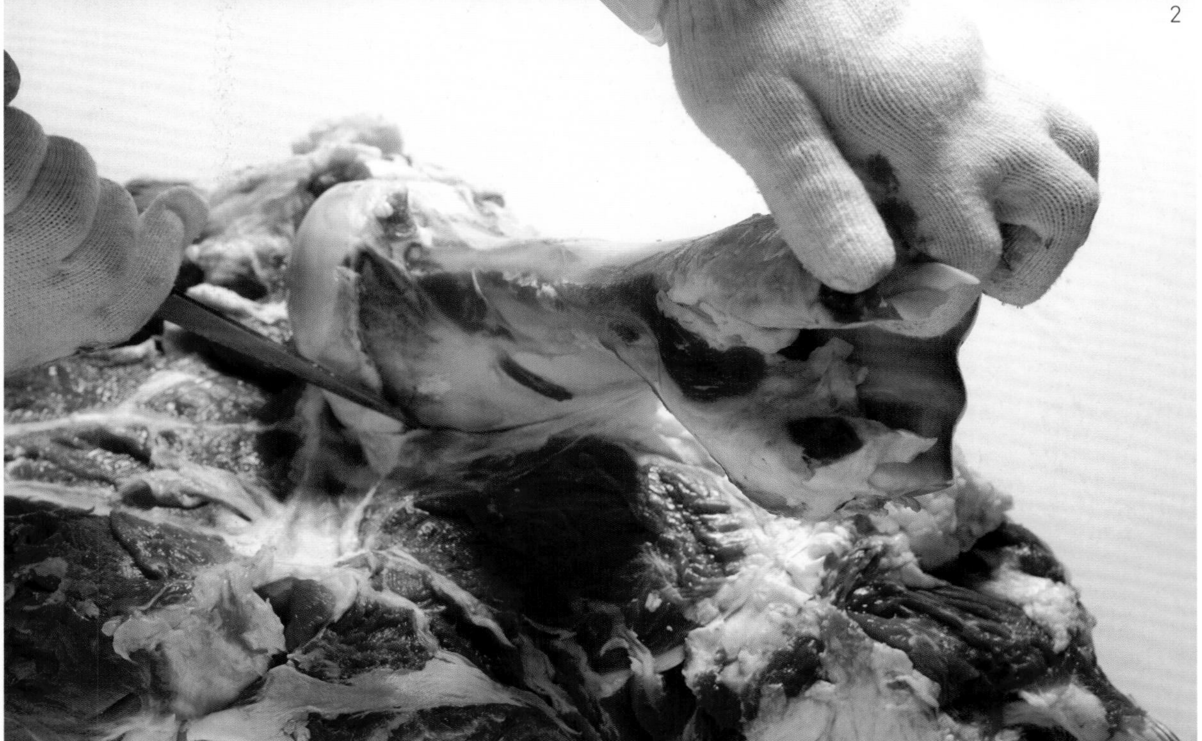

12

부채살 절개 작업을 할 때, 정육에 칼날이 들어가지 않도록 최대한 주의한다.

13

앞다리 발골 완성.

14

앞다리 부위별 정형 완성.

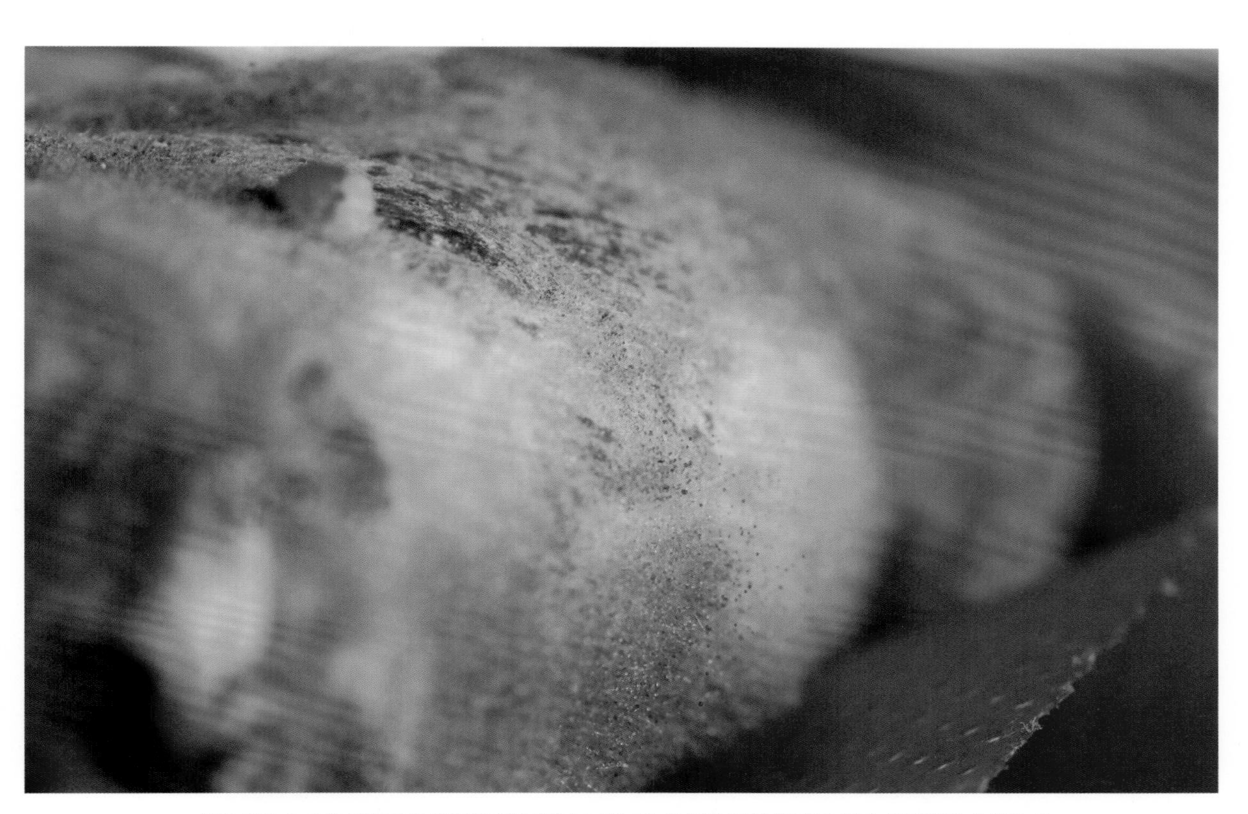

사진처럼 숙성이 매끄럽게 진행되려면 되도록 칼날이 정육에 많이 찔리지 않게 작업해야 손실을 줄일 수 있다. 예를 들어, 사과를 깎을 때 상한 부위가 깊게 있다면 그 주변까지 파내어야 하기 때문에 과육 손실이 많아진다. 이처럼 드라이에이징을 할 때 칼날이 들어간 부위마다 숙성효소가 침투하기 때문에 제거 작업에서 많은 손실이 발생하고 상품가치가 하락한다.

양지 분리와 정형

4분도체에서 늑연골, 칼돌기연골, 가슴뼈(흉골)를 따라 깊은 흉근(심흉근), 얕은 흉근(천흉근)을 절개하여 갈비 부위와 분리한다. 바깥쪽 경정맥을 따라 쇄골머리근, 흉골유돌근을 포함시켜 절단하여 목심 부위와 분리한다. 그 다음, 지방덩어리를 제거하는 정형을 한다. 양지머리, 차돌박이, 업진살, 업진안살, 채끝 부위와 연접되어 분리된 복부의 치마양지, 치마살, 앞치마살 등이 포함된다.

1

—

업진안살 경계점에서 시작하여 목쪽까지 사진의 경계선(A→B)을 따라 칼로 임의의 선을 긋는다.

주의사항

—

시작점(A)의 넓이와 양지머리 부근(B)의 넓이가 비슷하도록 그어준다. 임의로 그은 선은 양지와 갈비의 경계선으로 선의 위치에 따라 양지 수율이 달라진다.

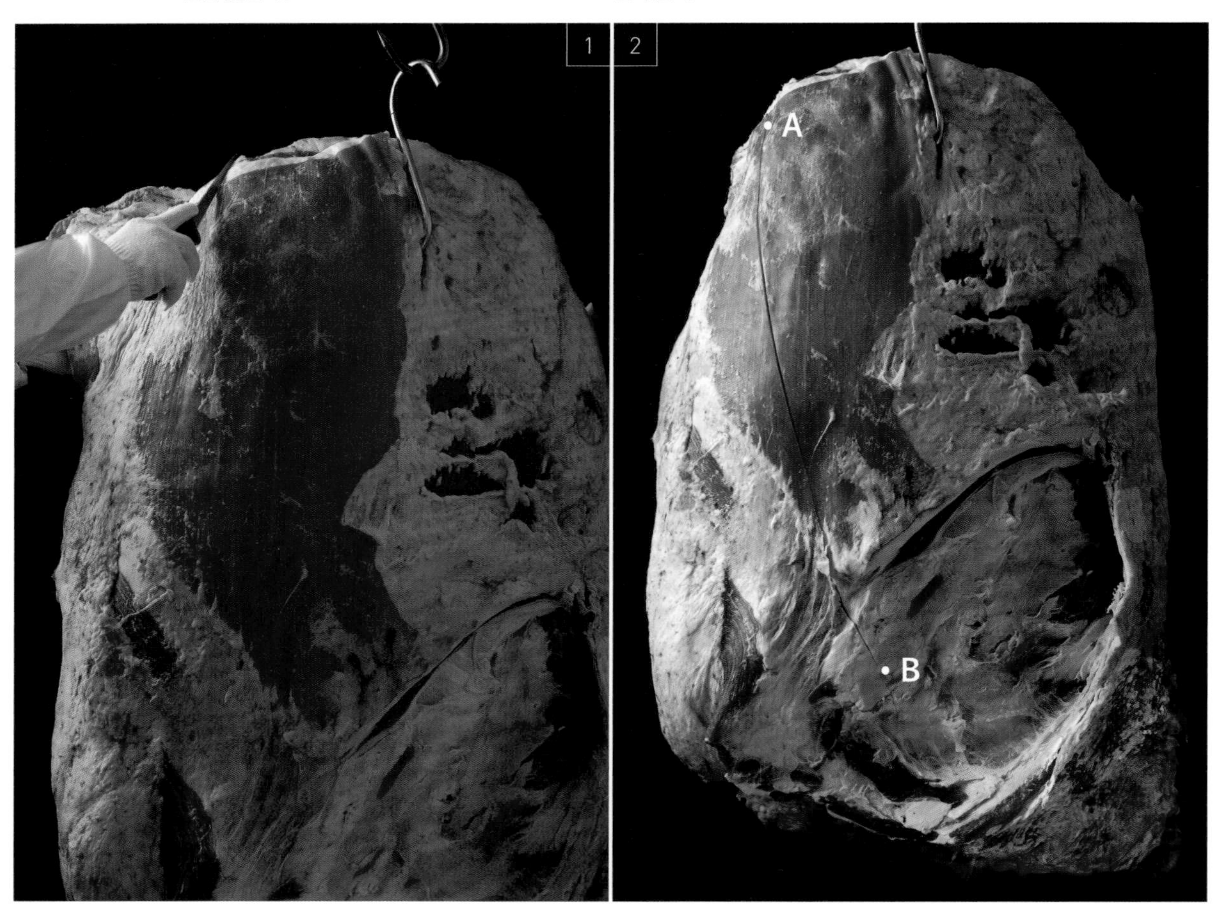

2

갈비 안쪽의 업진안살을 양지쪽으로 절개한 후 가슴뼈(흉골)를 따라 차돌박이를 분리한다.

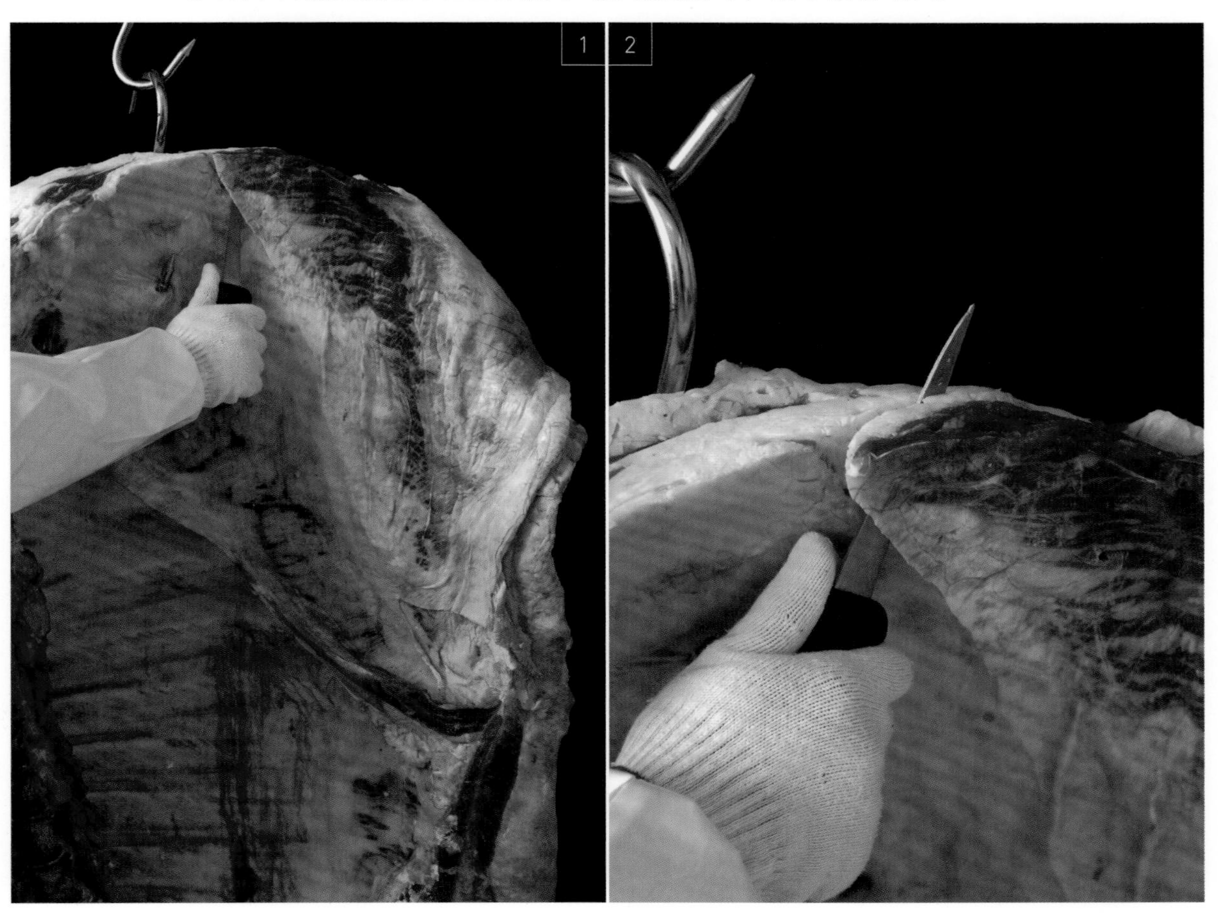

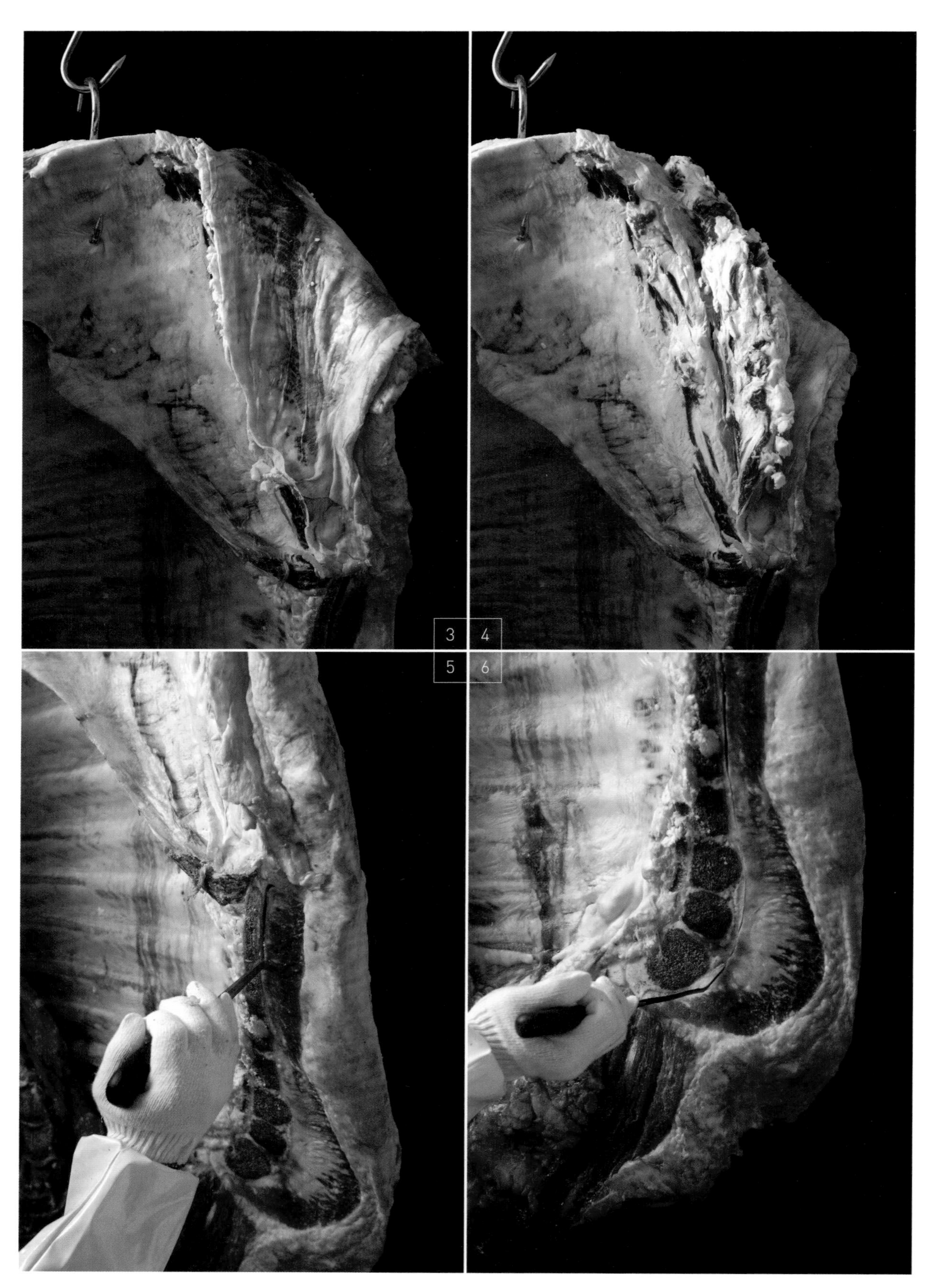
3
4
5
6

3

경계선을 따라 업진안살, 업진살, 차돌박이, 양지머리까지 분리한다. 가슴골에서 차돌박이를 분리할 때는 차돌박이 드라이에이징을 위하여 칼이 정육을 다치지 않게 주의한다.

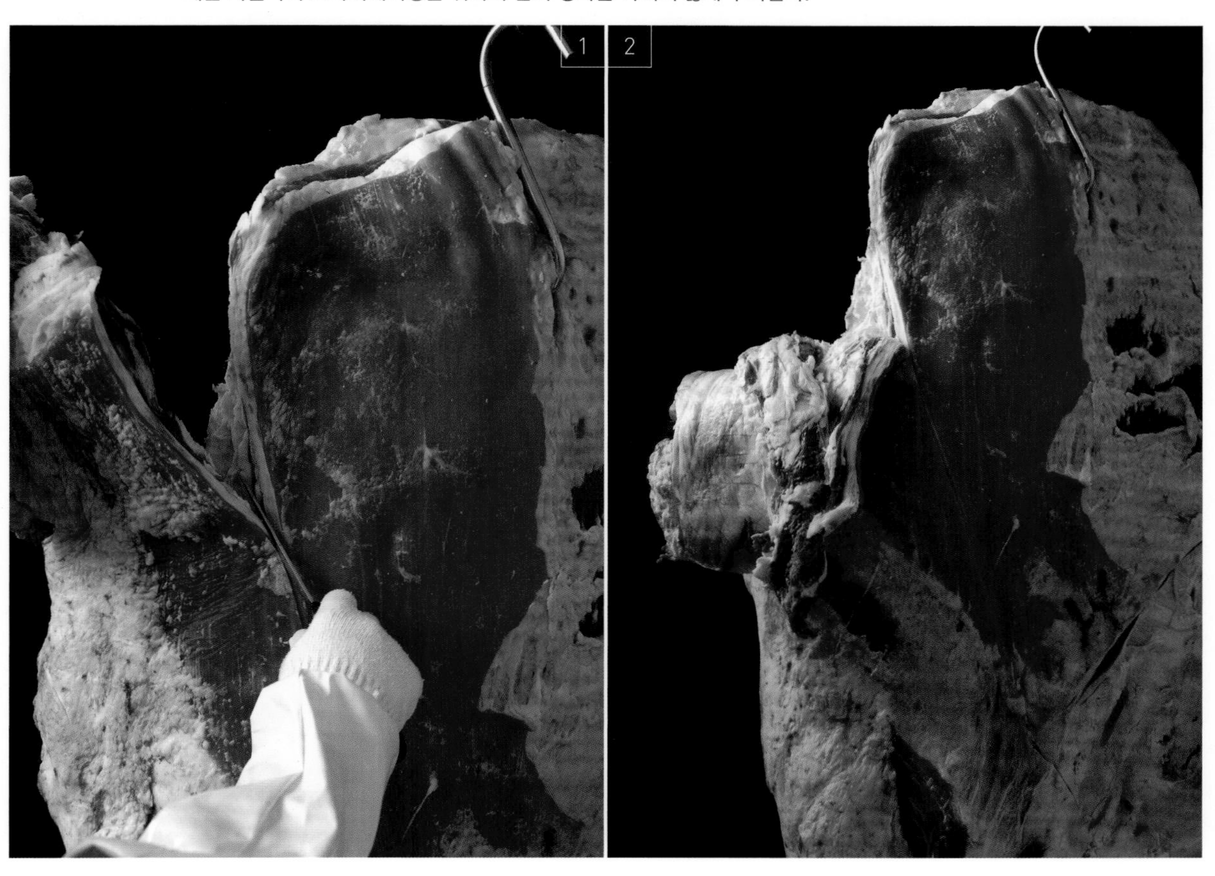

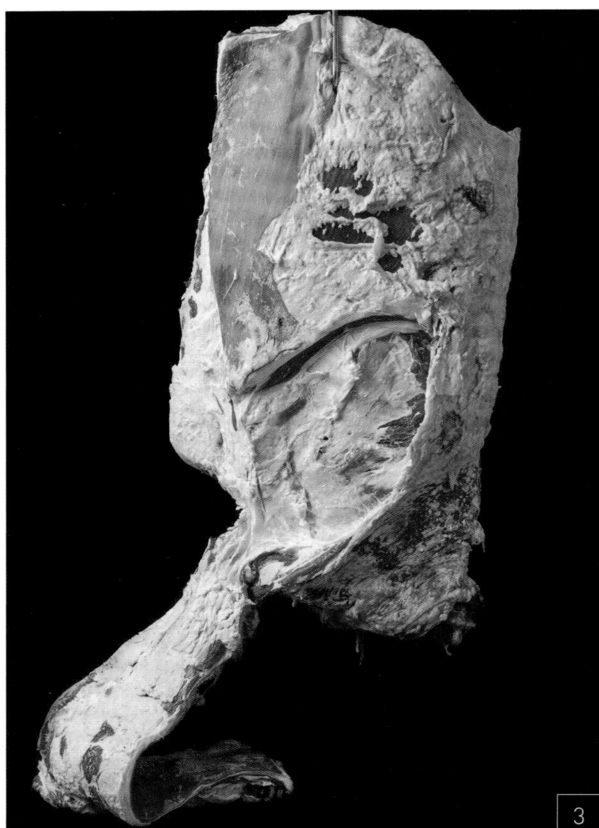

3

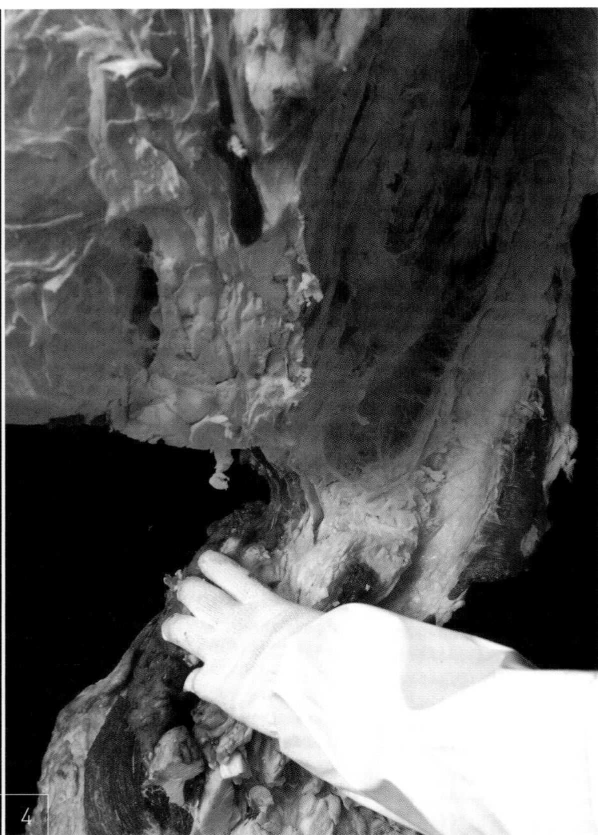

4

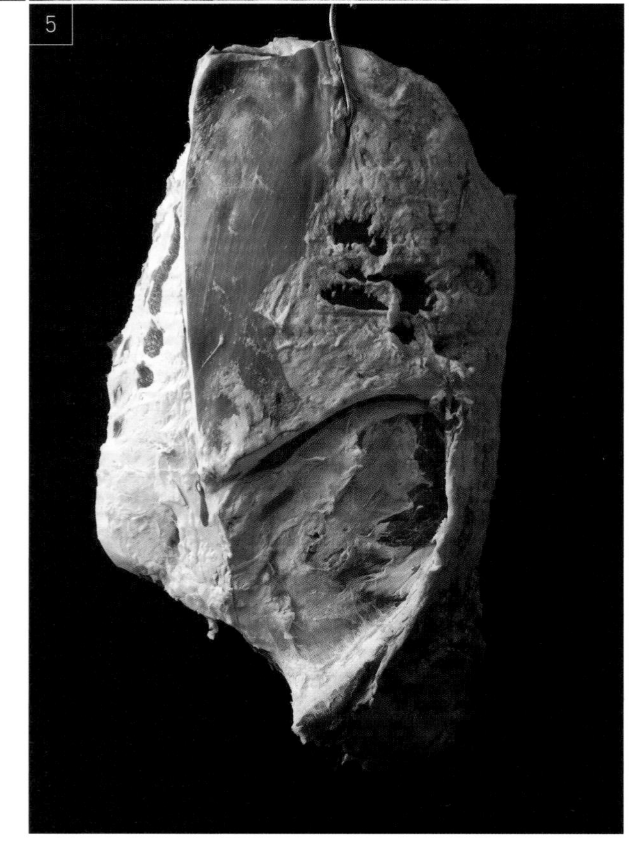

5

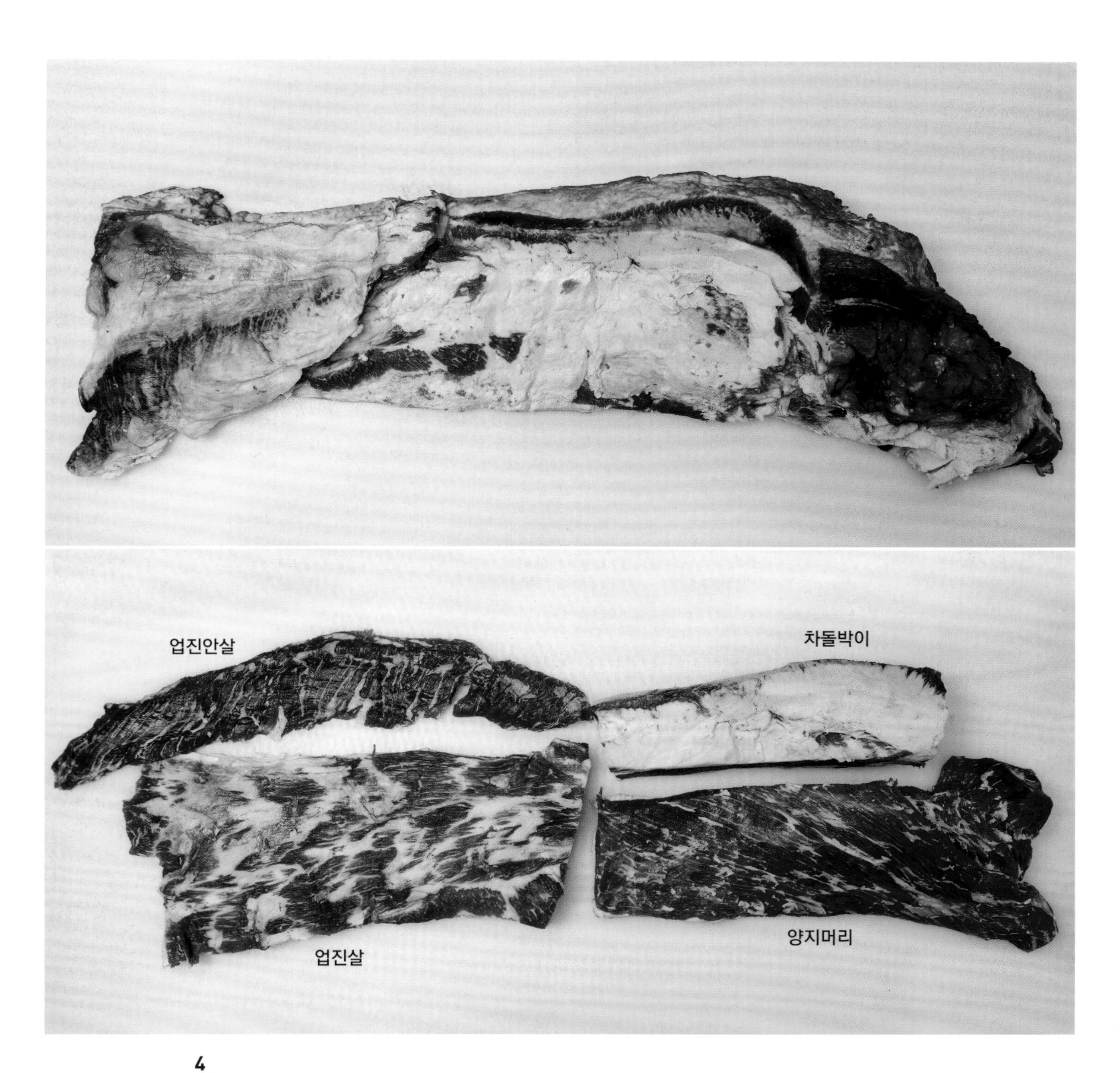

4

양지 부위에서 차돌박이는 드라이에이징을, 업진안살·업진살·양지머리는 웻에이징을 한다.
기호에 따라 차돌박이도 웻에이징을 할 수 있다.

엘본 분리

13번째 갈비뼈 끝부분에서 9번째 갈비뼈까지 등심과 뼈를 포함하여 절단한다.

1

아랫등심에서 윗등심까지 칼로 임의의 선을 긋는다. 갈비나 등심쪽으로 선이 치우치지 않도록 그어 준다. 숙련 기술이 필요한 작업이며 선을 따라 절단하기 때문에 등심의 생김새를 머릿속에 충분히 숙지하고 있어야 한다.

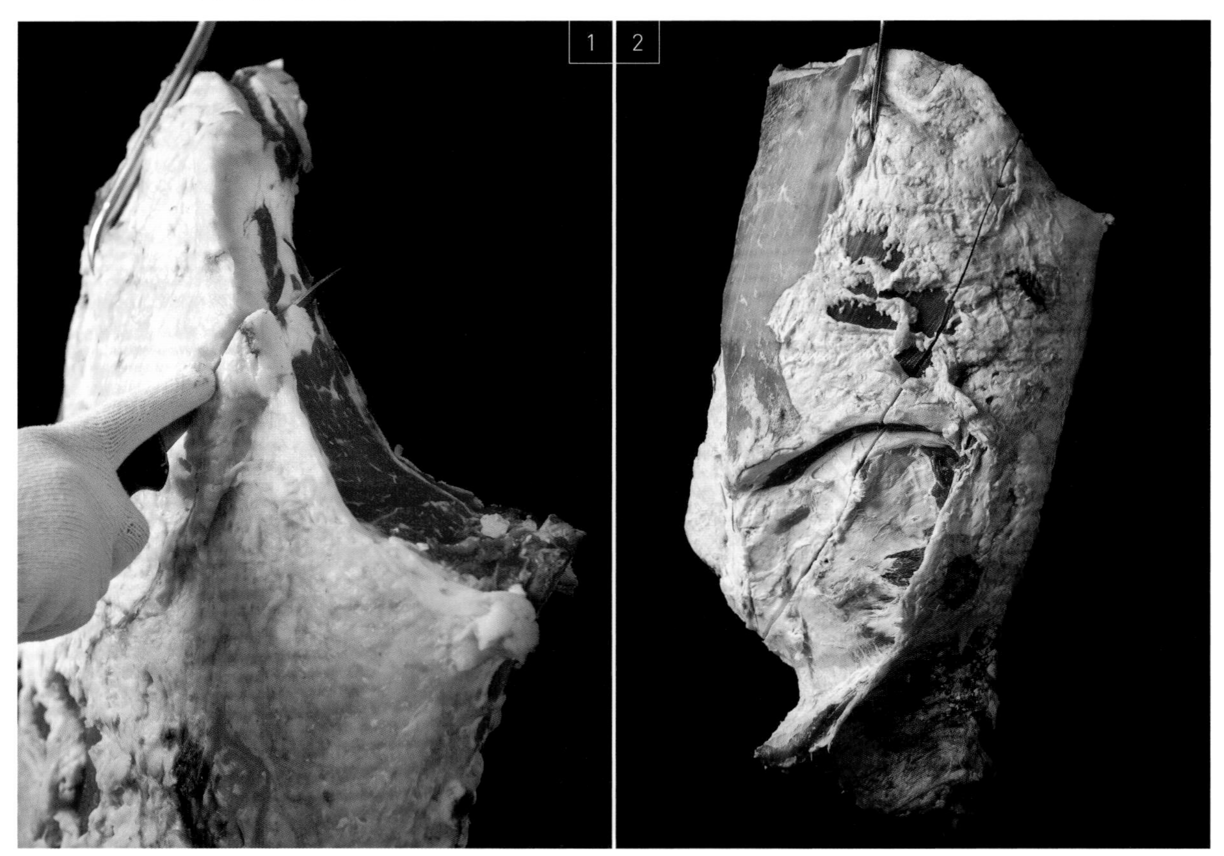

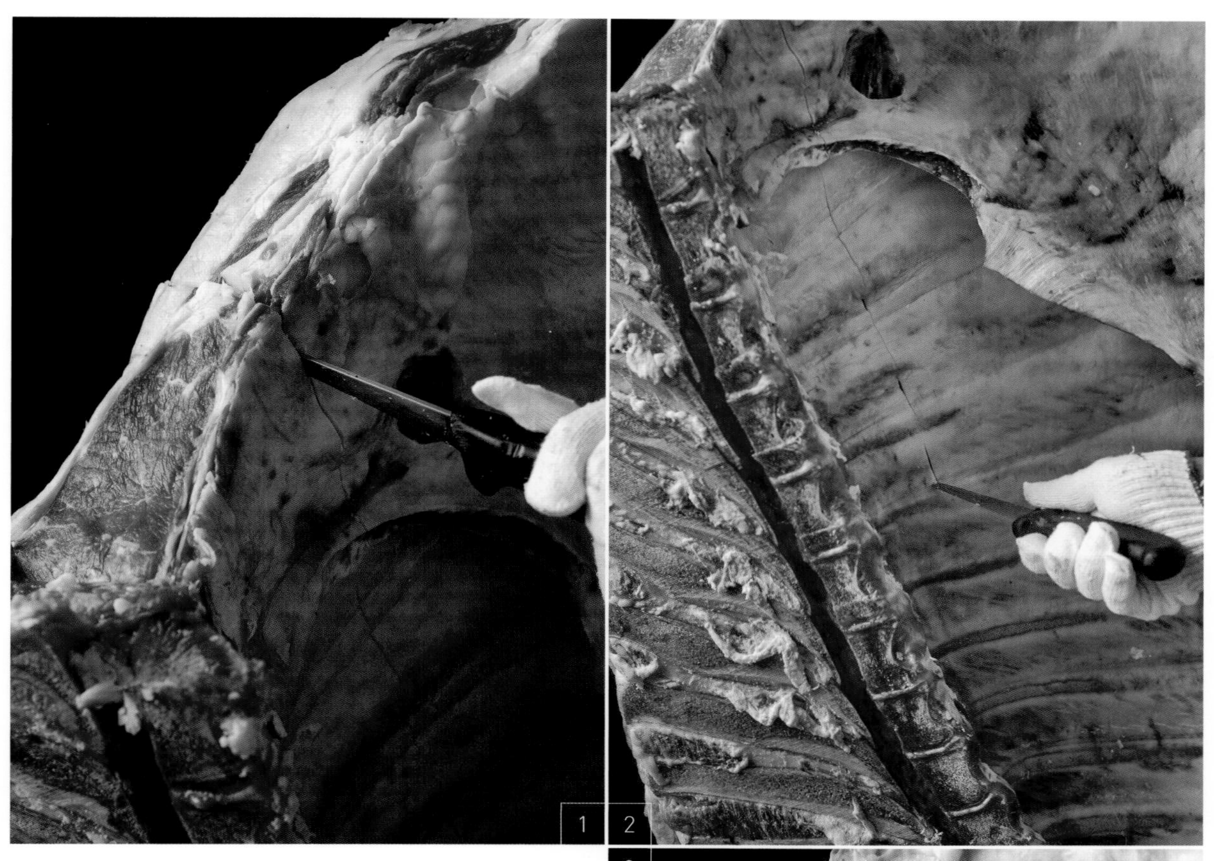

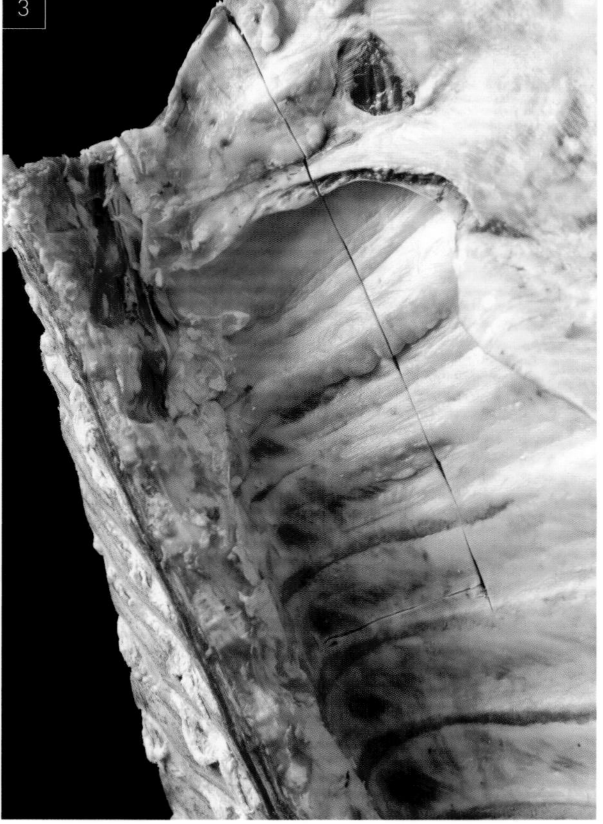

2

갈비 안쪽에 칼로 선을 긋는다. 바깥쪽 선을 고려하여 되도록 정교하게, 폭이 일정해지도록 긋는다.

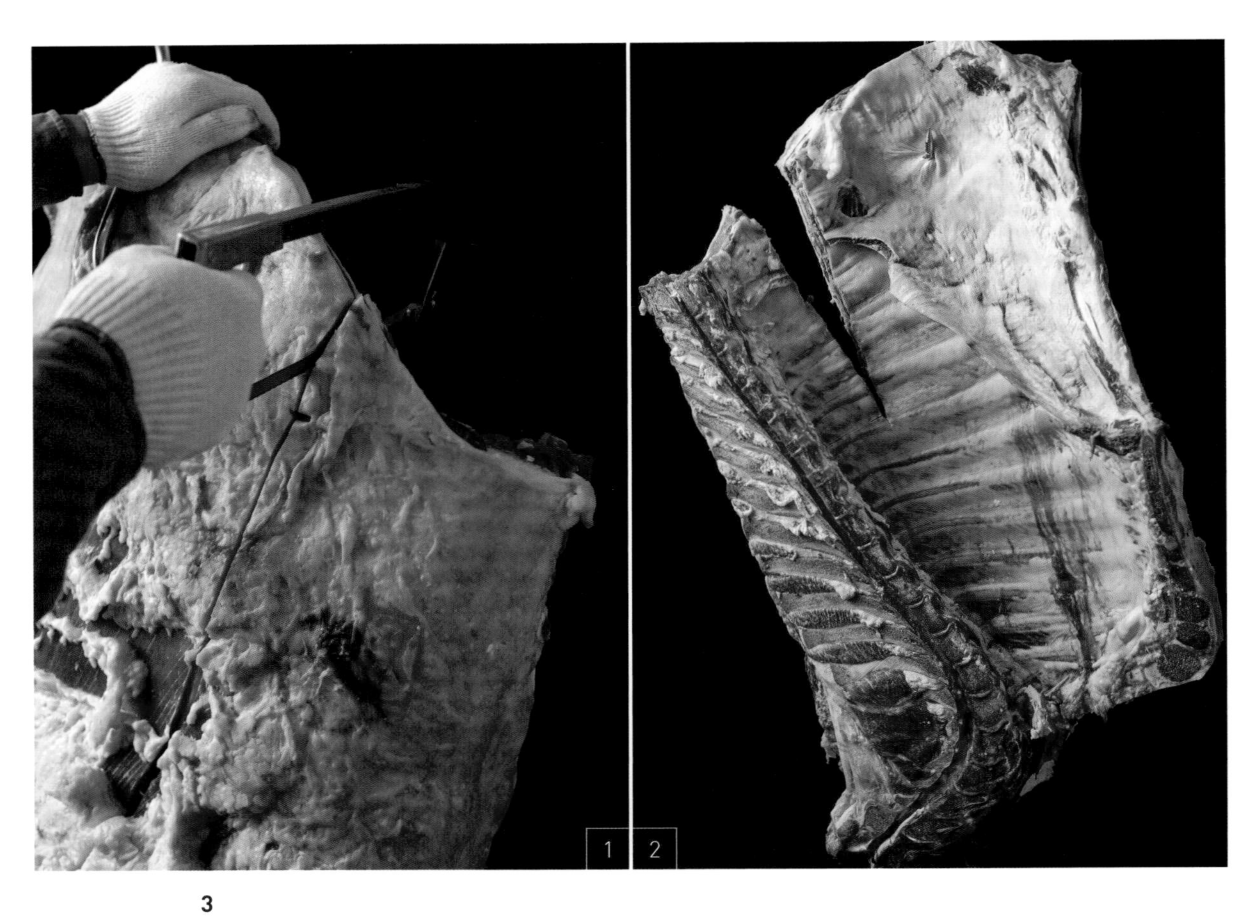

3

깨끗한 전용톱으로 선을 따라 절단한다. 절단할 때 겉의 선과 안의 선을 따라서 절단한다.

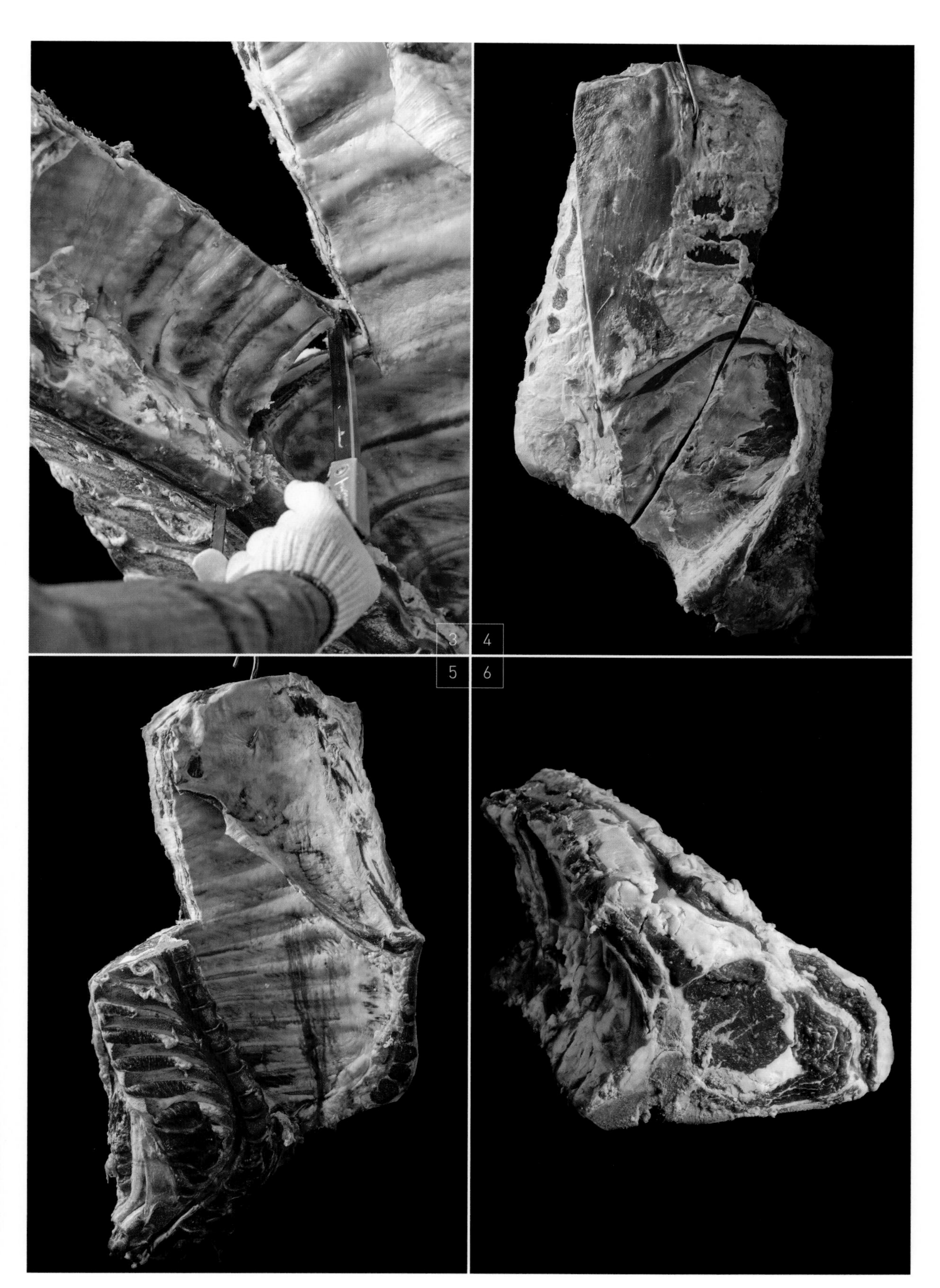
3
4
5
6

뼈등심(윗등심~아랫등심) 분리

엘본과 등심 전체를 드라이에이징하기 위한 분리 작업이다. 뼈등심 작업의 장점은 등심 부위를 숙성할 때 뼈가 정육을 감싸고 있어서 드라이에이징에서 발생하는 손실률을 줄일 수 있고, 현수숙성(걸어서 숙성시킴)이 가능하여 중력을 이용한 연도 향상 효과가 있다. 단점은 숙성 공간을 많이 차지하고, 판매작업을 할 때 고난이도의 발골작업이 별도로 필요하다. 즉, 판매할 때 많은 시간과 넓은 저장 공간이 필요하다.

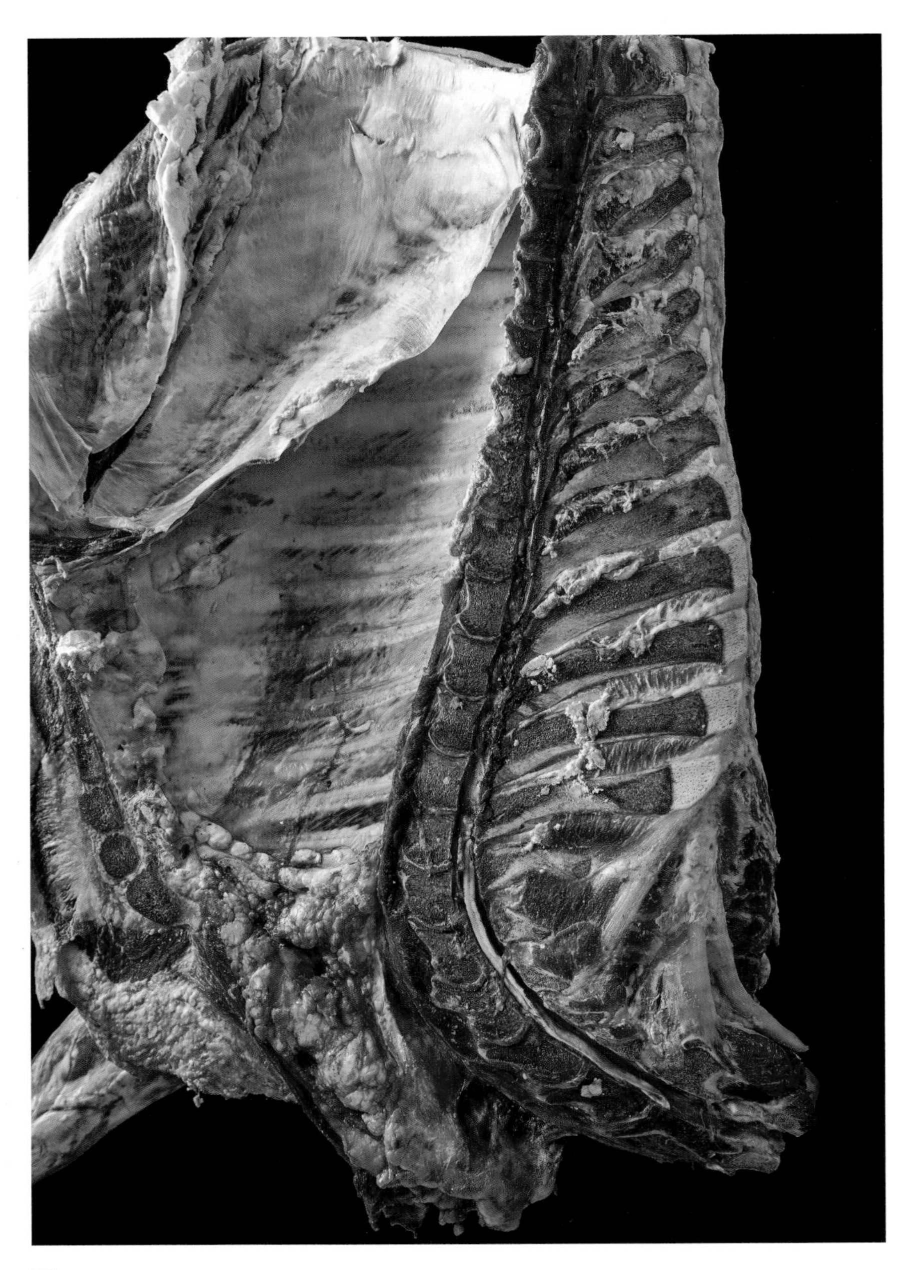

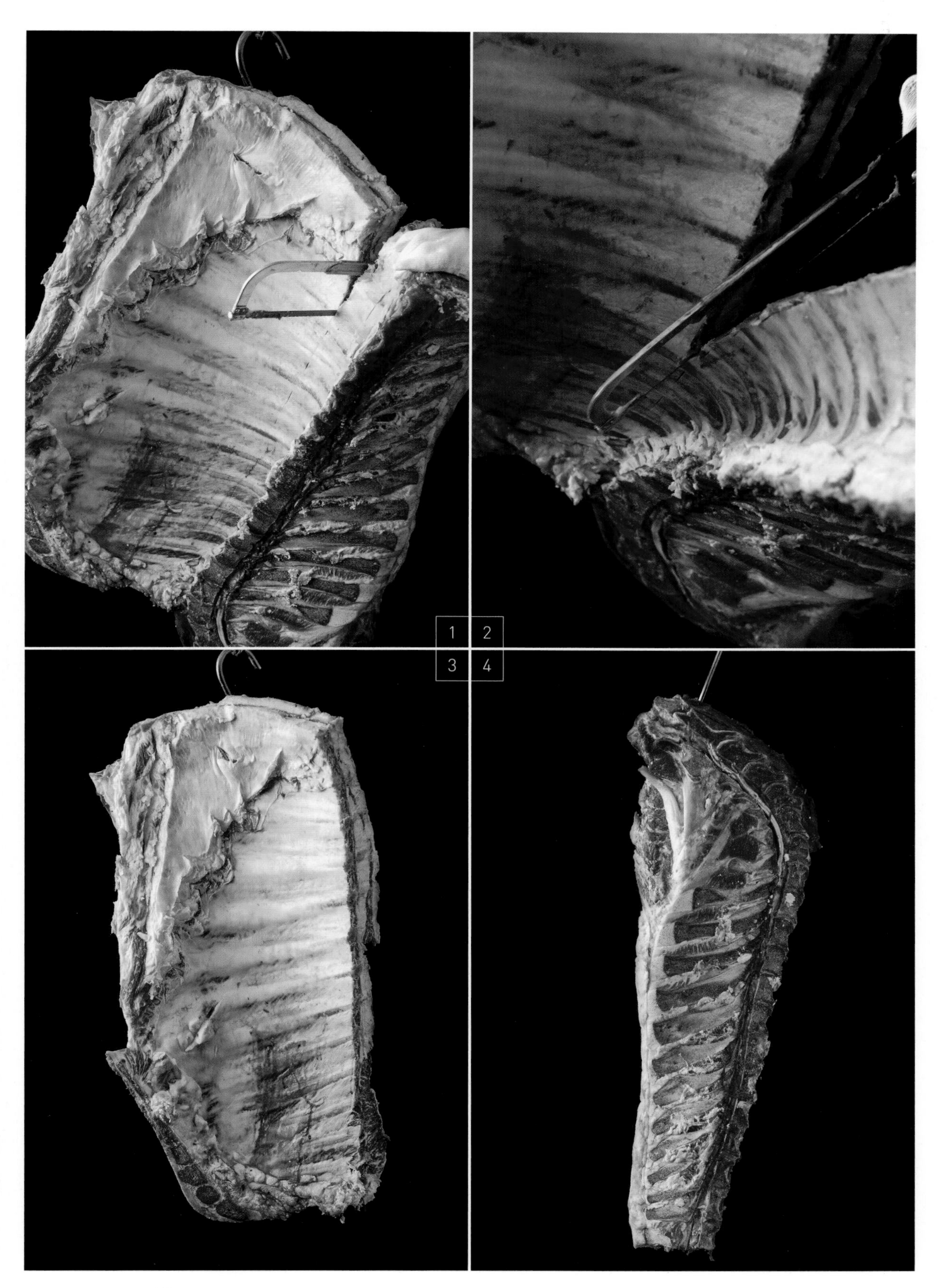
1
2
3
4

윗등심과 목심의 분리

엘본을 분리한 후 나머지 등심 부위인 윗등심과 목심을 분리하는 작업이다.
고급 부위인 등심과 살치살이 있는 부위로 가장 전문적인 기술이 필요하다. 중요 부위에 칼로 상처를 내지 않도록 최대한 작업에 주의해야 한다. 숙성할 때 칼로 인한 상처로 손실이 가장 많은 부위 중 하나이기에 가장 중요한 작업이다. 윗등심을 별도로 분리하는 장점은 뼈등심 작업에 비해 숙성 공간을 효율적으로 운영할 수 있고, 드라이에이징이 필요 없는 부위(목심 · 등심덧살)는 분리한 후 웻에이징으로 활용할 수 있다. 목심과 등심덧살은 불고기나 국거리용으로 드라이에이징보다는 웻에이징이 적합하다.

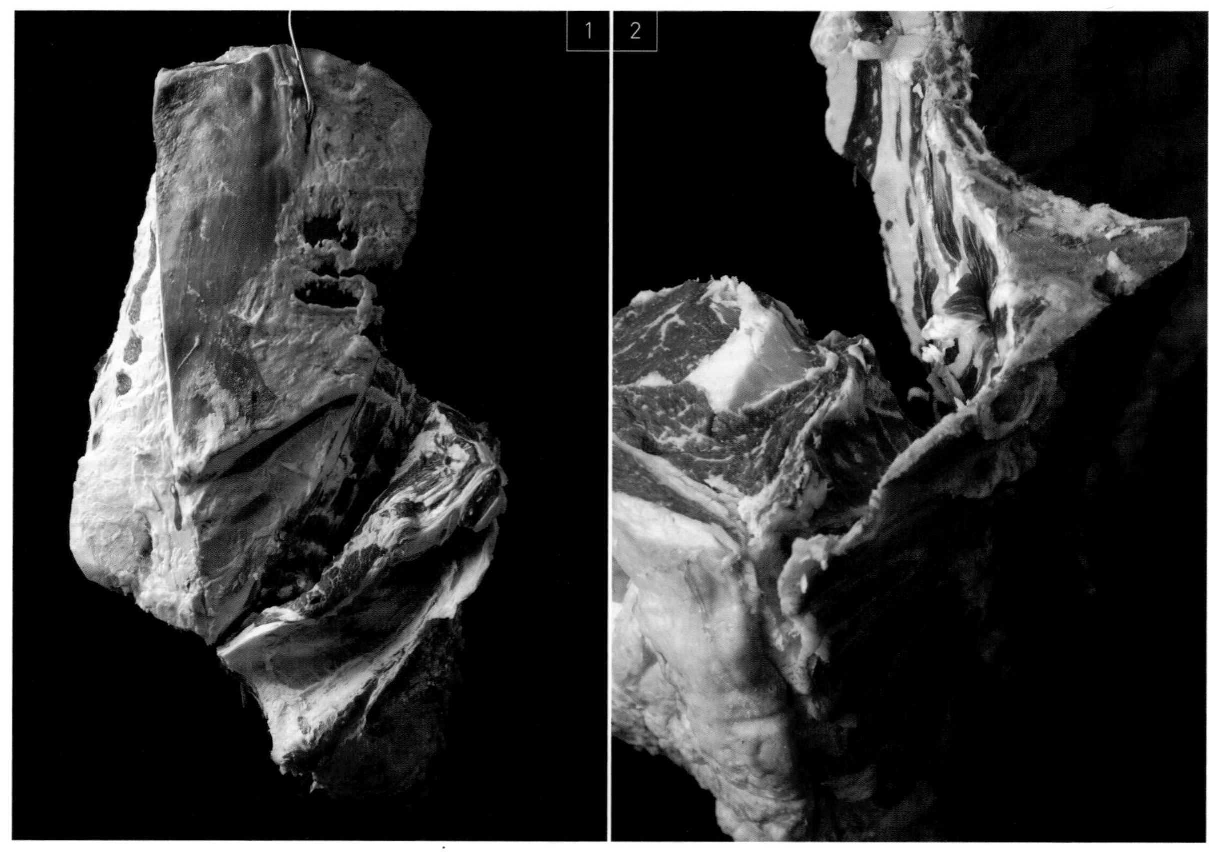

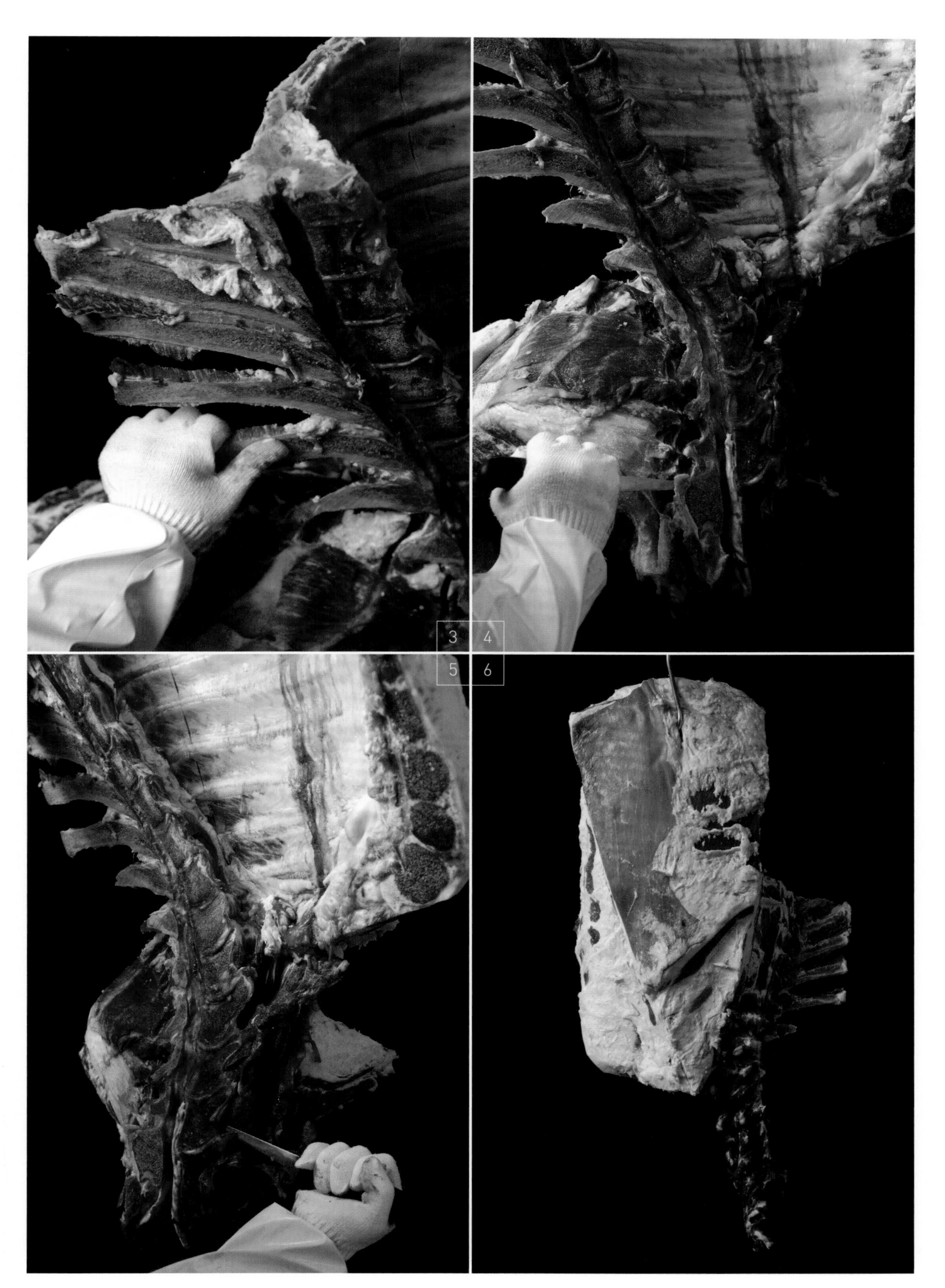
3
4
5
6

갈비 분리

갈비의 특성 때문에 등뼈, 안창살, 토시살, 제비추리를 분리한 다음, 최소 시간만 숙성한 후 판매한다.

갈비는 주로 찜용으로 많이 사용되기 때문에 요리할 때 연육이 이루어진다(배나 키위로 재우거나 오랜 시간 찜을 하기도 한다). 뼈를 제거하여 구이용으로 판매하는 본갈비, 꽃갈비, 갈비살은 부위의 특성상 마블링과 지방 함량이 많으므로 굳이 드라이에이징을 할 필요가 없다.

등뼈와 목뼈 분리

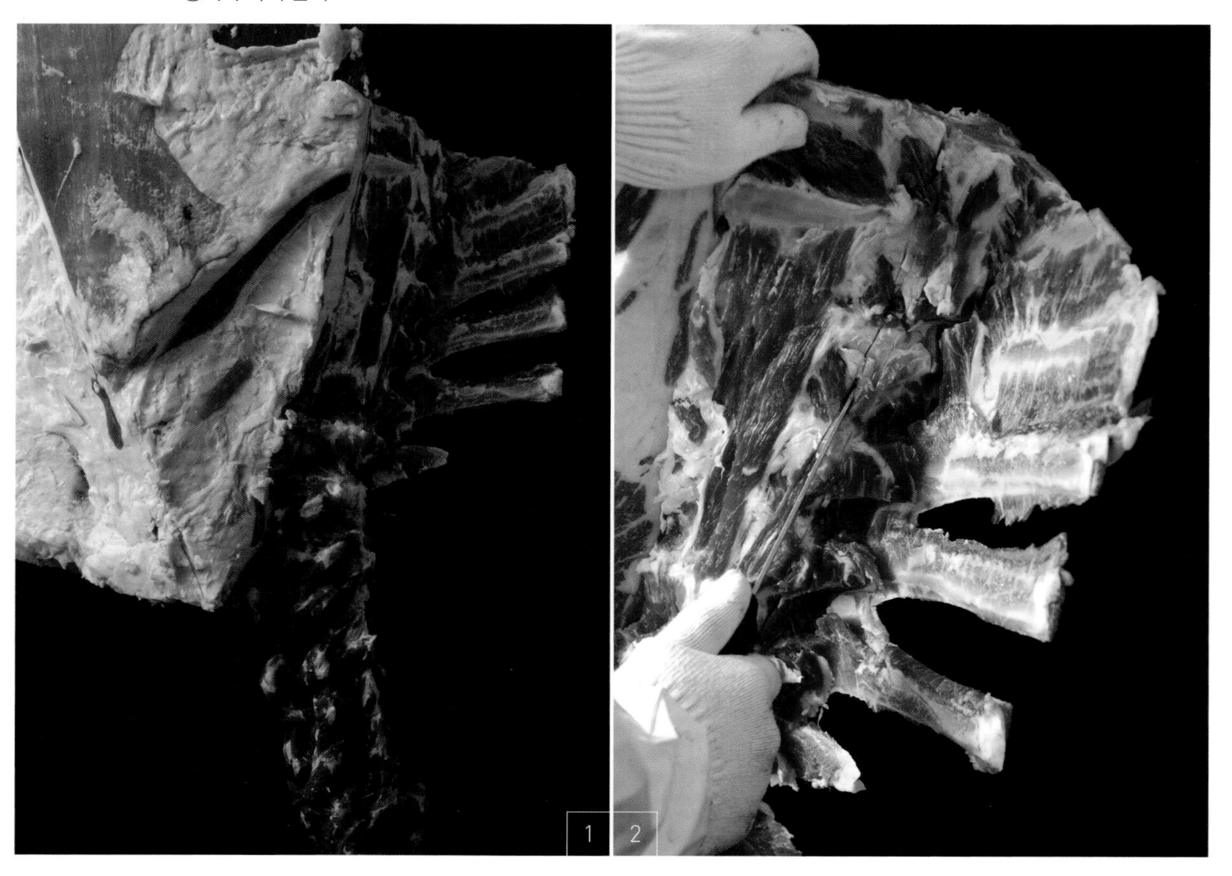

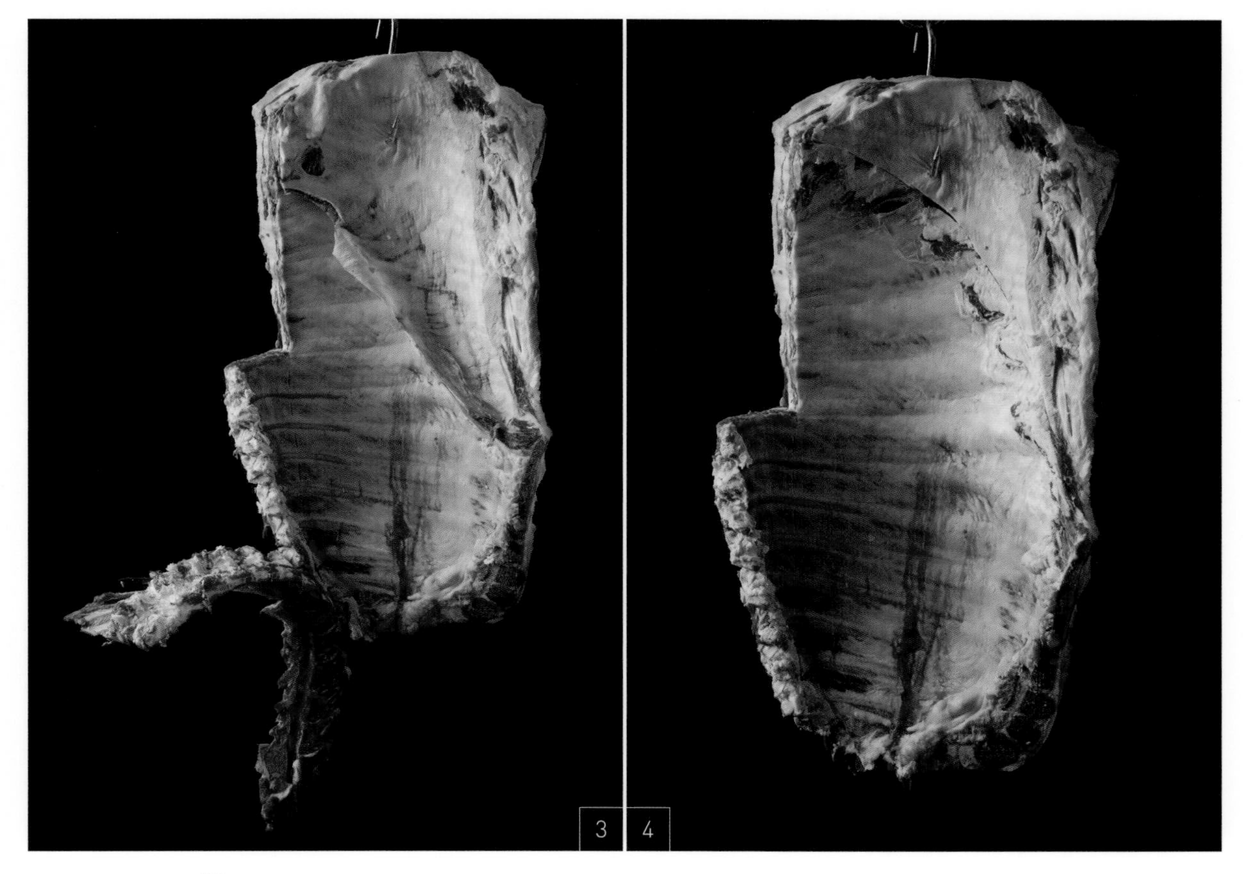
3
4

치마양지 분리와 정형

뒷다리 하퇴부의 뒷무릎 부위에 있는 겸부(옆구리)의 지방덩어리에서 몸통피부근과 배곧은근(복직근)의 얇은 막을 따라 뒷다리 대퇴근막긴장근과 분리한다. 그리고 복부의 배바깥경사근과 배가로근을 분리하여 치마양지 부위를 분리한다.

1

뒷다리 대퇴근막긴장근을 분리한다.

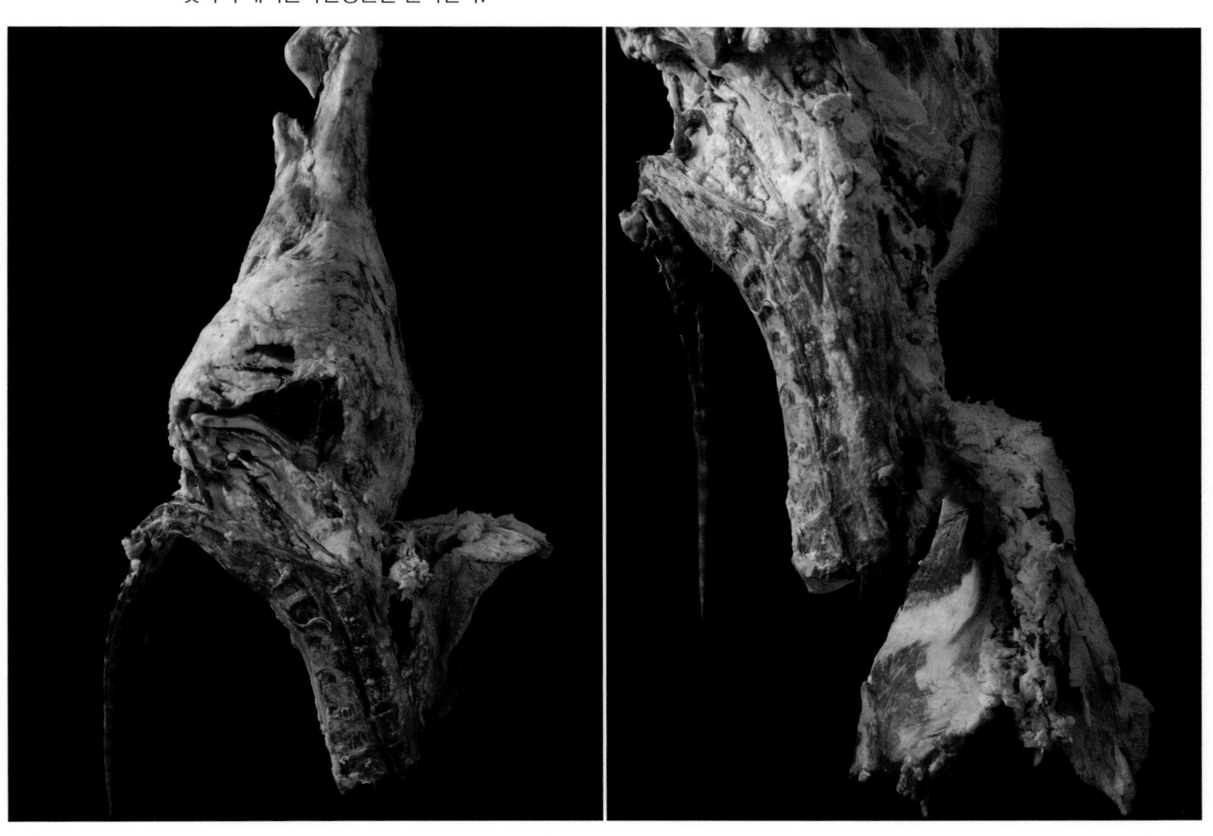

2

치마살, 앞치마살, 치마양지로 구분하여 정형한 후 웻에이징을 한다.

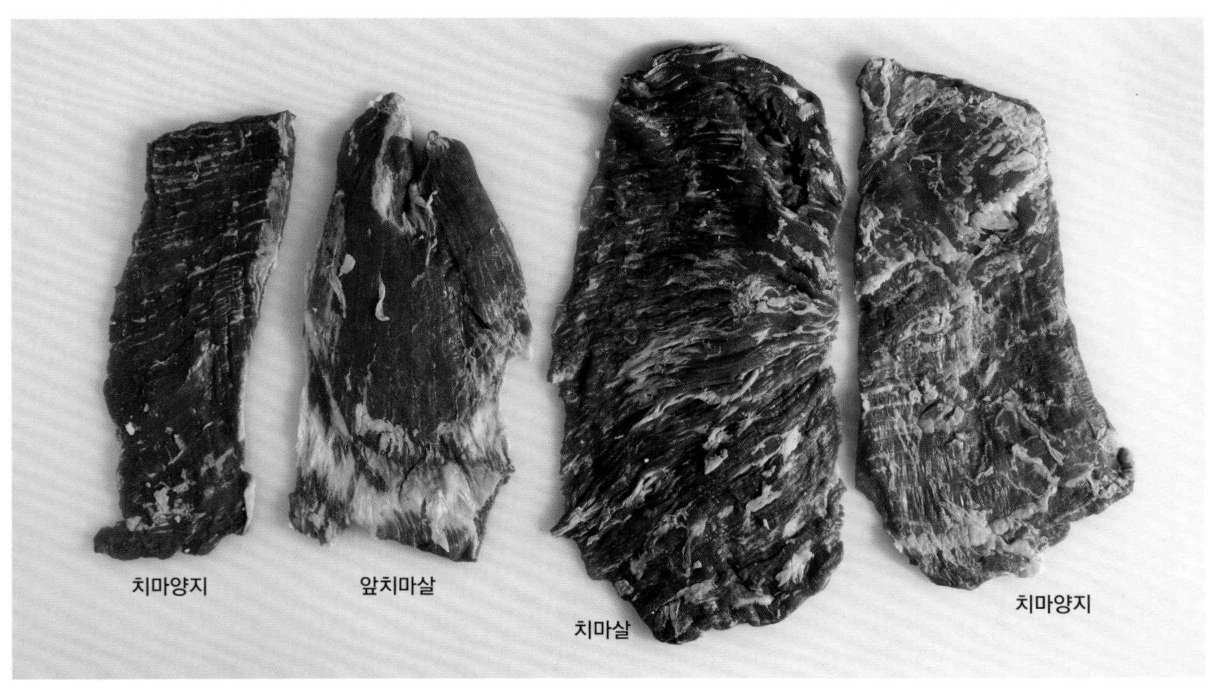

티본 분리

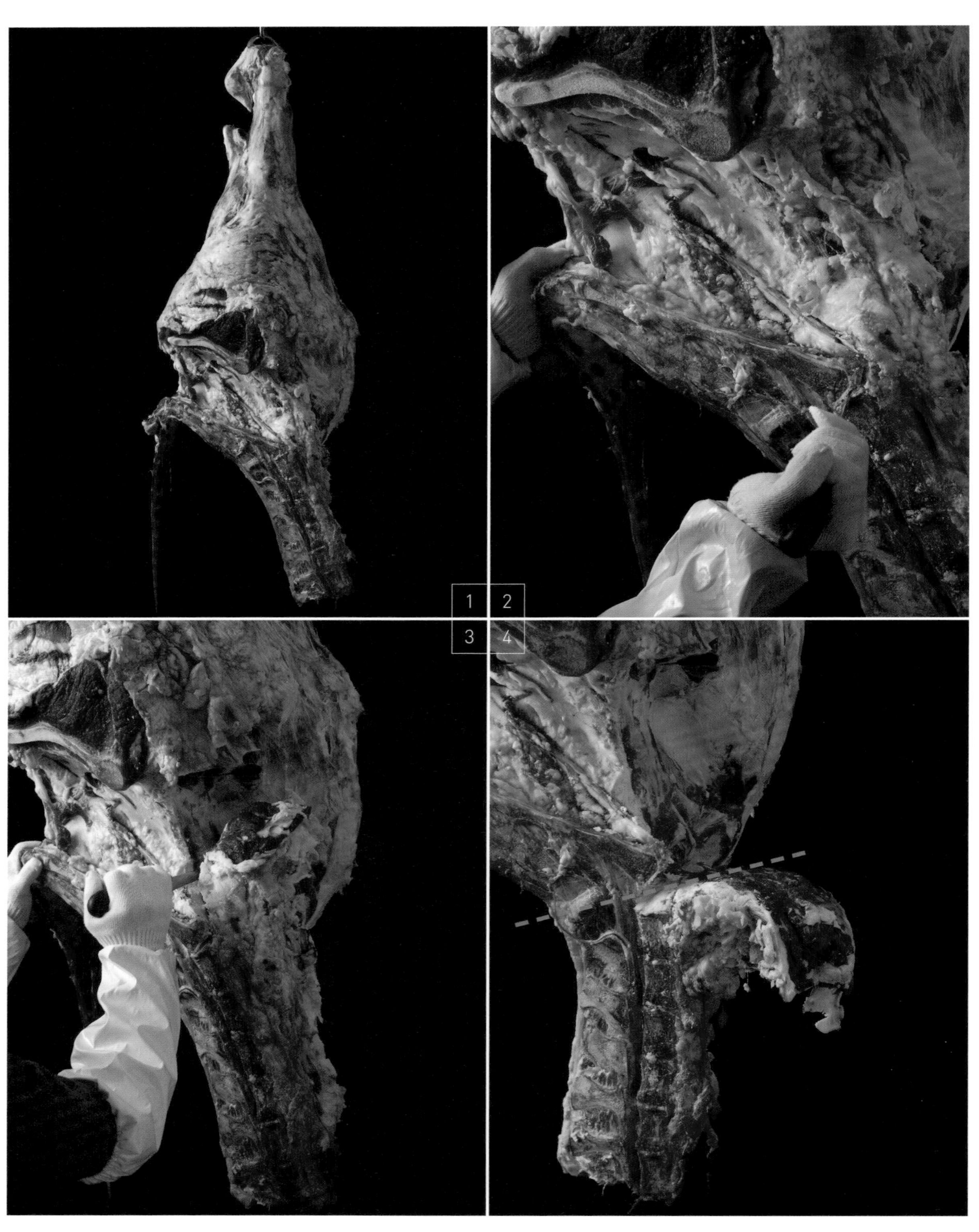

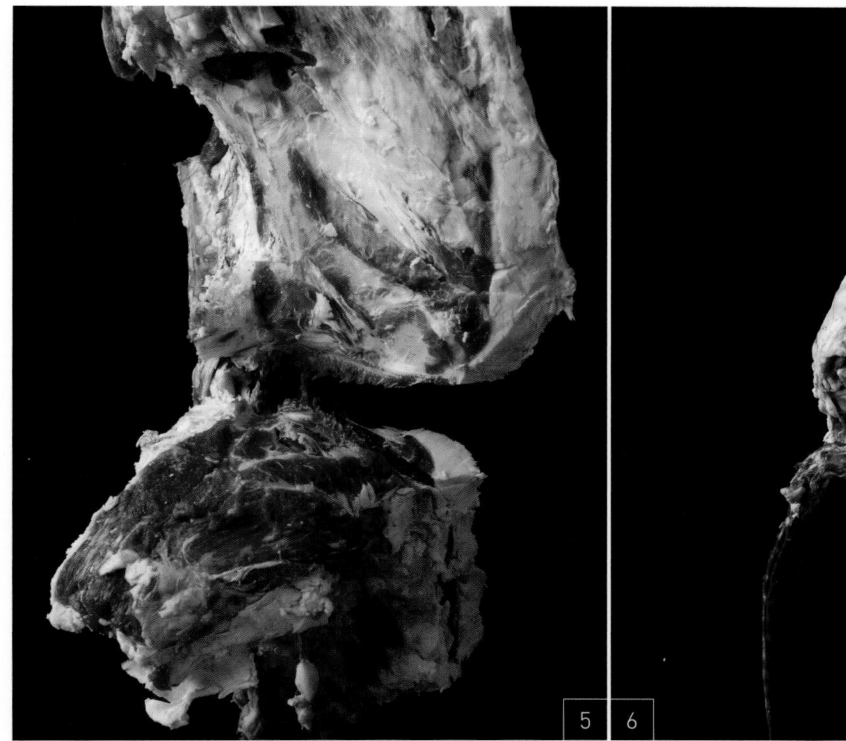

5

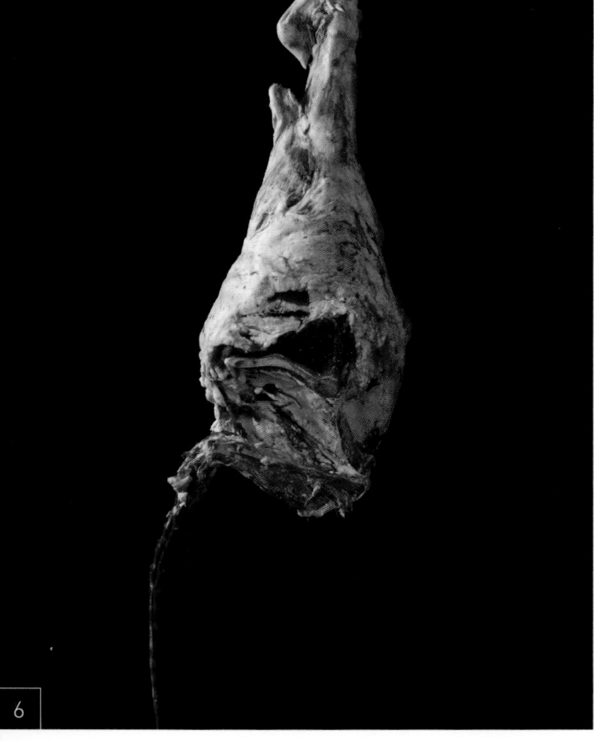

6

7

1

사진 ④처럼 치골 하부와 평행으로 안심머리 부분을 절단한 다음, 허리뼈를 포함하여 안심과 채끝을 통째로 떼어낸다. 여기에서 치골에 평행한 선(사진 ④)을 그어주는 것이 가장 중요하다. 안심머리가 손상될 수 있으니 근막을 따라 주의하여 분리한다. 마지막 허리뼈와 천추골 사이를 절단한다. 절단할 때 채끝 끝부분(엔드컷)이 매끄럽고 평행하게 절단되어야 한다. 가장 중요한 작업으로 평행 정도에 따라 티본의 상품 가치와 손실률이 달라진다. 올바르게 절단한 채끝 부위(사진 ⑤)가 가장 중요한 만큼 숙련 기술이 필요하다.

2

부드러운 안심머리 부위는 절단하여 웻에이징을 하는 것이 적합하다.

우둔과 홍두깨 분리

뒷다리에서 넓적다리 안쪽을 이루는 내향근, 반막모양근, 치골경골근, 반힘줄모양근으로 된 부위이다. 하퇴골 주위에 있는 사태 부위를 제외하고 분리하며 우둔살, 홍두깨살이 포함된다.

1

뒷다리의 겉(왼쪽)과 안(오른쪽).

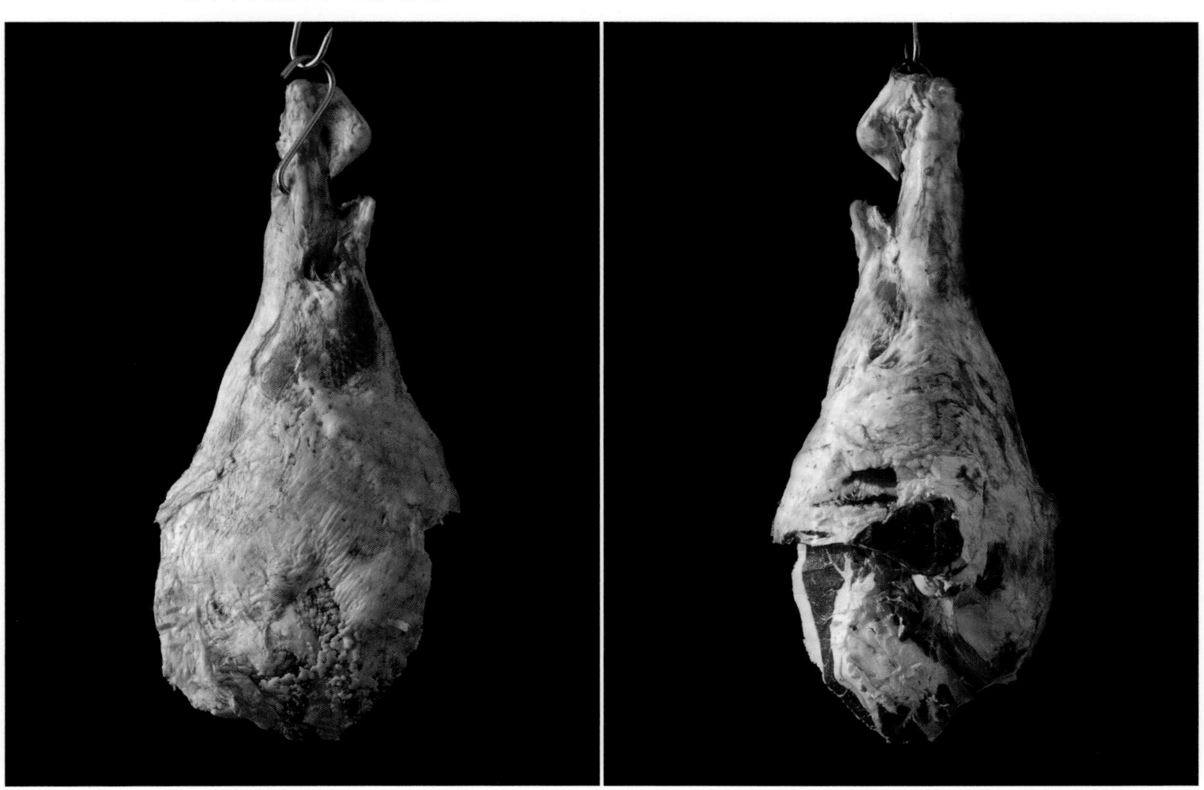

2

우둔을 분리한다.
이 작업을 할 때, 설도와 우둔 사이의 근막을 따라 정육에 상처가 나지 않도록 주의한다.

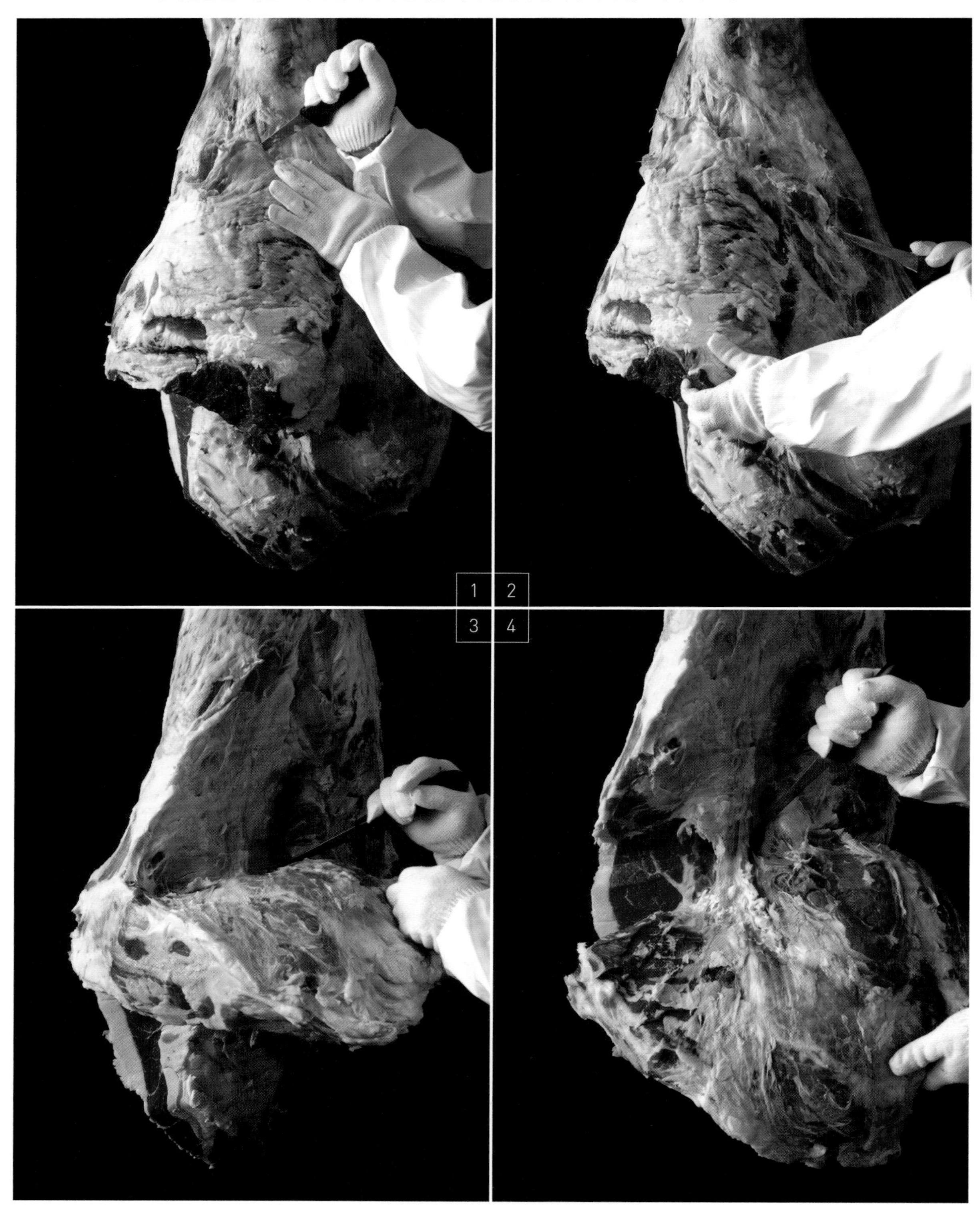

3

홍두깨를 분리한다.

근막을 따라 홍두깨, 사태, 설도, 설깃이 있는 부위이기 때문에 상처가 나지 않도록 주의한다.

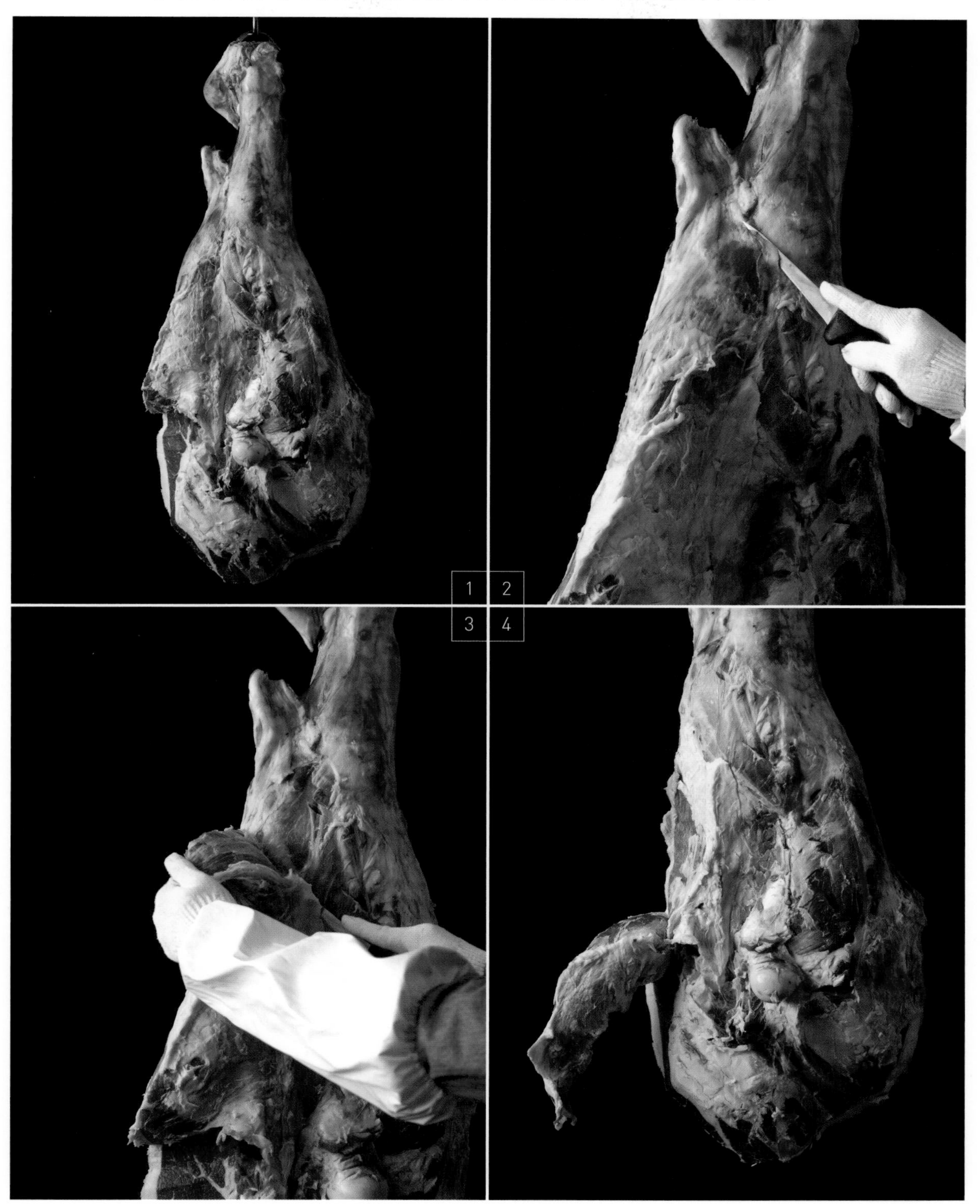

설도에서 설깃 분리

뒷다리의 엉치뼈와 넓적다리뼈에서 우둔 부위를 분리한 후 나머지 부위이다. 중간둔부근, 표층둔부근, 대퇴두갈래근, 대퇴네갈래근 등으로 이루어져 있다. 인대, 피하지방, 근간지방덩어리를 제거하여 정형하고 보섭살, 설깃살, 설깃머리살, 도가니살, 삼각살 등이 포함된다. 보섭살은 럼프 스테이크용으로 건식숙성을 한다.

1

설깃을 분리한다.

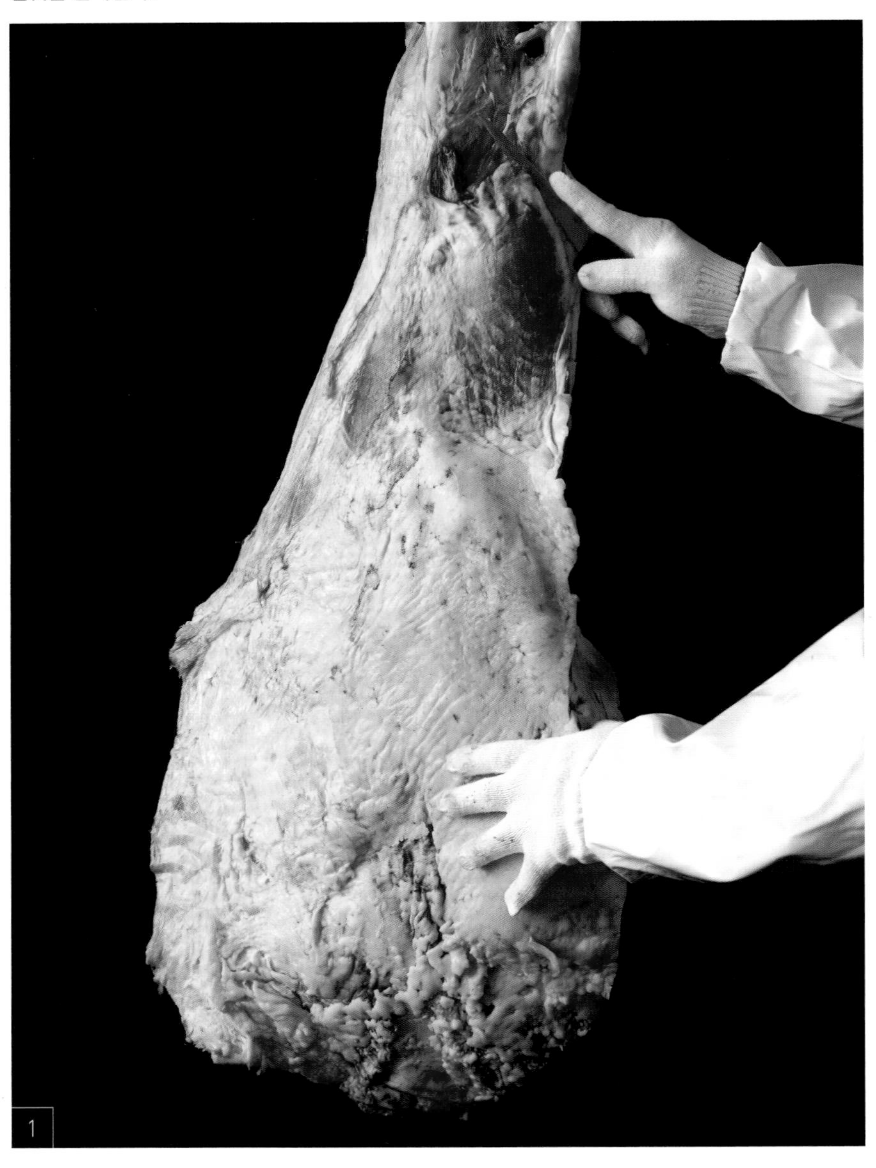
1

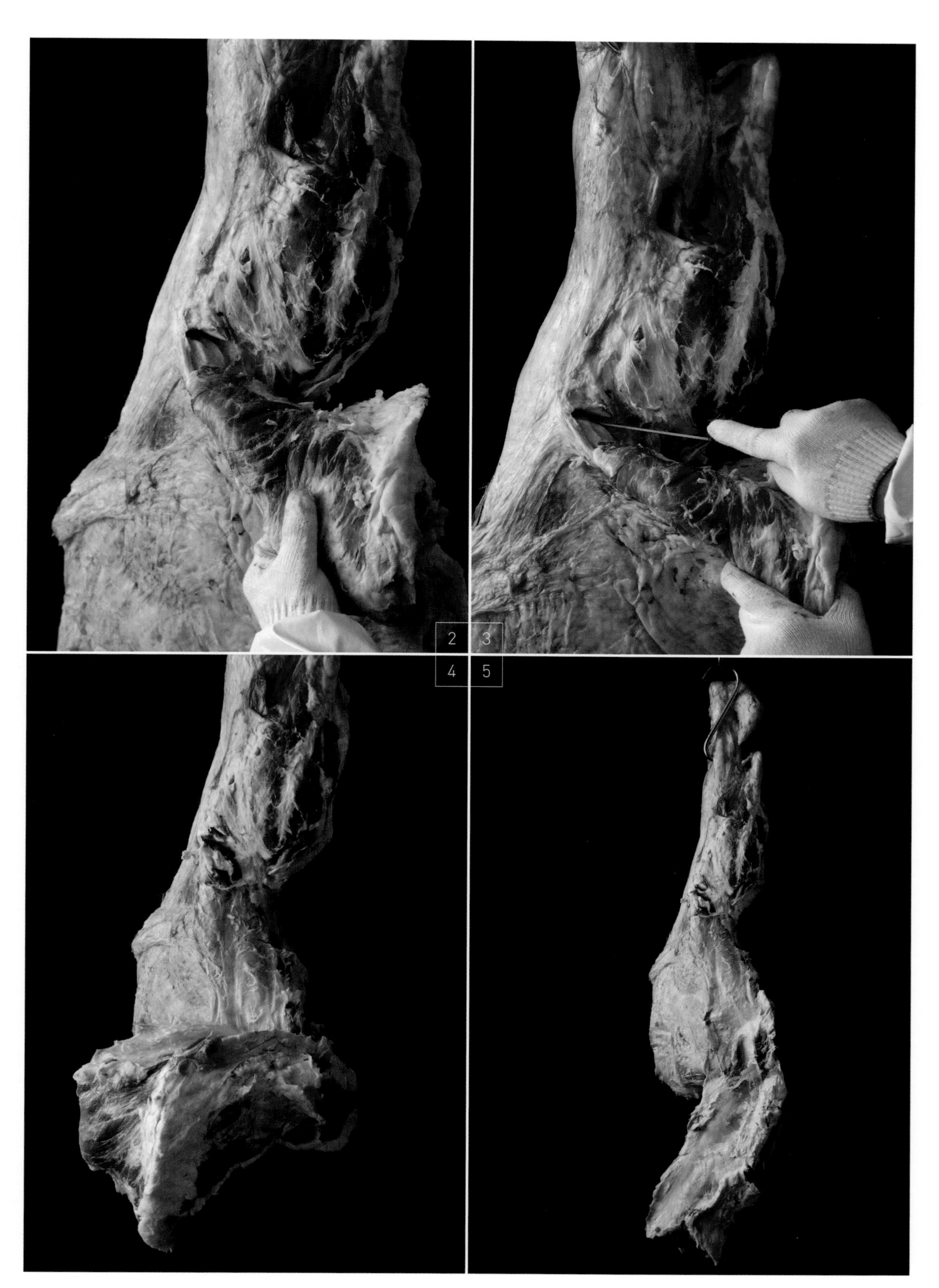
2
3
4
5

뒷사태 분리

뒷다리 하퇴골을 둘러싸고 있는 작은 근육들이다. 우둔 부위의 하단에서 분리하여 인대와 지방을 제거하고 정형한다. 뒷사태, 뭉치사태, 아롱사태 등이 포함된다.

하퇴골에 있는 인대를 절단한 후 하퇴골을 둘러싸고 있는 근막을 따라 분리한다. 분리할 때는 뭉치사태에 흠집이 가지 않도록 주의한다. 뭉치사태는 드라이에이징을 하여 스테이크 용도로 판매할 수 있다. 뭉치사태 스테이크는 가장 숙성취가 좋고 고소한 맛이 뛰어나 소금이나 후추의 간 없이도 스테이크를 즐길 수 있다.

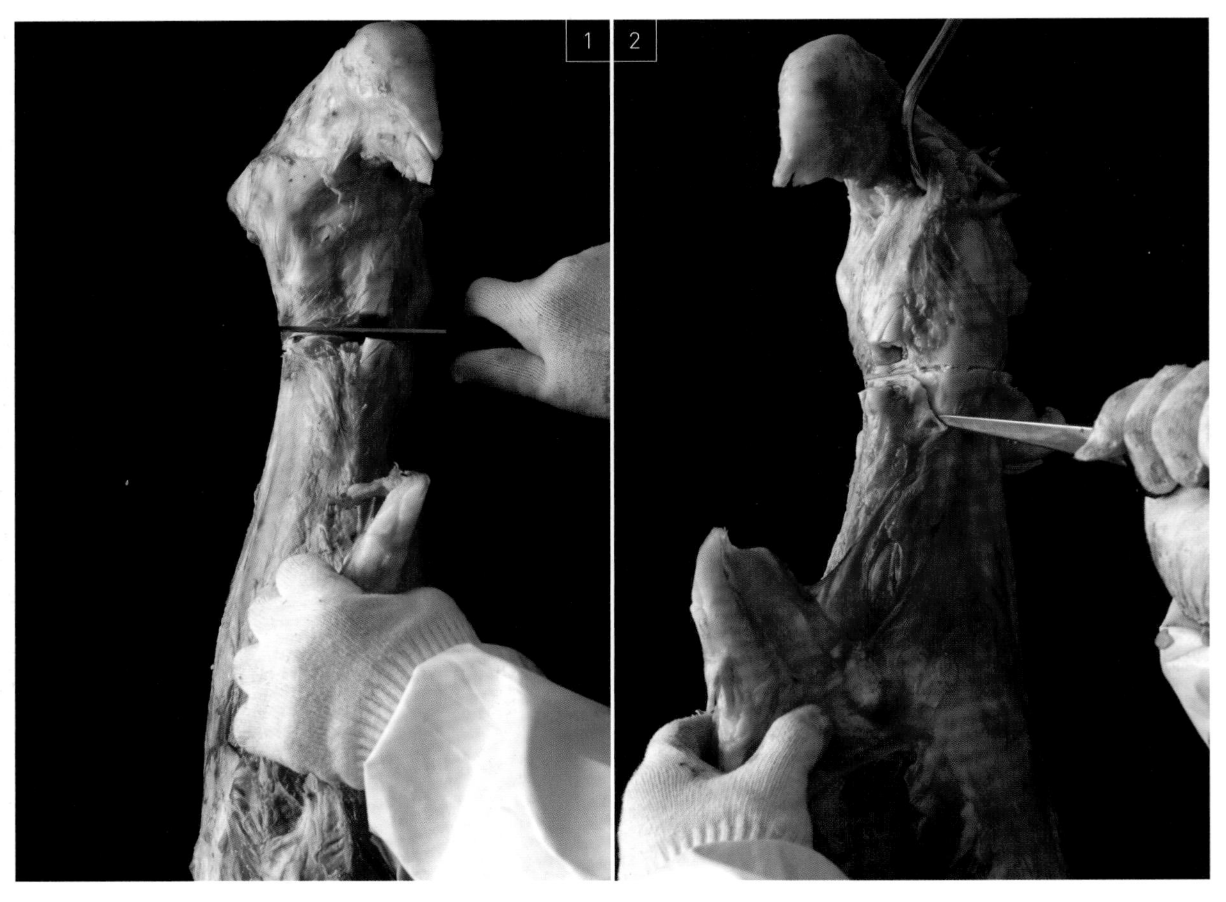

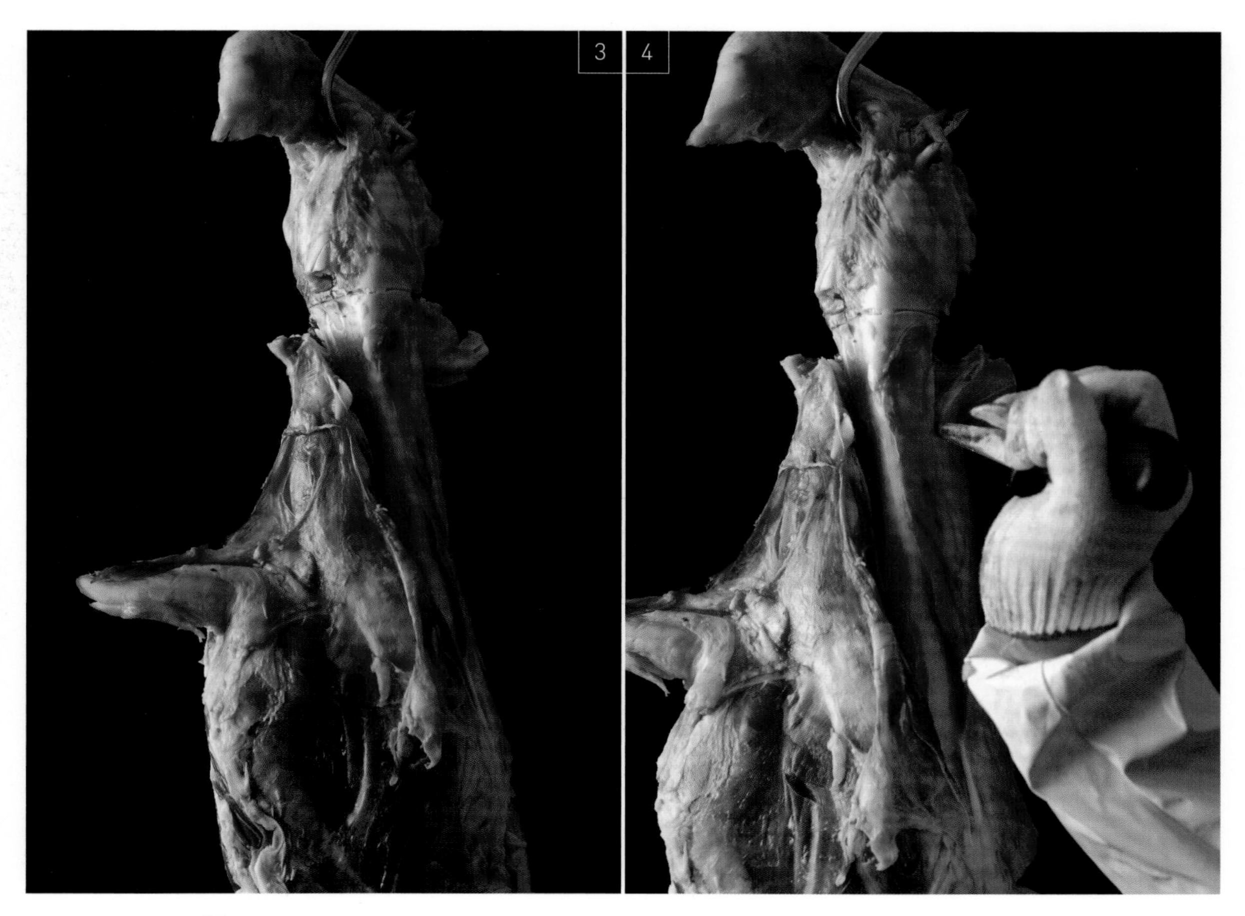
3
4

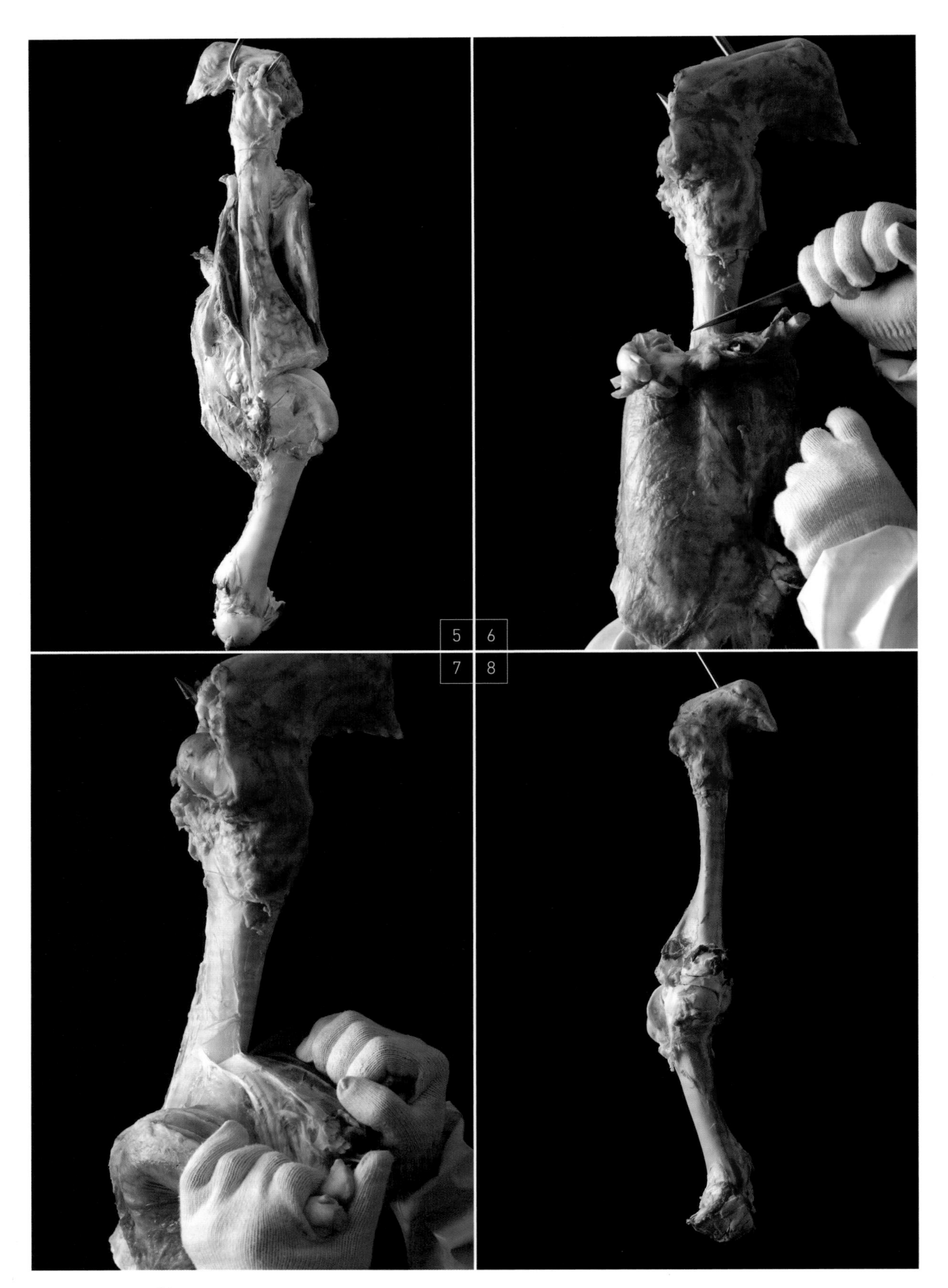
5
6
7
8

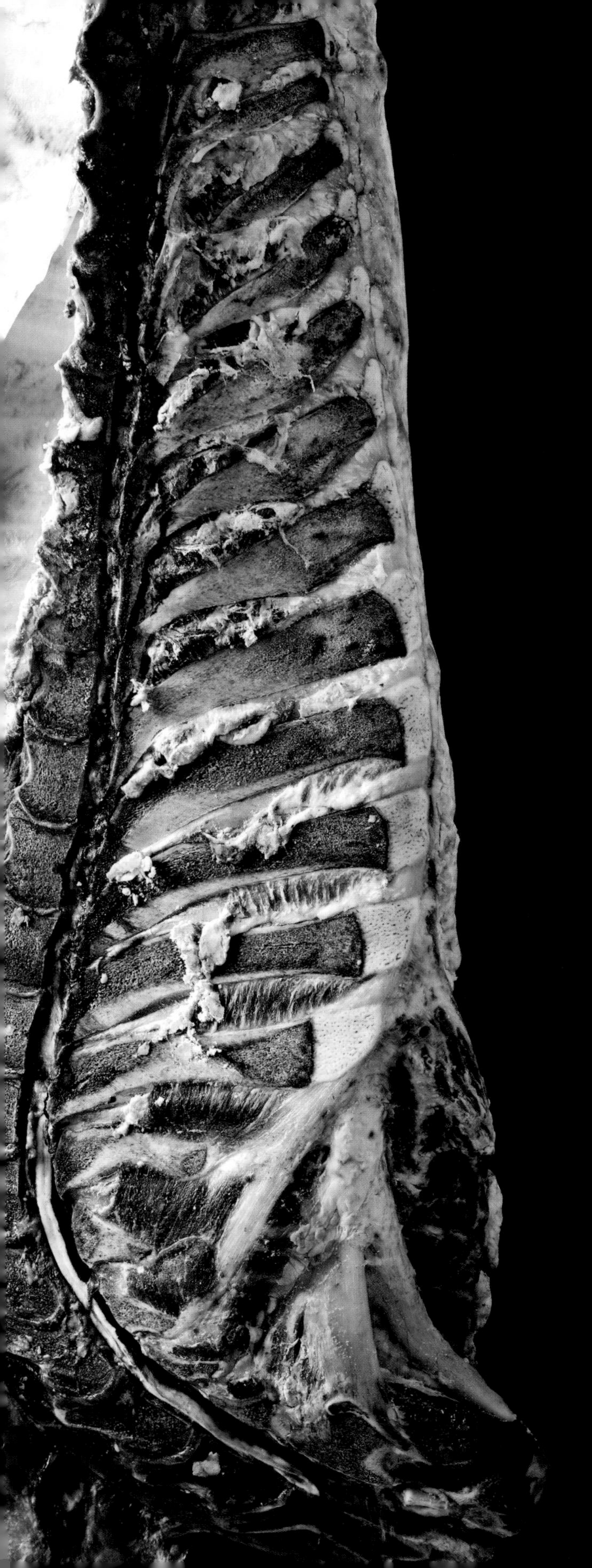

PART 04

부위별 숙성과정과 숙성 후 정형 테크닉

01

건식숙성(부위별)

DRY-AGING

부위별 건식숙성 방법을 설명하면서 숙성에 대한 관능적 지표를 제공하고자 한다. 건식숙성은 숙성이 잘 되었는지, 부패가 되었는지를 정확한 수치로 나타내어 판단할 수 있는 자료는 없다. 현재 많은 연구기관과 함께 노력하고 있지만, 아직까지는 숙성의 척도를 보여주는 기준값은 없다. 이 책에서는 건식숙성 과정에서 발생하는 손실률과 육색의 변화, 육질의 탄성 등을 주 단위로 설명하였다. 숙성을 배우는 사람들에게 이 자료를 기준으로 숙성과 부패를 어느 정도 구별할 수 있는 길라잡이 역할을 하리라 기대해본다.

* 관능적 지표 : 계획된 조건 아래 여러 사람들의 감각 또는 오랜 시간 반복으로 도출된 결과를 통해 보편타당한 결론으로 마련된 지표.

엘본

엘본(L-Bone) 부위에 대한 정의는 각 나라 또는 지역에 따라 조금씩 다르다. 미국과 유럽의 경우에는 대부분 티본(T-Bone)에서 안심이 가장 적은 부위부터 아랫등심까지를 엘본이라고 하는데, 일부 지역에서는 등심과 갈비를 포함한, 13번째 갈비뼈 끝부분에서 9번째 갈비뼈까지 등심을 포함한 부위를 엘본이라고 한다.
나는 국내 소비자의 기호에 맞게 갈비와 등심을 함께 맛볼 수 있는 부위를 엘본이라고 정의한다. 엘본은 등심 부위의 지방과 갈비 부위의 지방, 그리고 건식숙성 중 뼈에서 나오는 특정 성분이 등심과 갈비의 풍미를 매우 뛰어나게 한다. 따라서 숙성 시 겉지방을 다듬지 않고 뼈를 분리하지 않은 상태로 숙성하며, 뼈의 무게에 숙성육이 눌리지 않게 숙성하는 것이 중요하다.

숙성 1일째 준비

품종	국내산 육우
육질등급	3등급
육량등급	B
지육중량	353kg
부위별 중량	8.7 kg
숙성온도	1~4℃
상대습도	75~85%
풍속	2~5m/sec

숙성할 때는 도축 후 신선한 정육을 냉장상태에서 시작해야 한다. 뼈가 아래쪽에 오도록 놓고 숙성을 시작한다. 뼈가 윗방향 상태로 놓이면 정육이 뼈에 눌려 수분(육즙)이 과도하게 빠지므로 주의한다.

소고기의 등급은 육질등급과 육량등급으로 구분하여 판정한다.

• **육질등급** 고기의 질을 근내지방도, 육색, 지방색, 조직감, 성숙도에 따라 1^{++}, 1^{+}, 1, 2, 3 등급으로 판정한다. 소비자가 고기를 선택할 때 기준이 된다.

• **육량등급** 도체에서 얻을 수 있는 고기량을 도체중량, 등지방두께 및 등심단면적을 종합하여 A, B, C 등급으로 구분한다.

• **지육** 생체 상태인 소를 도축과정을 통해 머리, 가죽, 내장, 발목, 꼬리 등을 제거한 것.

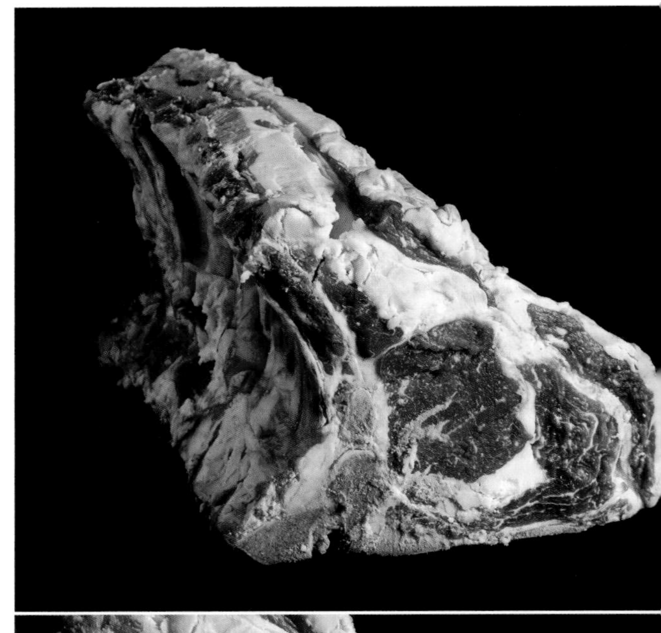

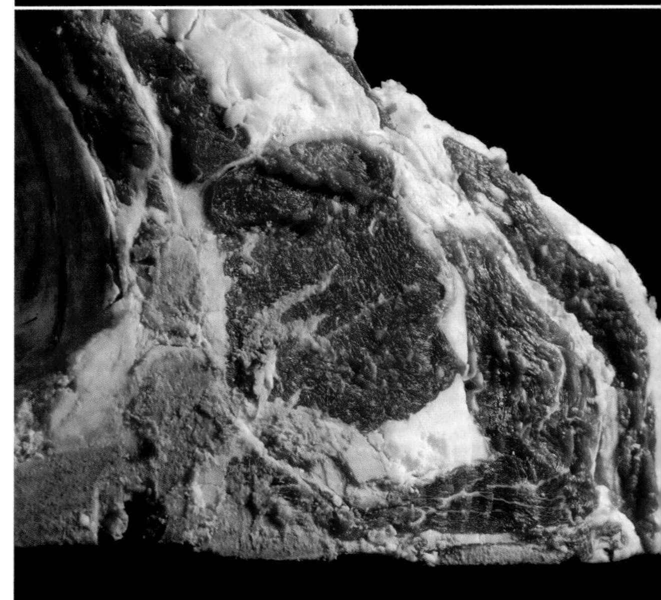

숙성 7일째 관찰

부위별 중량	8.51 kg
중량 감소율(전주 대비)	2.2% 감소
숙성온도	1~4℃
상대습도	75~85%
풍속	2~5m/sec

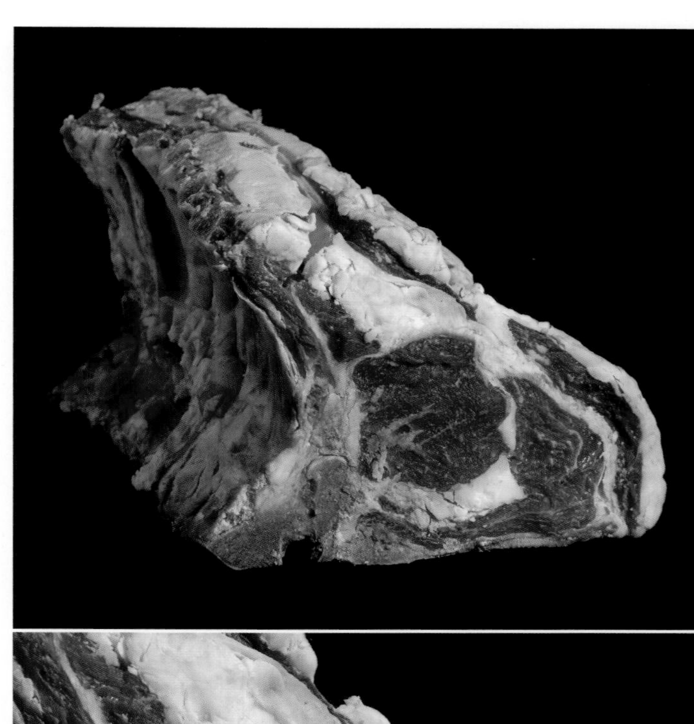

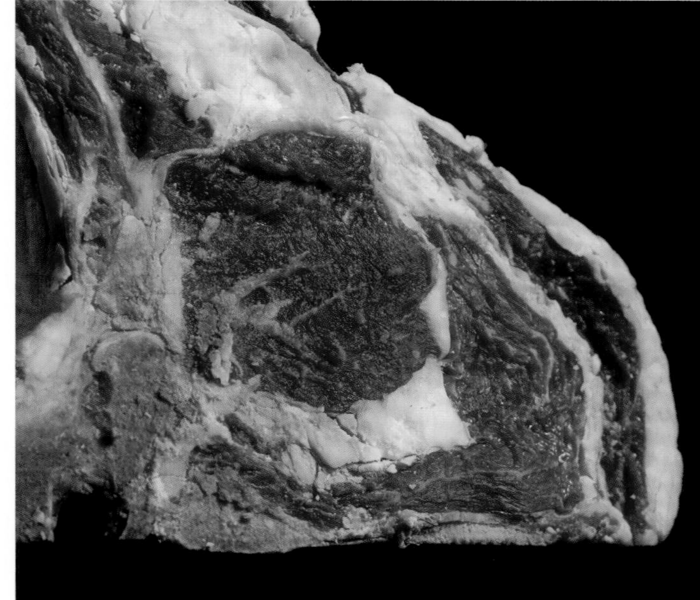

육색이 적갈색으로 변하기 시작하지만 겉표면의 건식숙성 상태에는 큰 차이가 없다. 이 기간에 정육 표면이 너무 건조하면 습도를 높이고 바람세기를 줄인다. 겉표면이 검붉게 변하거나 짓무름 현상이 있으면 너무 습한 상태이므로 숙성실을 건조하게 유지해야 한다.

육향은 기분 나쁘지 않은 고소한 우유향이 나야 한다. 냄새를 어느 특정향으로 비유하는 것이 적확하지 않지만 관능적으로 싫지 않은 냄새가 나야 하는 것이 중요하다. 숙성은 처음 1주일이 가장 중요하다. 이때 자주 성실하게 관찰하여 숙성육과 숙성실의 상태를 점검하고 조절해야 한다.

• **중량 감소율** 1일째부터 부위별 중량이 시간 경과에 따라 자연스럽게 감소하는 비율.

숙성 14일째 관찰

부위별 중량	8.25kg
중량 감소율(전주 대비)	3.0% 감소
전체 감소율	5.1% 감소
숙성온도	1~4℃
상대습도	75~85%
풍속	2~5m/sec

2주째부터는 시각적으로도 숙성육에 많은 변화가 나타난다. 하얀 효소가 자라기 시작하고, 숙성육에서 고소한 치즈향이 맡아져야 한다. 효소가 자랐다면 숙성실의 온도와 습도, 바람 관리가 제대로 이루어졌다고 볼 수 있다. 그 상태를 지속적으로 유지시키는 일만 남았다. 하얀 효소는 품종과 정육의 상태, 부위에 따라 조금씩 자라는 시점이 달라지는데, 가끔 3주째에 관찰이 시작되기도 한다.

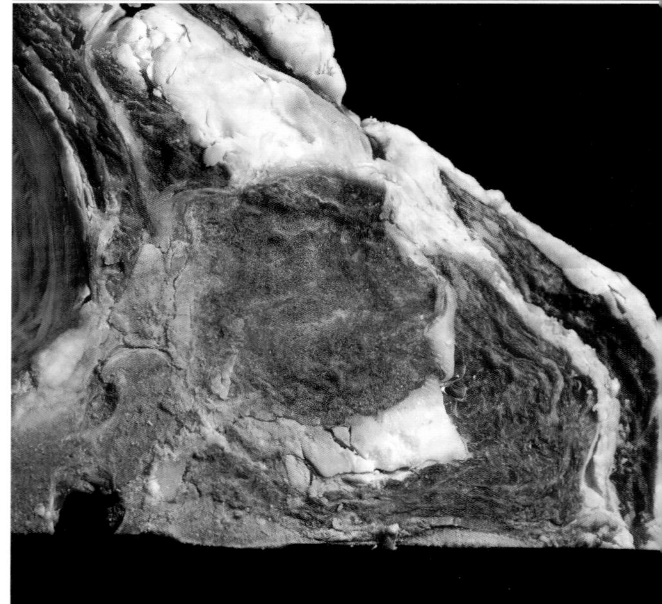

숙성 21일째 관찰

부위별 중량	8.04 kg
중량 감소율(전주 대비)	2.5% 감소
전체 감소율	7.5% 감소
숙성온도	1~4℃
상대습도	75~85%
풍속	0.5~2m/sec

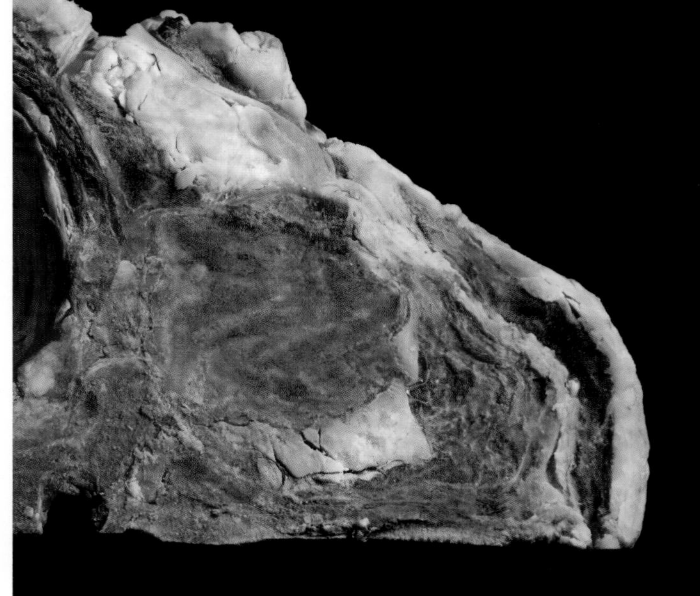

3주째부터는 생산 수율에도 신경써야 한다. 이때부터는 바람세기를 조절하여 숙성육이 너무 마르지 않게 주의해야 한다. 맛과 손실의 균형을 다루는 과정이므로 각자 맞는 방법으로 이 과정을 참고한다.

하얀 효소가 많이 자라기 시작하고 정육 겉면을 전체적으로 감싸고 있어야 한다. 이 시기를 풍미가 시작되는 시점으로 본다. 전주 대비 많이 건조된 상태이며, 눌렀을 때 겉면은 건조하지만 안쪽은 탱탱하게 탄력이 느껴져야 한다. 이 시기에 숙성육을 관찰하다가 녹색곰팡이나 짓무름 현상이 보이면 부패가 시작되었다고 봐야 한다. 이때는 아깝더라도 안전성을 위해 과감하게 폐기 처분한다.

숙성 28일째 관찰

전체 숙성기간	28일
부위별 중량	7.9kg
중량 감소율(전주 대비)	1.7% 감소
전체 감소율	9.1 % 감소
숙성온도	1~4℃
상대습도	75~85%
풍속	0.5~2m/sec

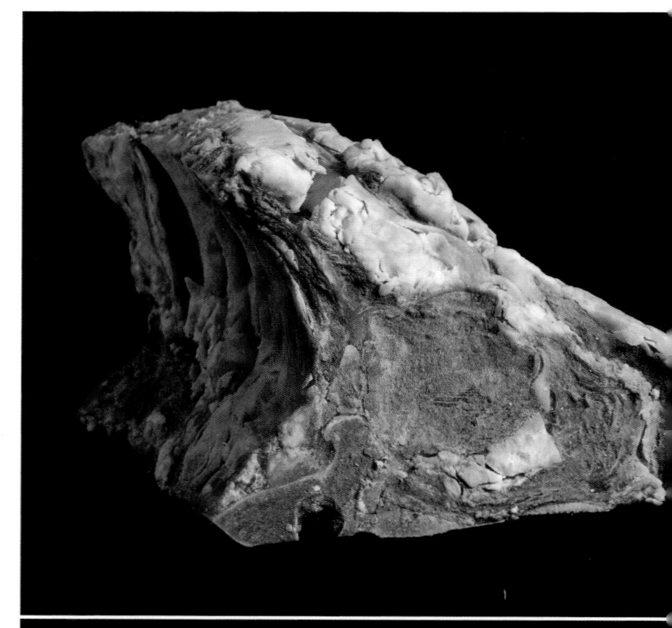

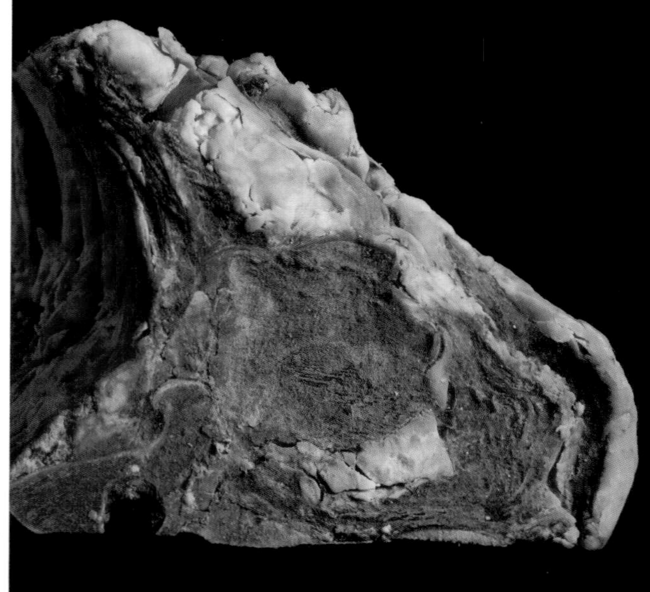

뼈와 함께 숙성시킨 숙성육의 경우, 손실률이 10% 이내가 되어야 가장 효율적인 건식숙성 상태라 할 수 있다. 하얀 효소가 일본에서는 헤어(머리결)라고 불릴 만큼 그 결이 보여야 가장 적당한 상태이다. 숙성육의 풍미를 좌우하는 만큼 하얀 효소를 잘 키우는 것이 어쩌면 가장 중요한 핵심일지도 모른다.

탄성은 엄지와 중지를 맞대었을 때 엄지 아래쪽 손바닥 부위(도톰한 부분)의 탄성과 유사한지 확인한다. 넷째에서 새끼손가락으로 갈수록 탄성이 딱딱해지므로 숙성고가 건조한 상태이고, 검지 정도라면 습한 상태에서 숙성이 진행된다고 보면 된다.

이 시점에서 반드시 주의할 사항이 있다. 숙성육에서 녹색, 파란색, 검은색 등의 곰팡이가 보인다면 과감하게 폐기 처분을 해야 한다. 부패한 고기를 도려내고 판매하는 것은 안전을 외면한 위험한 상황이므로, 숙성을 시작하기 전 숙성인으로서의 확고한 마음가짐이 필요하다.

골절기 커팅

1

사진에 표시한 경계선 부분이 엘본의 상품가치가 떨어지는 부위이다. 직각으로 떨어지지 않아 매끄럽지 못하고 두께가 일정하지 않아 스테이크 요리가 어렵다. 따라서 엘본 분리 작업을 할 때 가장 주의해야 한다.

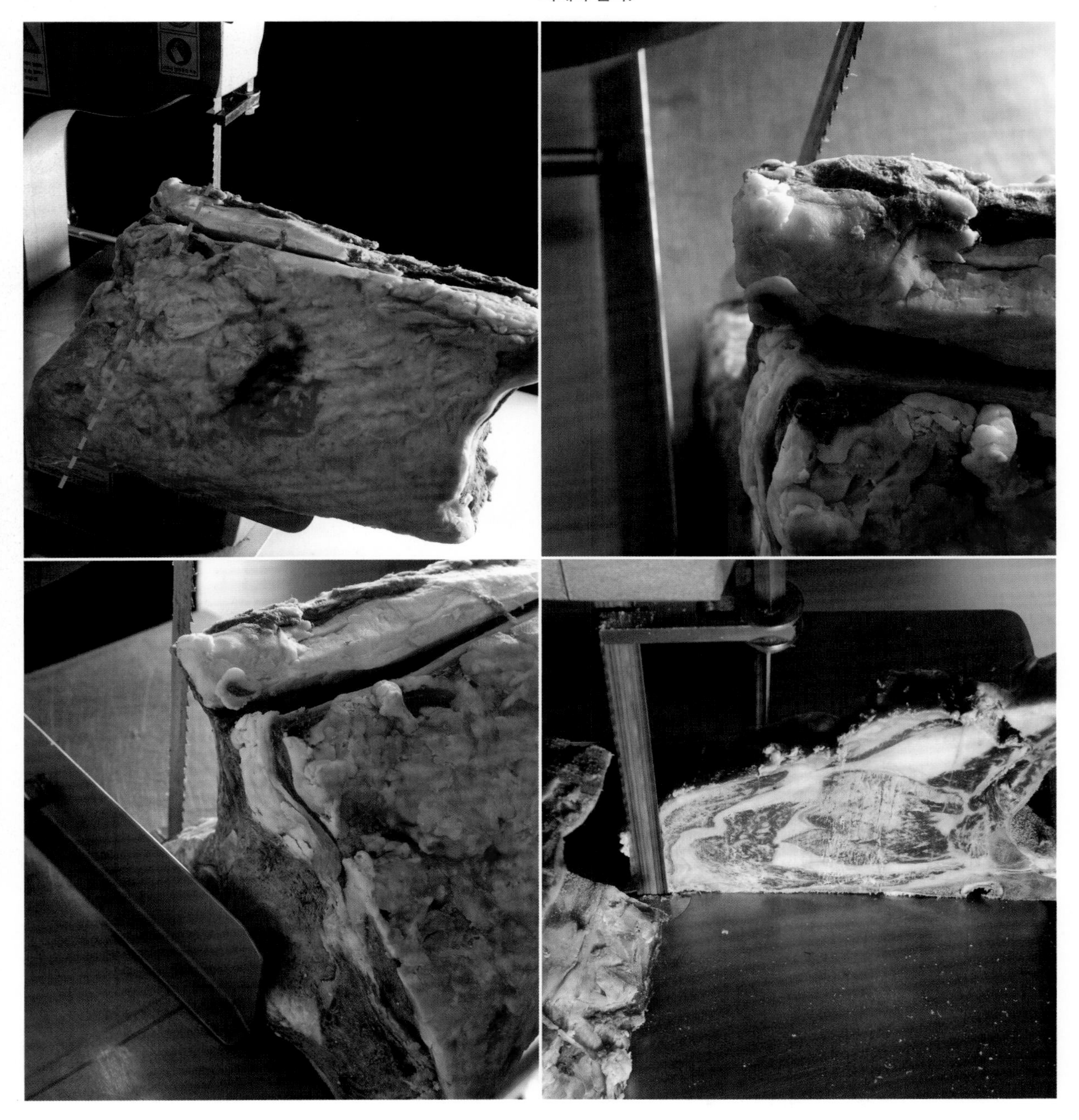

2

골절기의 기준판을 고정하고, 적당한 두께 (2.5~4㎝)로 수직으로 절단한다.
흉추(등뼈) 부위와 갈비쪽 끝부분의 뼈를 절단한다.

1

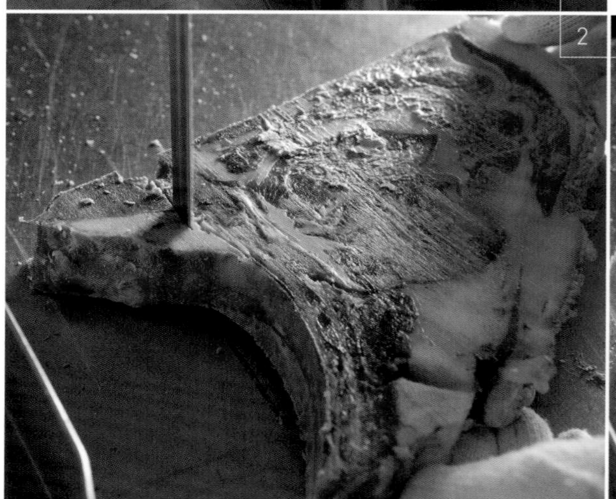

2

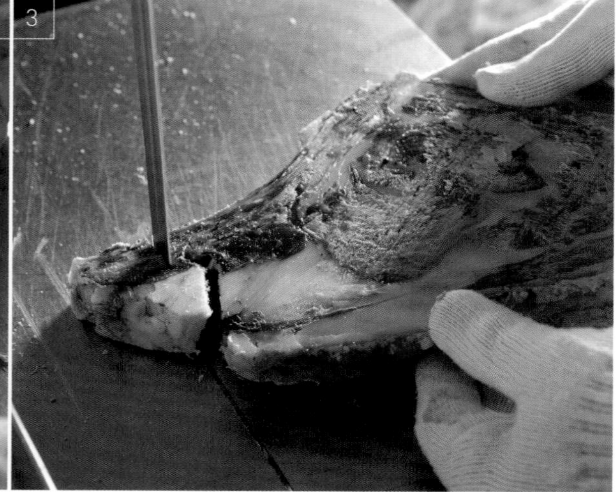

3

3

엘본 주위에 있는 숙성된 지방을 깨끗이 절단한다. 지방 부위일수록 특히 숙성취가 심하게 날 수 있기 때문에 세심한 절단이 필요하다. 뼈 사이에 숙성된 잔육들이 남아있을 수 있으니 요리한 후 먹지 않도록 주의하여 없애야 한다. 숙성육을 정형할 때는 숙성 부위가 닿았던 도마에 손질한 정육이 닿지 않도록 바로바로 소독하면서 절단한다.

엘본 손질 완성

엘본은 등심(새우살 포함)과 갈비의 맛을 느낄 수 있는 부위로, 고소한 맛이 일품이며 갈비 부위로 갈수록 고소한 맛이 깊어지는 것이 특징이다. 티본보다 스테이크 요리가 쉬워 국내 소비자들에게도 인기가 높다.

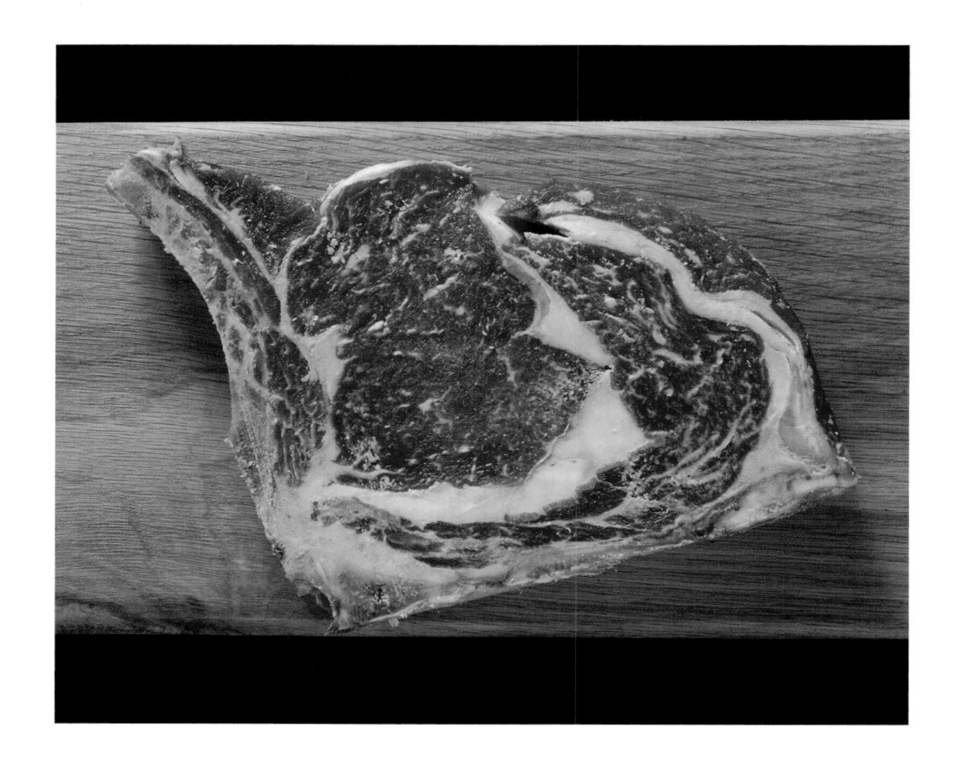

티본

티본은 부드러운 안심과 담백한 채끝을 동시에 즐길 수 있어서 세계적으로도 매우 인기가 높은데, 국내에서도 많은 사람에게 사랑받는 부위이다. 티본에서도 안심이 차지하는 부위가 큰 것을「포터하우스」라고 부른다. 일반적으로 포터하우스는 대부분 3㎝ 이상의 두께로 절단하여 요리한다. 안심 부위가 작을수록「티본」이라고 하며, 안심이 거의 없는 부위(요추골과 채끝만 있는 부위)를「엘본」이라고도 부른다.

숙성 1일째 준비

품종	국내산 육우
육질등급	3등급
육량등급	B
지육중량	353㎏
부위별 중량	8.48㎏
숙성온도	1~4℃
상대습도	75~85%
풍속	2~5m/sec

숙성할 때는 도축 후 신선한 정육을 냉장상태에서 시작해야 한다. 냉동상태의 정육을 숙성할 때는 수분 감소가 심해져 숙성 실패로 이어질 수 있다. 뼈가 아래쪽에 오도록 놓고 숙성을 시작한다. 뼈가 윗방향 상태로 놓이면 정육이 뼈에 눌려 수분(육즙)이 과도하게 빠지므로 주의한다.

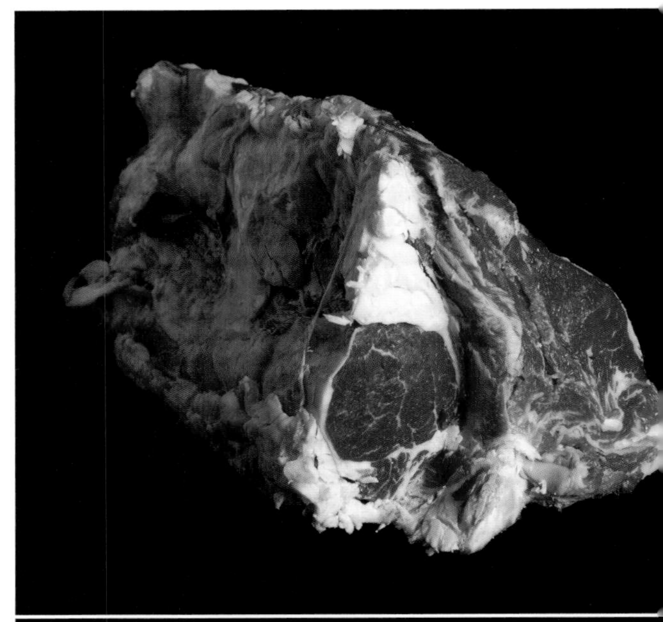

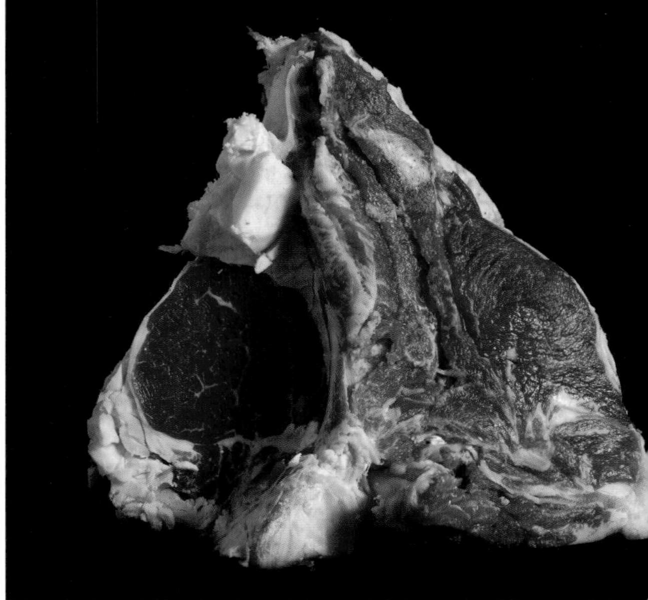

숙성 7일째 관찰

부위별 중량	8.22㎏
중량 감소율(전주 대비)	3% 감소
숙성온도	1~4℃
상대습도	75~85%
풍속	2~5m/sec

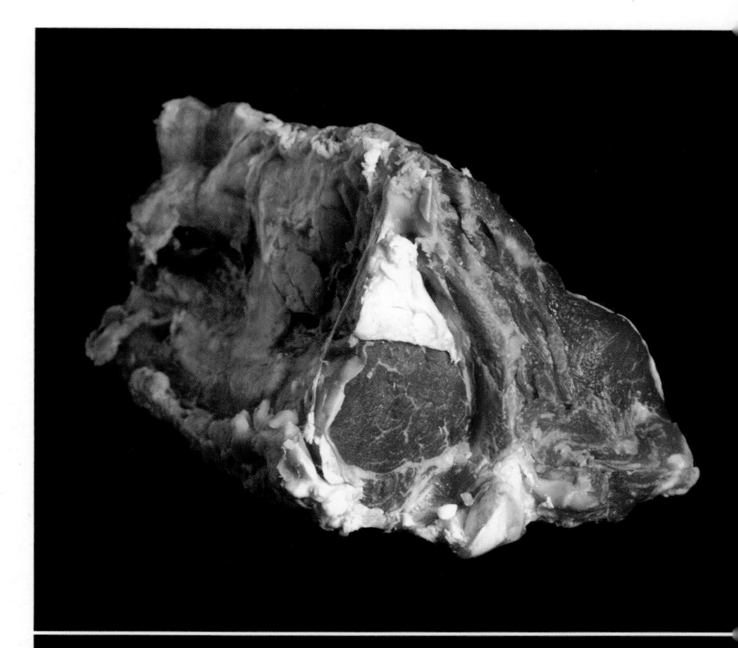

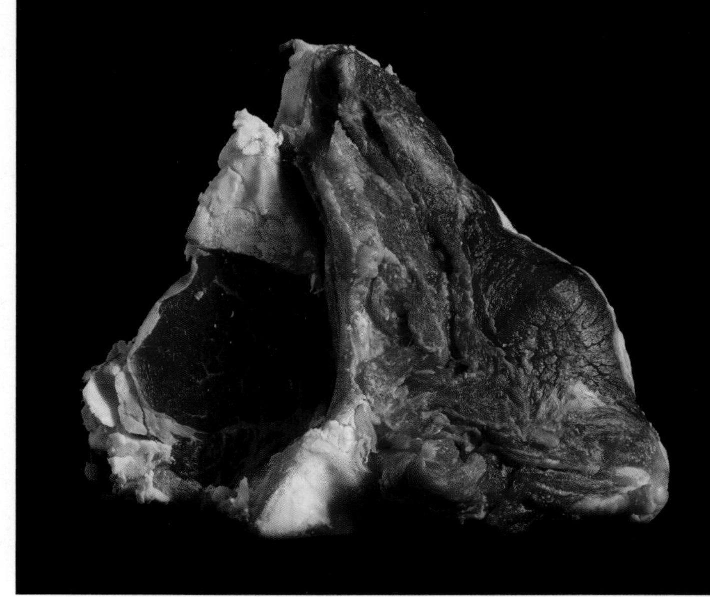

육색이 적갈색으로 변하기 시작하지만 겉표면의 건식숙성 상태에는 큰 차이가 없다. 이 기간에 정육 표면이 너무 건조하면 습도를 높이고 바람세기를 줄인다. 겉표면이 검붉게 변하거나 짓무름 현상이 있으면 너무 습한 상태이므로 숙성실을 건조하게 유지해야 한다.

육향은 기분 나쁘지 않은 고소한 우유향이 나야 한다. 냄새를 어느 특정향으로 비유하는 것이 적확하지 않지만 관능적으로 싫지 않은 냄새가 나는 것이 중요하다. 숙성은 처음 1주일이 가장 중요하다. 이때 자주 성실하게 관찰하여 숙성육과 숙성실의 상태를 점검하고 조절해야 한다. 수시로 숙성육이 바람에 골고루 노출될 수 있게 위치를 바꿔야 한다.

숙성 14일째 관찰

부위별 중량	7.94㎏
중량 감소율(전주 대비)	3.4% 감소
전체 감소율	6.3% 감소
숙성온도	1~4℃
상대습도	75~85%
풍속	2~5m/sec

2주째부터는 시각적으로도 숙성육에 많은 변화가 나타난다. 하얀 효소가 자라기 시작하고, 숙성육에서 고소한 치즈향이 맡아져야 한다. 효소가 자랐다면 숙성실의 온도와 습도, 바람 관리가 제대로 이루어졌다고 볼 수 있다. 그 상태를 지속적으로 유지시키는 일만 남았다. 하얀 효소는 품종과 정육의 상태, 부위에 따라 조금씩 자라는 시점이 달라지는데, 가끔 3주째에 관찰이 시작되기도 한다.

안심과 채끝을 덮고 있는 지방과 근육 사이가 짓무르는지 유심히 관찰하여 습도와 바람을 조절해야 한다. 짓무름 현상이 나타나면 풍속을 높이고 습도를 낮춘다.

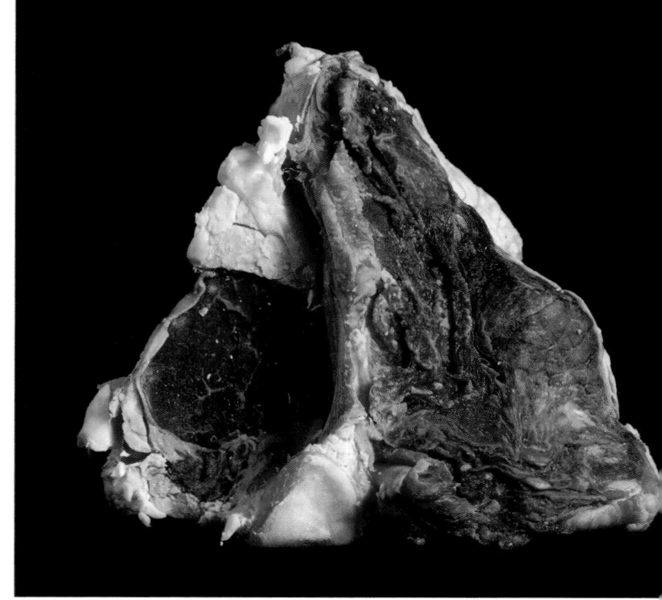

숙성 21일째 관찰

부위별 중량	7.58㎏
중량 감소율(전주 대비)	4.4% 감소
전체 감소율	10.6% 감소
숙성온도	1~4℃
상대습도	75~85%
풍속	0.5~2m/sec

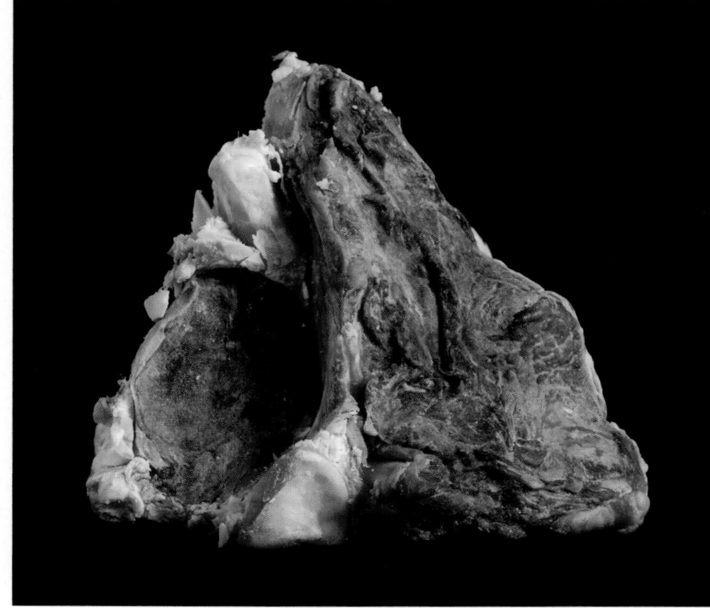

3주째부터는 생산 수율에도 신경써야 한다. 이 때부터는 바람세기를 조절하여 숙성육이 너무 마르지 않게 주의해야 한다. 맛과 손실의 균형을 다루는 과정이므로 각자 맞는 방법으로 이 과정을 참고한다.

하얀 효소가 많이 자라기 시작하고 정육 겉면을 전체적으로 감싸고 있어야 한다. 이 시기를 풍미가 시작되는 시점으로 본다. 전주 대비 많이 건조된 상태이며, 눌렀을 때 겉면은 건조하지만 안쪽은 탱탱하게 탄력이 느껴져야 한다. 이 시기에 숙성육을 관찰하다가 녹색곰팡이나 짓무름 현상이 보이면 부패가 시작되었다고 봐야 한다. 이때는 아깝더라도 안전성을 위해 과감하게 폐기 처분해야 한다.

숙성 28일째 관찰

전체 숙성기간	28일
부위별 중량	7.38kg
중량 감소율(전주 대비)	2.6% 감소
전체 감소율	12.9% 감소
숙성온도	1~4℃
상대습도	75~85%
풍속	0.5~2m/sec

숙성할 때 티본은 뼈 부위가 아래쪽에 오도록 놓아 정육이 눌리지 않게 해야 한다. 지방이 위쪽으로 오게 하여 숙성하면, 드라이에이징으로 인한 자연손실을 줄이고 지방이 지방산으로 변하면서 나오는 풍미가 숙성육에 스며들게 하는 효과를 볼 수 있다. 숙성이 진행되면서 지방과 근육 사이에 청색 또는 푸른색 효소가 자라면 부패가 시작된 것이므로 폐기해야 한다. 채끝이나 안심 부위를 분리하면서 칼이 잘못 들어가 상처가 나지 않게 주의한다. 그 부위가 지나치게 숙성되기 때문이다. 숙성과정 중 지속적으로 숙성취를 맡아보면서 고소한 우유향이 유지되는지를 확인한다.

탄성은 엄지와 중지를 맞대었을 때 엄지 아래쪽 손바닥 부위(도톰한 부분)의 탄성과 유사한지 확인한다. 넷째에서 새끼손가락으로 갈수록 탄성이 딱딱해지므로 숙성고가 건조한 상태이고, 검지 정도라면 습한 상태에서 숙성이 진행된다고 보면 된다. 이 때 안심과 채끝은 탄성이 조금 다르므로 촉감을 키우는 훈련도 필요하다.

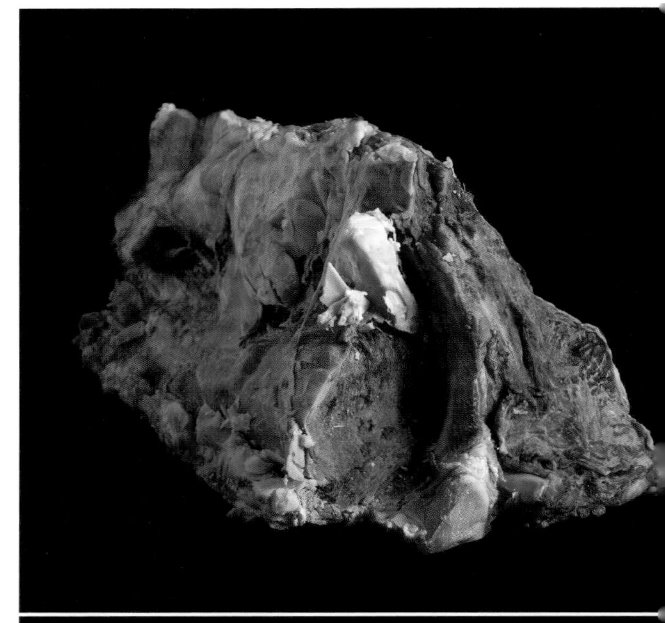

골절기 커팅

1

사진에 표시한 경계선 부분이 티본의 상품가치가 떨어지는 부위이다. 직각으로 떨어지지 않아 매끄럽지 못하고 두께가 일정하지 않아 스테이크 요리가 어렵다. 따라서 티본 분리 작업을 할 때 주의해야 한다. 안심 부위가 큰 것을 「포터하우스」, 작은 것을 「티본」이라고 한다.

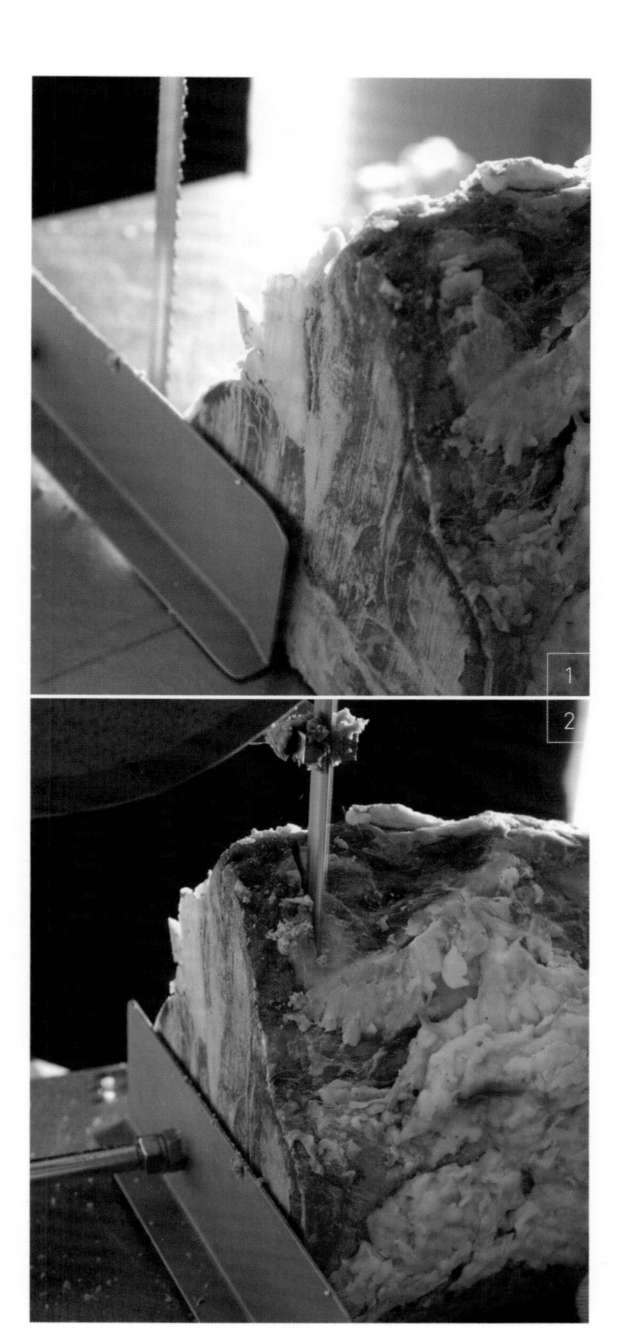

2

골절기의 기준판을 고정하고, 적당한 두께(2.5~4㎝)로 수직으로 절단한다.

3

티본 주위에 있는 숙성된 지방을 깨끗이 절단한다. 지방 부위일수록 특히 숙성취가 심하게 날 수 있으므로 세심한 절단이 필요하다. 채끝 주위는 힘줄이 두꺼우니 잘 정리한다. 뼈 사이에 숙성된 잔육들이 남아있을 수 있으니 요리하여 먹지 않도록 주의하여 없애야 한다. 숙성육을 정형할 때는 숙성 부위가 닿았던 도마에 손질한 정육이 닿지 않도록 바로바로 소독하면서 절단한다.

티본(포터하우스) 손질 완성

티본(포터하우스 포함)은 채끝과 안심, 두 가지의 맛을 느낄 수 있는 부위이다. 가장 부드러운 안심과 가장 담백한 맛의 채끝을 요리할 때는 뼈 부위로 갈수록 잘 익지 않으므로 각별히 주의한다.

윗등심

목심에서 이어지는 배최장근 부위를 중심으로 윗등심, 꽃등심, 살치살로 이루어진 가장 덩어리가 큰 부위이다. 윗등심은 채끝과 비교해보면, 움직임이 많은 목 부분에 있어서 근막이 좀 많고 근육의 결이 부위별로 달라서 질긴 느낌이 있지만, 다른 부위에 비해 마블링이 많아 윗등심 특유의 육질을 즐길 수 있다. 꽃등심 부위는 숙성과정을 거치면 특유의 고소함이 더욱 진해진다. 살치살은 마블링이 많아 숙성 전에 미리 분리하여 숙성하지 않고 판매하기도 한다.

숙성 1일째 준비

품종	국내산 육우
육질등급	3등급
육량등급	B
지육중량	353㎏
부위별 중량	8.24㎏(등심덧살 제거 후 중량)
숙성온도	1~4℃
상대습도	75~85%
풍속	2~5m/sec

숙성할 때는 도축 후 신선한 정육을 냉장상태에서 시작해야 한다. 냉동상태의 정육을 숙성할 때는 수분 감소가 심해져 숙성 실패로 이어질 수 있다. 뼈 없이 숙성하기 때문에 지방이 많은 부위가 위쪽에 오도록 놓고 숙성을 시작한다. 약 4주 동안 숙성이 진행되므로 1주일 단위로 숙성육의 위, 아래를 바꿔주는 것이 좋다.

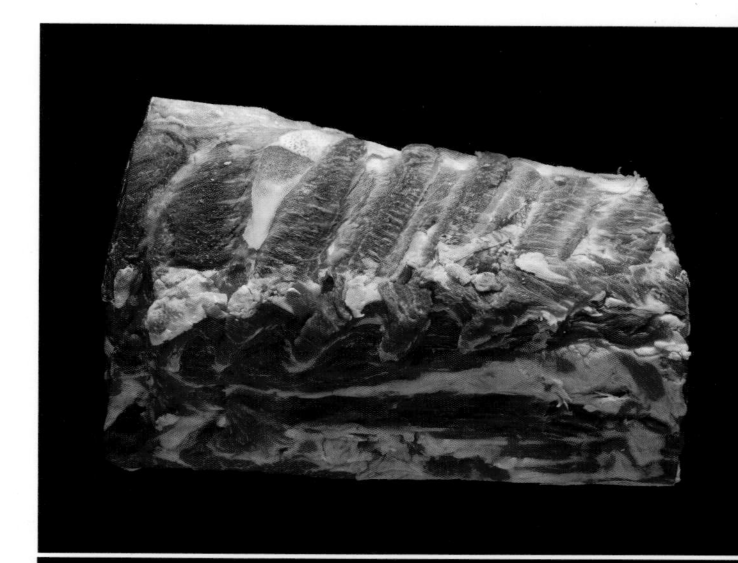

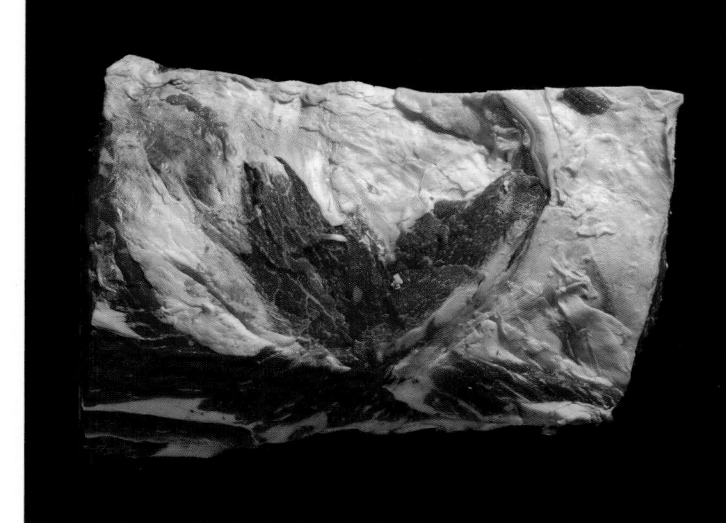

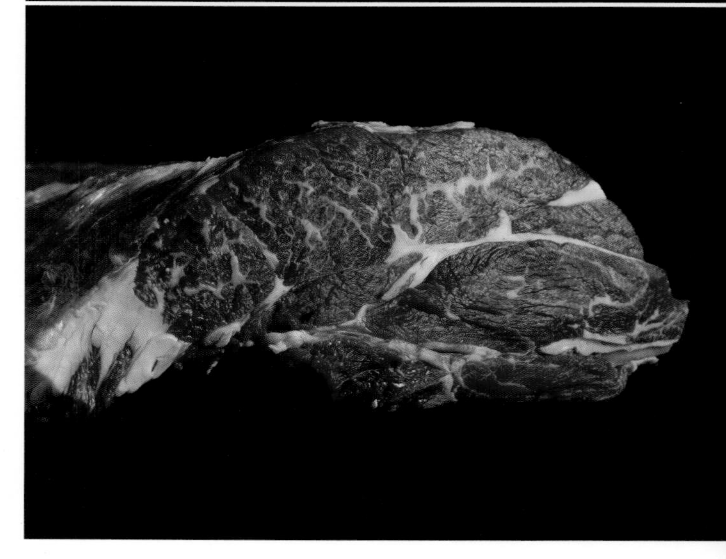

숙성 7일째 관찰

부위별 중량	7.97㎏
중량 감소율(전주 대비)	3.2% 감소
숙성온도	1~4℃
상대습도	75~85%
풍속	2~5m/sec

육색이 적갈색으로 변하기 시작하지만 겉표면의 건식숙성 상태에는 큰 차이가 없다. 이 기간에 정육 표면이 너무 건조하면 습도를 높이고 바람세기를 줄인다. 겉표면이 검붉게 변하거나 짓무름 현상이 있으면 너무 습한 상태이므로 숙성실을 건조하게 유지해야 한다.

육향은 기분 나쁘지 않은 고소한 우유향이 나야 한다. 냄새를 어느 특정향으로 비유하는 것이 적확하지 않지만 관능적으로 싫지 않은 냄새가 나는 것이 중요하다. 숙성은 처음 1주일이 가장 중요하다. 이때 자주 성실하게 관찰하여 숙성육과 숙성실의 상태를 점검하고 조절해야 한다. 수시로 숙성육이 바람에 골고루 노출될 수 있게 위치를 바꿔주어야 한다.

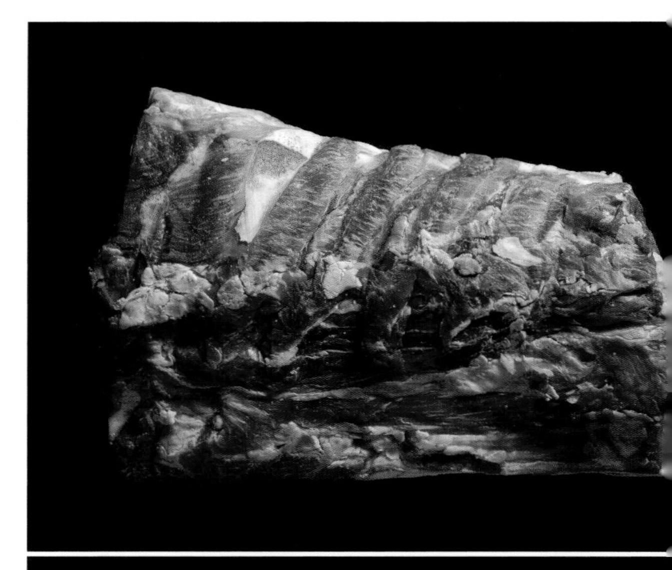

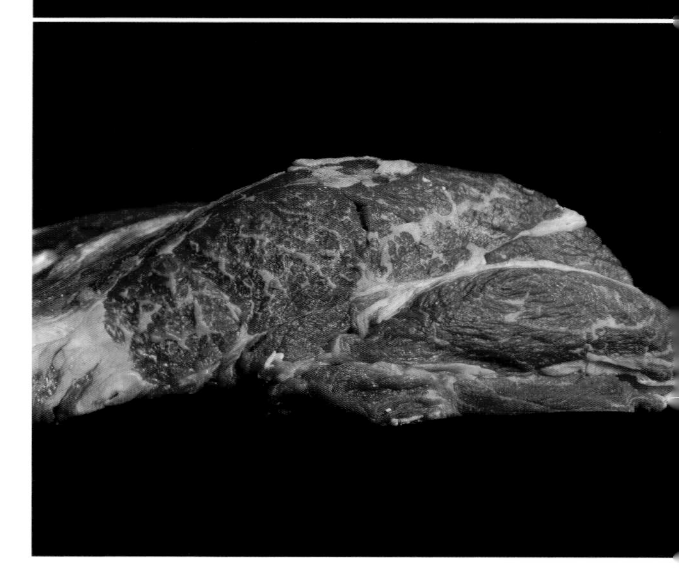

숙성 14일째 관찰

부위별 중량	7.69㎏
중량 감소율(전주 대비)	3.4% 감소
전체 감소율	6.6% 감소
숙성온도	1~4℃
상대습도	75~85%
풍속	2~5m/sec

2주째부터는 시각적으로도 숙성육에 많은 변화가 나타난다. 하얀 효소가 자라기 시작하고, 숙성육에서 고소한 치즈향이 맡아져야 한다. 하얀 효소는 마치 밀가루가 살짝 발라진 듯한 상태이다. 효소가 자랐다면 숙성실의 온도와 습도, 바람 관리가 제대로 이루어졌다고 볼 수 있다. 그 상태를 지속적으로 유지시키는 일만 남았다. 윗등심 발골과 분리 작업을 할 때 칼이 닿았던 자리나 지방과 근조직 사이에 짓무름 현상이 일어날 수 있으니 바람이 잘 통하도록 관리한다. 하얀 효소는 품종과 정육의 상태, 부위에 따라 조금씩 자라는 시점이 달라지는데, 가끔 3주째에 관찰이 시작되기도 한다. 뼈가 없고, 덮고 있는 지방층이 얇기 때문에 손실을 줄이려면 정형과정에서 각별한 주의가 필요하다.

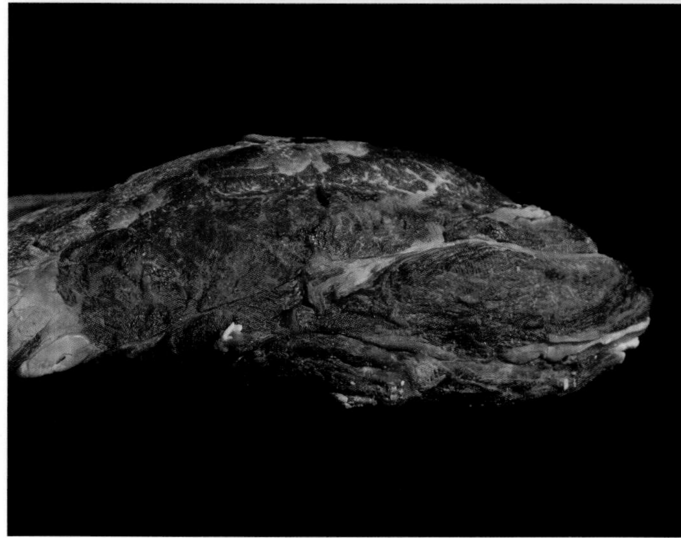

숙성 21일째 관찰

부위별 중량	7.42㎏
중량 감소율(전주 대비)	3.5% 감소
전체 감소율	9.9% 감소
숙성온도	1~4℃
상대습도	75~85%
풍속	0.5~2m/sec

3주째부터는 생산 수율에도 신경써야 한다. 이때부터는 바람세기를 조절하여 숙성육이 너무 마르지 않게 주의해야 한다. 맛과 손실의 균형을 다루는 과정이므로 각자 맞는 방법으로 이 과정을 참고한다.

하얀 효소가 많이 자라기 시작하고 정육 겉면을 전체적으로 감싸고 있어야 한다. 이 시기를 풍미가 시작되는 시점으로 본다. 전주보다 많이 건조된 상태이며, 눌렀을 때 겉면은 건조하지만 안쪽은 탱탱하게 탄력이 느껴져야 한다. 이 시기에 숙성육을 관찰하다가 녹색곰팡이나 짓무름 현상이 보이면 부패가 시작되었다고 봐야 한다. 이때는 아깝더라도 안전성을 위해 과감하게 폐기 처분한다.

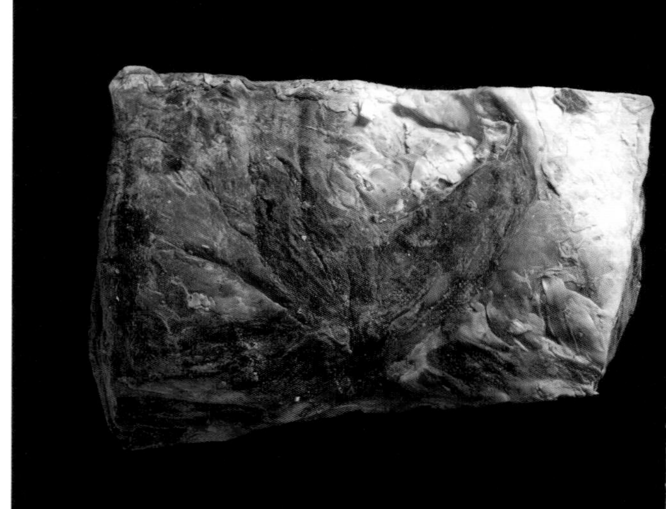

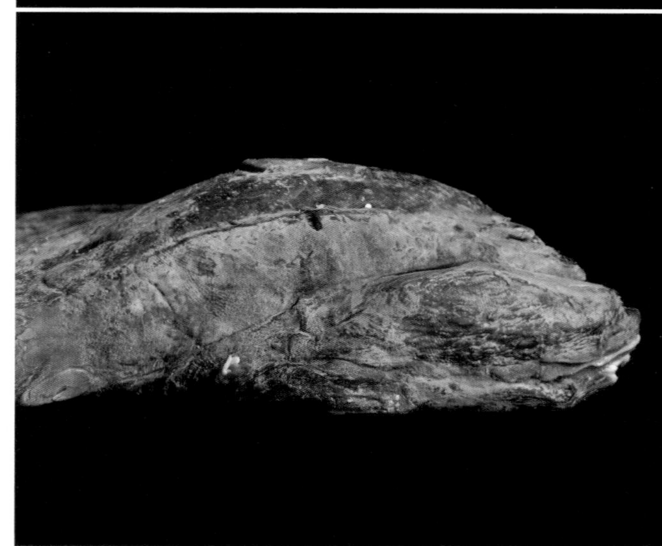

숙성 28일째 관찰

전체 숙성기간	28일
부위별 중량	7.11㎏
중량 감소율(전주 대비)	4.1% 감소
전체 감소율	13.7% 감소
숙성온도	1~4℃
상대습도	75~85%
풍속	0.5~2m/sec

육색의 변화가 전주보다 확연히 달라지지는 않았지만, 하얀 효소가 전체적으로 많이 자란 상태이다. 육향은 전주에 비해 많이 진해진 것을 확인할 수 있다.

숙성고에 윗등심을 놓을 때는 지방이 많은 부위가 위쪽으로 오게 한다. 정육의 바닥면이 되도록이면 개방된 채 숙성할 수 있는 시설이면 좋다. 윗등심의 경우 등심덧살을 분리하여 숙성하면, 정육과 정육 사이의 짓무름과 지나친 숙성취를 방지할 수 있다. 진행하면서 지방과 근육 사이에 청색 또는 푸른색 효소가 자라면 부패가 시작된 것이므로 폐기해야 한다. 지속적으로 숙성취를 검사하여 고소한 우유향이 유지되는지를 확인한다. 탄성은 엄지와 중지를 맞대었을 때 엄지 아래쪽의 손바닥 부위(도톰한 부분)의 탄성과 유사한지 확인한다. 넷째에서 새끼손가락으로 갈수록 탄성이 딱딱해지므로 숙성고가 건조한 상태이고, 검지 정도라면 습한 상태에서 숙성이 진행된다고 보면 된다.

• **혼합숙성** 윗등심은 웻에이징 2주, 드라이에이징 2주를 같이 진행하는 혼합숙성으로도 진행할 수 있다. 고소한 육즙의 풍부한 맛을 최대한 살리고 자연손실을 줄일 수 있지만, 고소한 맛은 드라이에이징에 비해 다소 떨어진다.

숙성 후 윗등심 정형

1

꽃등심을 손질하기 전에 미리 위생타올을 도마에 깔고 작업하면 숙성면이 도마에 닿지 않아 위생적이다. 숙성 부위를 손질할 때는 두꺼운 부위에서 얇은 부위로 손질해야 두께를 일정하게 유지하기가 쉽다. 손질 순서는 안쪽에서 바깥쪽으로 손질해야 위생에 좋으며, 손질이 숙달되어야 숙성 부위를 남김없이 제거할 수 있다. 손질을 순서 없이 여기저기 하다보면 겉에 숙성 부위가 남아있는 채 판매될 수 있으니 주의한다.

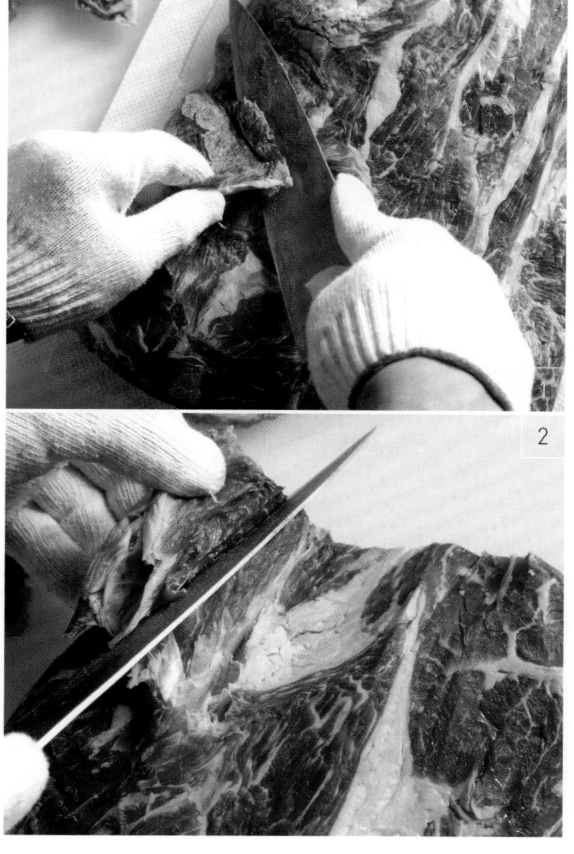

2

등뼈가 붙어있던 부위 또는 칼로 상처가 난 부위는 손질할 때 과감하게 도려내어 안전성에 주의해야 한다.

3

겉표면이 매끄럽지 않은 우둘투둘한 부분 역시 두꺼운 부위에서 얇은 부위 순서로 손질한다. 양끝 부위는 넓은 면의 손질이 끝난 후 맨마지막에 절단해야 한다. 손으로 자주 잡는 부위이기 때문에 가장 마지막에 손질하는 것이 위생적이다.

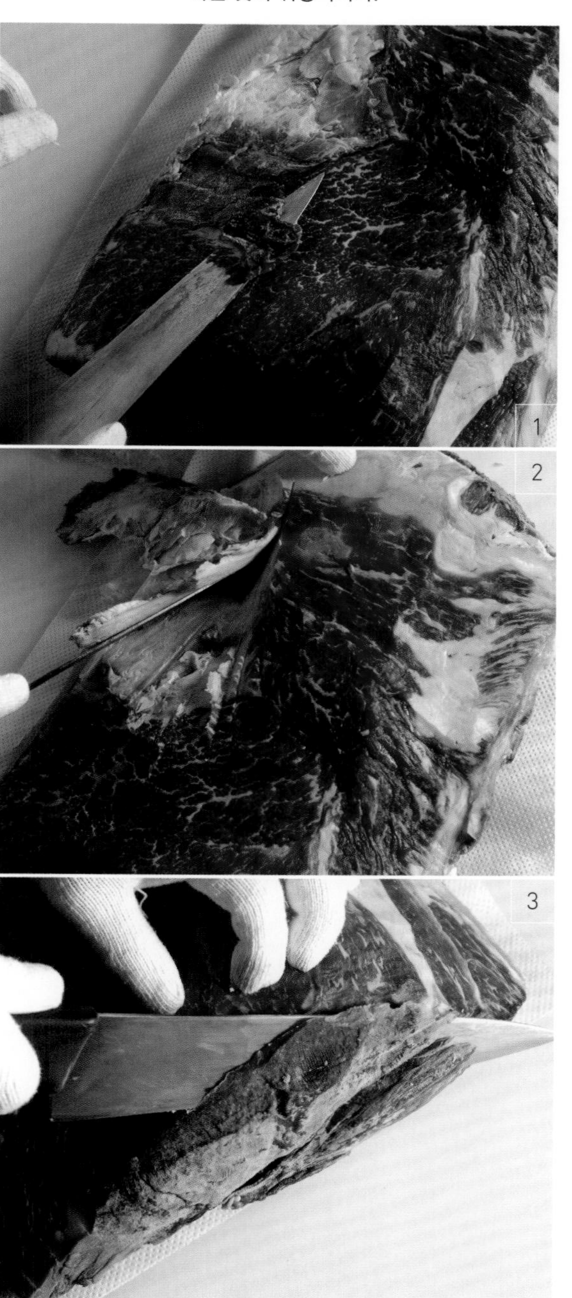

1 2

3

4

정형이 끝난 상태이다. 숙성 겉면을 손질하면 약 20%의 손실이 발생한다. 이 양이 아깝다고 손질을 아끼면 절대 안 된다. 이는 숙성 전문가의 기본 자세이다.

4

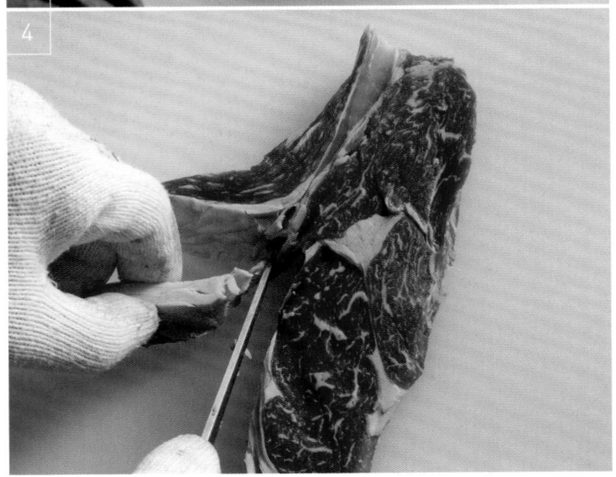

윗등심 손질 완성

윗등심은 꽃등심과 살치살이 포함된 부위로 적당한 마블링과 고소한 육즙의 맛이 가장 뛰어나다. 윗등심에 있는 일명 멍에살이라 불리는 부위는 숙성으로 연육되지 않으므로 되도록 제거해서 판매하는 것이 좋다. 윗등심 부위의 숙성이 잘 되었으면 나머지 부위도 숙성이 잘 되었다고 할 수 있을 정도로 숙성이 가장 어려운 부위다.

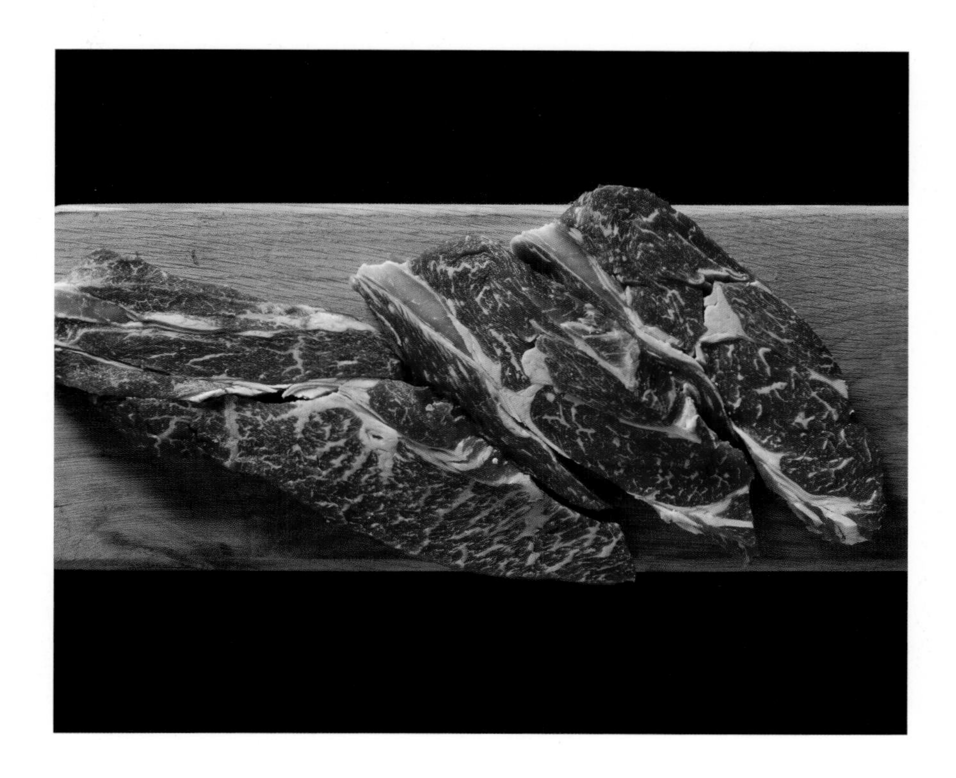

아랫등심

윗등심에 비해 마블링이 적고 담백함이 높아 최근 판매량이 증가하는 부위이다. 건식숙성을 하면 풍미가 높아지지만 채끝과 함께 손실률이 많아서 효율에 신경을 많이 써야 한다. 아랫등심은 새우살을 포함하고 있어 2주 정도만으로도 드라이에이징 효과를 볼 수 있다. 모든 드라이에이징은 숙성기간이 따로 정해져 있지 않다. 사후강직이 풀리는 약 2주라는 기간을 필수적으로 지키면서 등급 차이, 개체 상태, 요리 방법, 소비자의 선호도 및 가치대비 효율 등에 따라 숙성기간을 조절한다.

숙성 1일째 준비

품종	국내산 육우
육질등급	3등급
육량등급	C
지육중량	502㎏
부위별 중량	8.33㎏
숙성온도	1~4℃
상대습도	75~85%
풍속	2~5m/sec

숙성할 때는 도축 후 신선한 정육을 냉장상태에서 시작해야 한다. 냉동상태의 정육을 숙성할 때는 수분 감소가 심해져 숙성 실패로 이어질 수 있다. 뼈 없이 숙성하기 때문에 지방이 많은 부위가 위쪽에 오도록 놓고 숙성을 시작한다. 아랫등심의 경우에는 윗등심처럼 숙성육의 위, 아래를 바꿀 필요는 없다.

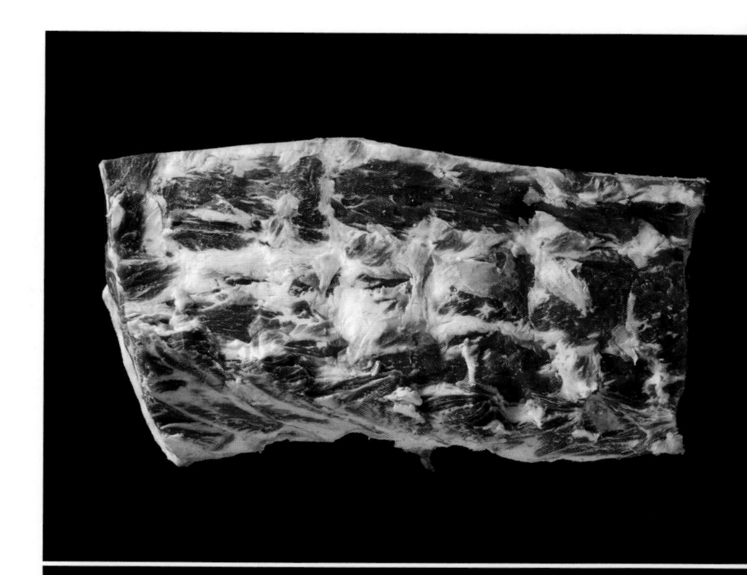

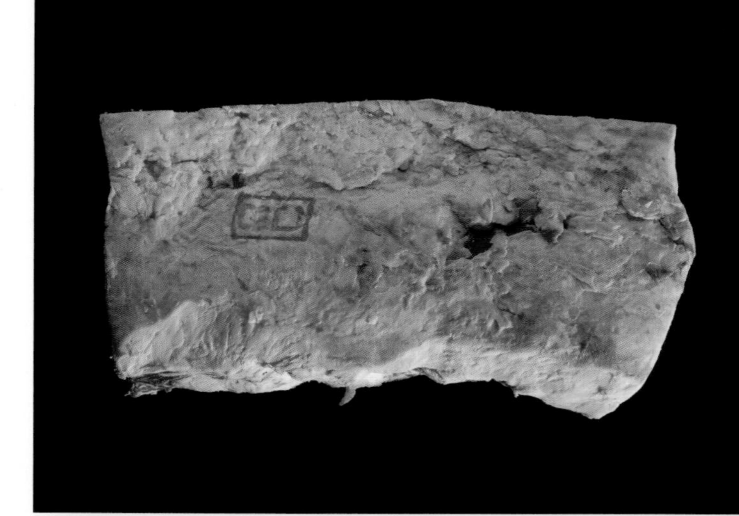

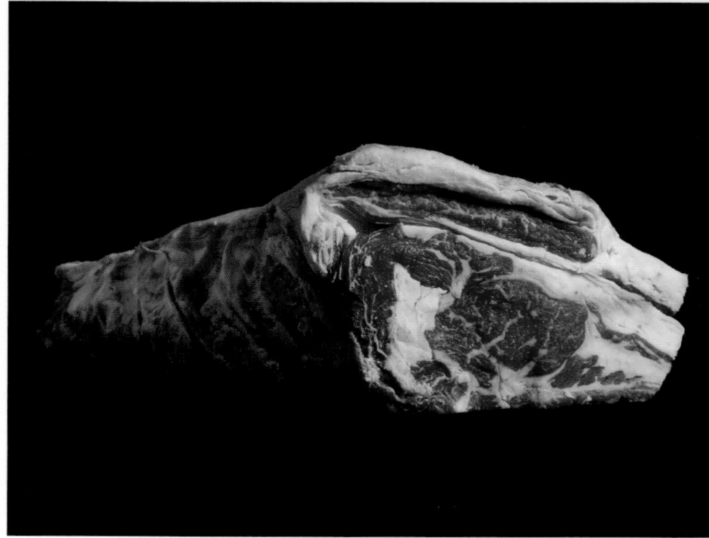

숙성 7일째 관찰

부위별 중량	8.03㎏
중량 감소율(전주 대비)	3.6% 감소
숙성온도	1~4℃
상대습도	75~85%
풍속	2~5m/sec

육색이 적갈색으로 변하기 시작하지만 겉표면의 건식숙성 상태에는 큰 차이가 없다. 이 기간에 정육 표면이 너무 건조하면 습도를 높이고 바람세기를 줄인다. 겉표면이 검붉게 변하거나 짓무름 현상이 있으면 너무 습한 상태이므로 숙성실을 건조하게 유지해야 한다.

육향은 기분 나쁘지 않은 고소한 우유향이 나야 한다. 냄새를 어느 특정향으로 비유하는 것이 적확하지 않지만 관능적으로 싫지 않은 냄새가 나는 것이 중요하다. 숙성은 처음 1주일이 가장 중요하다. 이때 자주 성실하게 관찰하여 숙성육과 숙성실의 상태를 점검하고 조절해야 한다. 수시로 숙성육이 바람에 골고루 노출될 수 있게 위치를 바꿔주어야 한다.

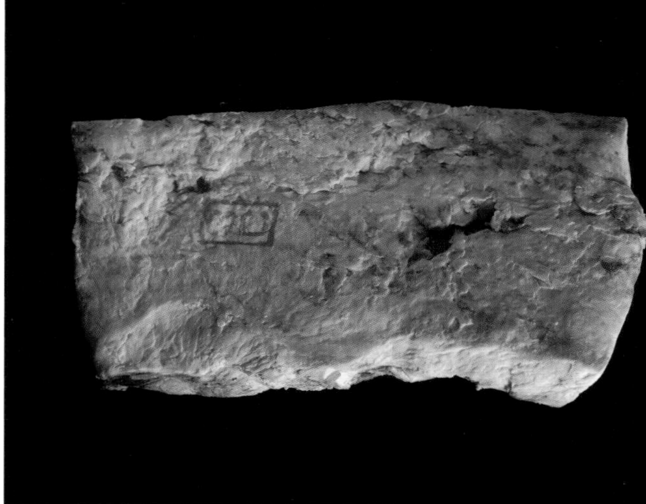

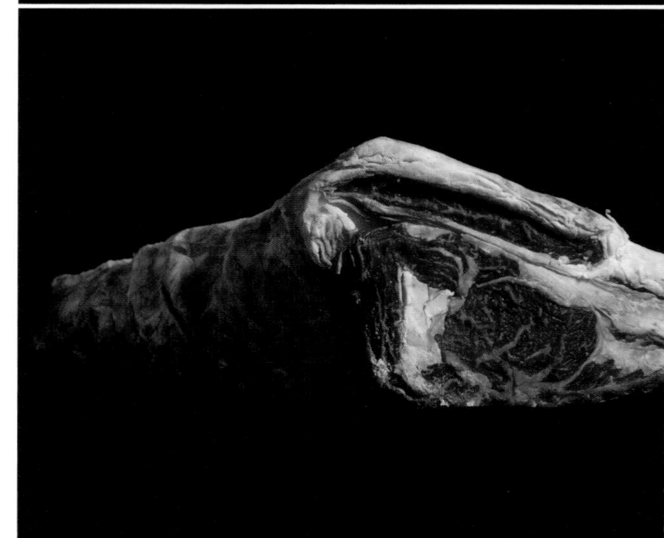

숙성 14일째 관찰

전체 숙성기간	14일
부위별 중량	7.66㎏
중량 감소율(전주 대비)	4.6% 감소
전체 감소율	9.1% 감소
숙성온도	1~4℃
상대습도	75~85%
풍속	2~5m/sec

숙성고에 아랫등심을 놓을 때는 지방이 많은 부위가 위쪽으로 오게 한다. 그렇게 숙성하면, 드라이에이징으로 인한 자연손실을 줄이고, 지방이 지방산으로 변하면서 나오는 풍미가 숙성육에 스며들게 하는 효과를 볼 수 있다. 정육의 바닥면이 되도록이면 개방된 채 숙성될 수 있는 시설이면 좋다. 아랫등심은 새우살을 포함하고 있어 2주 정도만으로도 드라이에이징 효과를 볼 수 있다. 숙성과정 중에 지방과 근육 사이에 청색 또는 푸른색 효소가 자라면 부패가 시작된 것이므로 폐기해야 한다. 지속적으로 숙성취를 검사하여 고소한 우유향이 유지되는지를 확인한다. 탄성은 엄지와 중지를 맞대었을 때 엄지 아래쪽의 손바닥 부위(도톰한 부분)의 탄성과 유사한지 확인한다. 넷째에서 새끼손가락으로 갈수록 탄성이 딱딱해지므로 숙성고가 건조한 상태이고, 검지 정도라면 습한 상태에서 숙성이 진행된다고 보면 된다.

• **혼합숙성** 아랫등심은 웻에이징(1~2주)과 드라이에이징(1~2주)를 같이 진행하는 혼합숙성으로도 진행할 수 있다. 채끝 부위로 갈수록 숙성 부위가 얇아지기 때문에 지나치게 숙성하면 생산수율이 떨어진다. 부위 특성상 새우살을 포함하여 연도(식감)가 대체적으로 좋기 때문에 상태에 따라 숙성기간을 조절할 수 있다.

숙성 후 아랫등심 정형

1

아랫등심을 손질하기 전에 미리 위생타올을 도마에 깔고 작업하면 숙성면이 도마에 닿지 않아 위생적이다.숙성 부위를 손질할 때는 두꺼운 부위에서 얇은 부위로, 안쪽에서 바깥쪽으로 손질해야 두께를 일정하게 유지하고 깨끗하게 손질하기가 쉽다. 양 끝 부위는 맨마지막에 절단해야 한다. 손으로 자주 잡는 부위이기 때문에 가장 마지막에 손질하는 것이 위생적이다. 지방층이 두꺼운 부분은 미련 없이 깔끔하게 손질한다. 숙성은 맛보다는 건강을 위해 저지방육(마블링 및 지방이 적은)을 만들기 위한 것임을 명심한다.

1

2

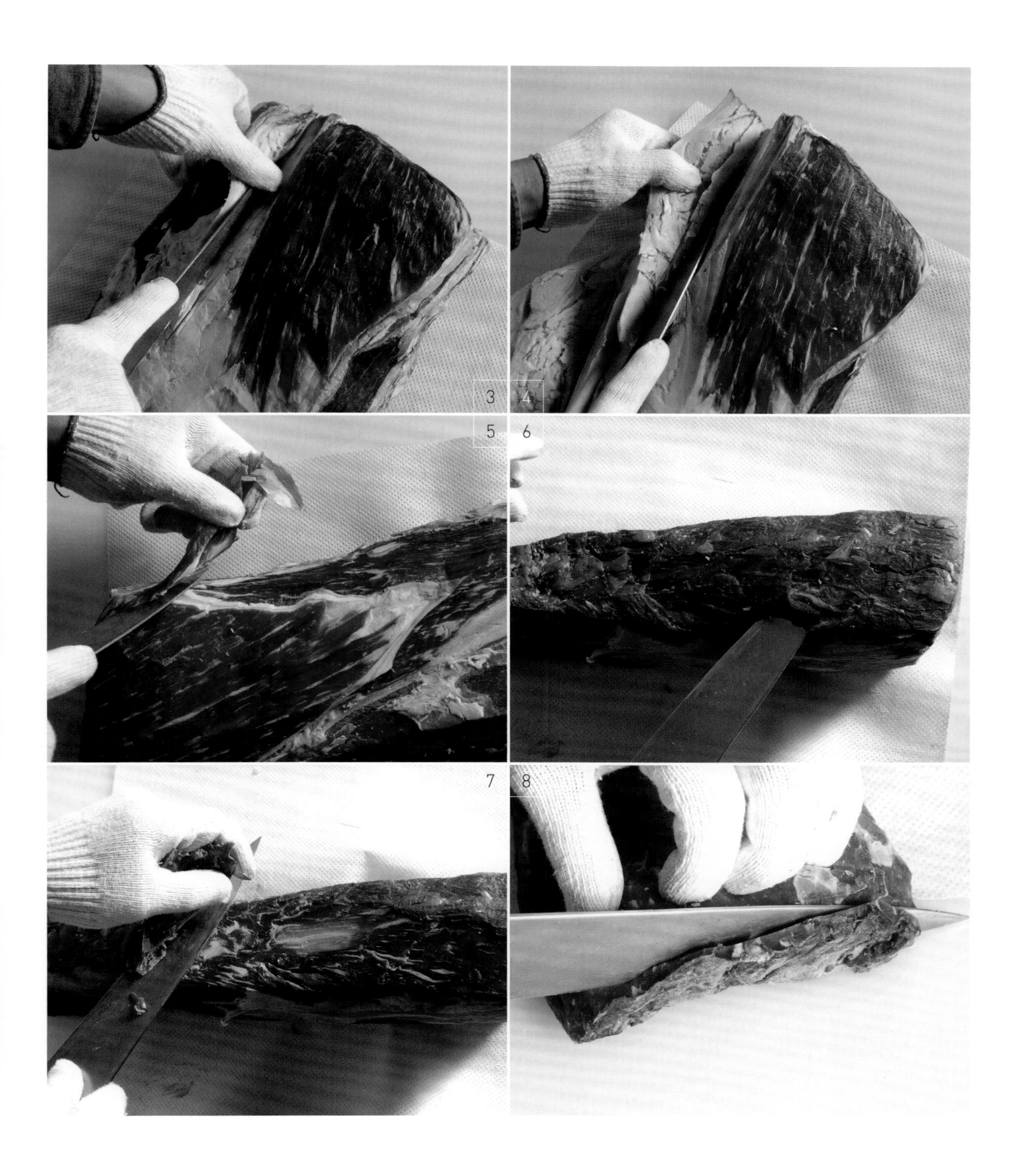
3
4
5
6
7
8

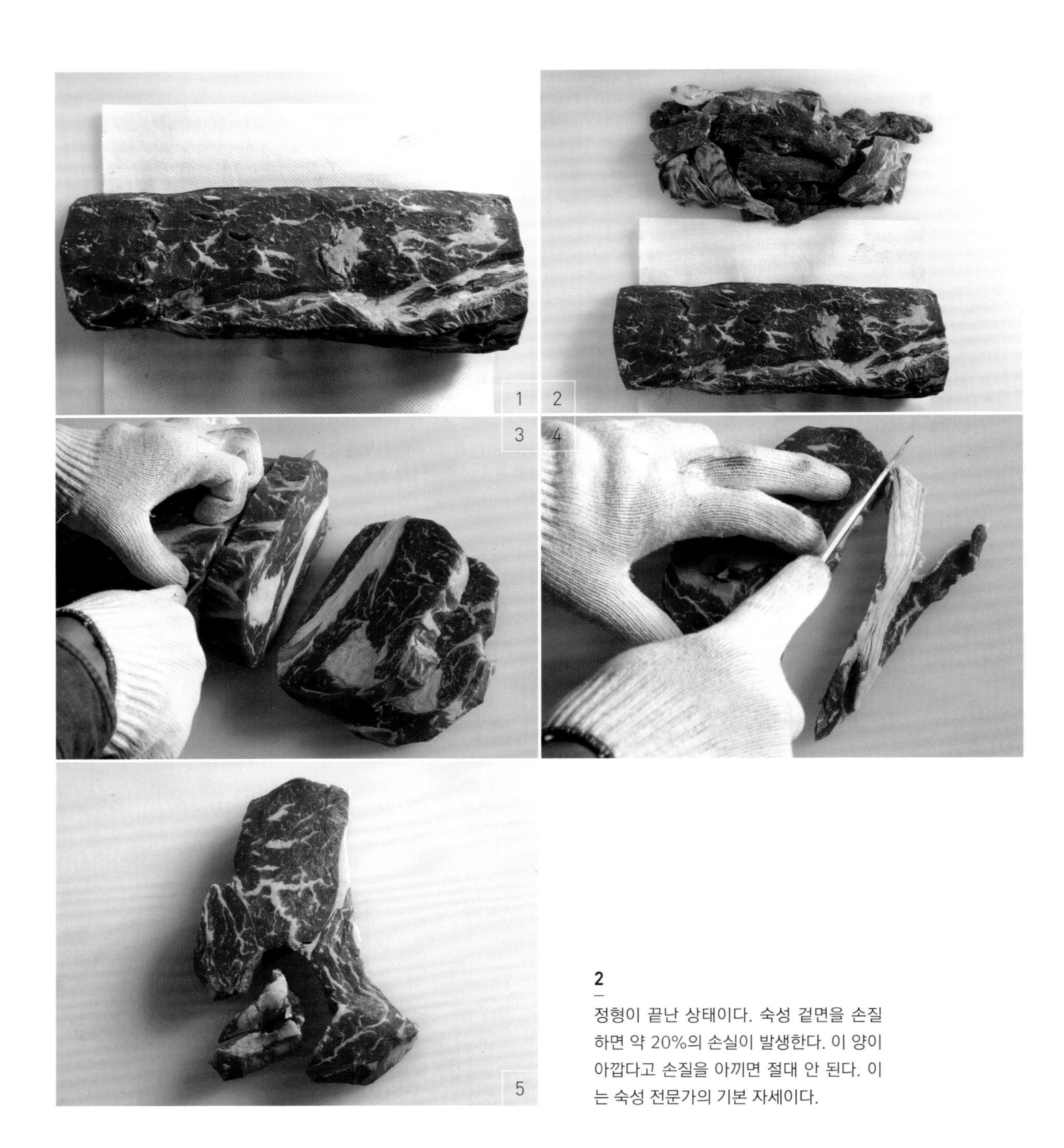

2

정형이 끝난 상태이다. 숙성 겉면을 손질하면 약 20%의 손실이 발생한다. 이 양이 아깝다고 손질을 아끼면 절대 안 된다. 이는 숙성 전문가의 기본 자세이다.

아랫등심 손질 완성

아랫등심은 등심과 새우살이 포함된 부위로, 작지만 가장 맛있는 새우살과 담백한 등심의 맛이 뛰어나다. 꽃등심에 비해 마블링이 적은 등심을 찾는 소비자에게 인기가 많다.

채끝

등심에서 뒷다리 보섭살로 이어지는 중간 부위로 배최장근 끝부분을 이루고 있어 단면적이 크고 일정하다. 결이 곱고 부드러운 것이 특징이다. 미국에서는 뉴욕 스트립 스테이크로 유명한데, 안심에 버금가는 최고 부위라고도 한다. 칼보닐 화합물, 아민 등의 향 성분이 많아 가열조리할 때는 아주 좋은 향이 난다.

숙성 1일째 준비

품종	국내산 육우
육질등급	3등급
육량등급	B
지육중량	353㎏
부위별 중량	4.38㎏
숙성온도	1~4℃
상대습도	75~85%
풍속	2~5m/sec

숙성할 때는 도축 후 신선한 정육을 냉장상태에서 시작해야 한다. 냉동상태의 정육을 숙성할 때는 수분 감소가 심해져 숙성 실패로 이어질 수도 있다. 뼈 없이 숙성하기 때문에 지방이 많은 부위가 위쪽에 오도록 놓고 숙성을 시작한다. 단, 얇은 채끝이나 부채살의 경우에는 정육을 보호하기 위해 지방을 아래쪽으로 놓고 숙성할 수도 있다. 1주일에 1번씩 숙성육의 위, 아래를 바꾸어주는 것도 좋다. 채끝은 반드시 두꺼운 지방을 제거하지 않은 상태에서 드라이에이징을 해야 짓무름을 방지하고 손실률을 줄일 수 있다.

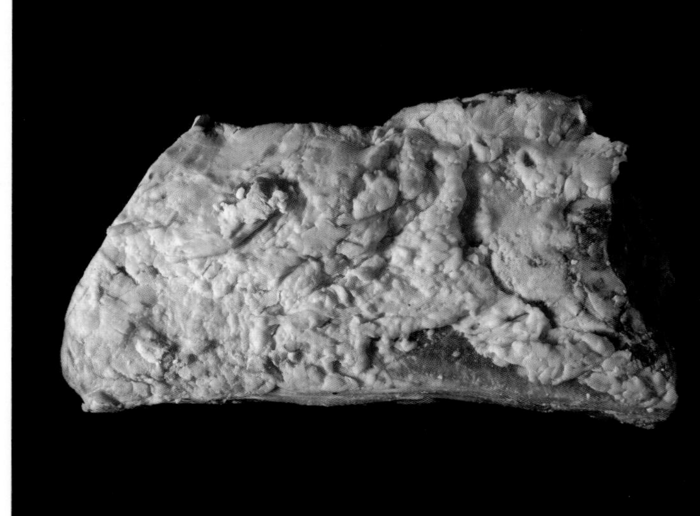

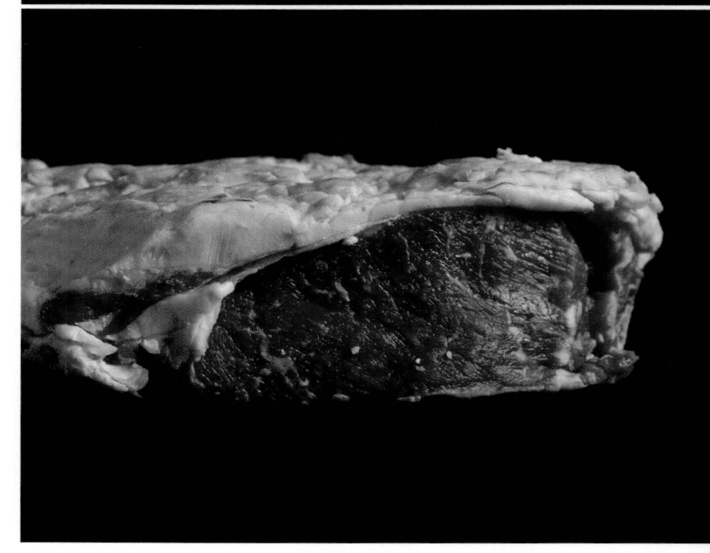

숙성 7일째 관찰

부위별 중량	4.28㎏
중량 감소율(전주 대비)	2.2% 감소
숙성온도	1~4℃
상대습도	75~85%
풍속	2~5m/sec

육색이 적갈색으로 변하기 시작하지만 겉표면의 건식숙성 상태에는 큰 차이가 없다. 이 기간에 정육 표면이 너무 건조하면 습도를 높이고 바람세기를 줄인다. 겉표면이 검붉게 변하거나 짓무름 현상이 있으면 너무 습한 상태이므로 숙성실을 건조하게 유지해야 한다.

육향은 기분 나쁘지 않은 고소한 우유향이 나야 한다. 냄새를 어느 특정향으로 비유하는 것이 적확하지 않지만 관능적으로 싫지 않은 냄새가 나는 것이 중요하다. 숙성은 처음 1주일이 가장 중요하다. 이때 자주 성실하게 관찰하여 숙성육과 숙성실의 상태를 점검하고 조절해야 한다. 수시로 숙성육이 바람에 골고루 노출될 수 있게 위치를 바꿔주어야 한다.

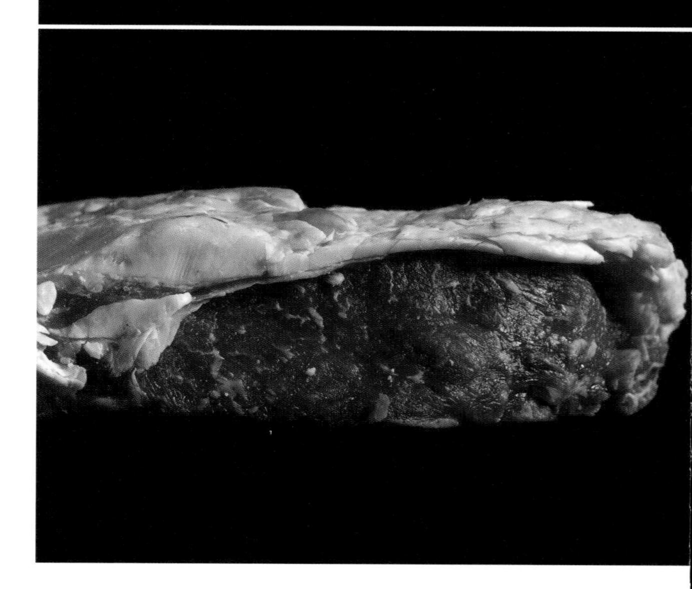

숙성 14일째 관찰

부위별 중량	4.17㎏
중량 감소율(전주 대비)	2.4% 감소
전체 감소율	4.8% 감소
숙성온도	1~4℃
상대습도	75~85%
풍속	2~5m/sec

2주째부터는 지방이 많은 부위가 위쪽에 오게 놓고 숙성한다. 지방이 위쪽에 위치하면 드라이에이징으로 인한 자연손실을 줄이고, 지방이 지방산으로 변하면서 나오는 풍미가 숙성육에 스며드는 효과를 볼 수 있다. 정육의 바닥면이 되도록이면 개방된 채 숙성할 수 있는 시설이면 좋다.

숙성 21일째 관찰

부위별 중량	4.04㎏
중량 감소율(전주 대비)	3.1% 감소
전체 감소율	7.8% 감소
숙성온도	1~4℃
상대습도	75~85%
풍속	0.5~1m/sec

3주째부터는 생산 수율에도 신경써야 한다. 이때부터는 바람세기를 조절하여 숙성육이 너무 마르지 않게 주의해야 한다. 맛과 손실의 균형을 다루는 과정이므로 각자 맞는 방법으로 이 과정을 참고한다.

하얀 효소가 많이 자라기 시작하고 정육 겉면을 전체적으로 감싸고 있어야 한다. 이 시기를 풍미가 시작되는 시점으로 본다. 전주보다 많이 건조된 상태이며, 눌렀을 때 겉면은 건조하지만 안쪽은 탱탱하게 탄력이 느껴져야 한다. 이 시기에 숙성육을 관찰하다가 녹색곰팡이나 짓무름 현상이 보이면 부패가 시작되었다고 봐야 한다. 이때는 아깝더라도 안전성을 위해 과감하게 폐기 처분한다.

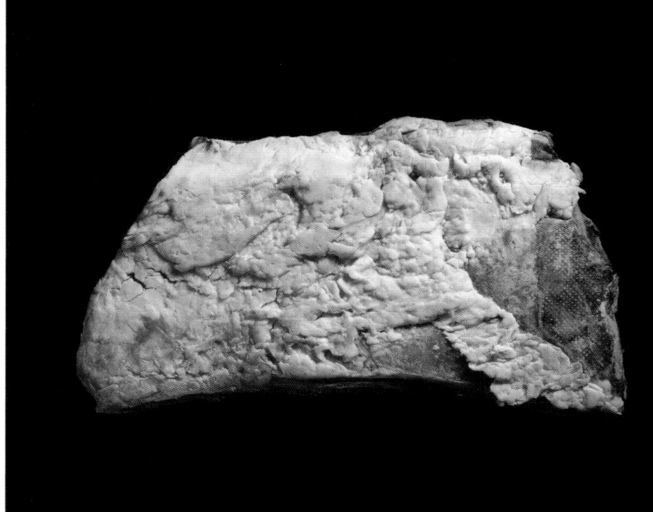

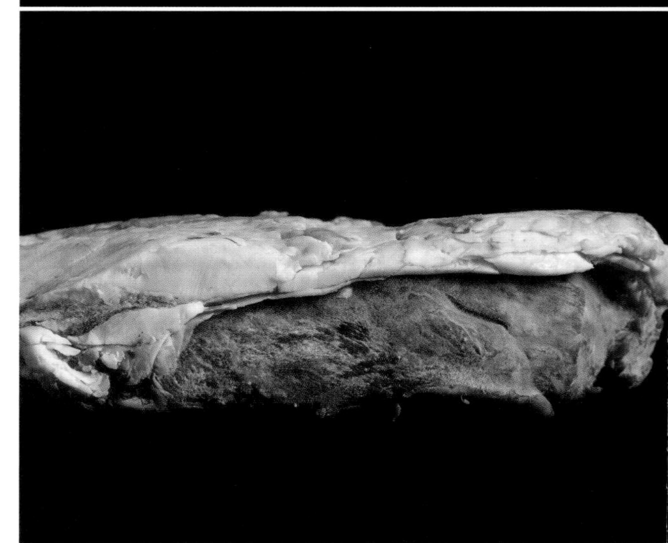

숙성 28일째 관찰

전체 숙성기간	28일
부위별 중량	3.9㎏
중량 감소율(전주 대비)	3.4% 감소
전체 감소율	11% 감소
숙성온도	1~4℃
상대습도	75~85%
풍속	0.5~1m/sec

4주째에도 역시 풍속을 최소화하여 수분 손실을 줄여야 한다. 지속적으로 숙성취를 검사하여 고소한 우유향이 유지되는지를 확인한다. 탄성은 엄지와 중지를 맞대었을 때 엄지 아래쪽의 손바닥 부위(도톰한 부분)의 탄성과 유사한지 확인한다. 넷째에서 새끼손가락으로 갈수록 탄성이 딱딱해지므로 숙성고가 건조한 상태이고, 검지 정도라면 습한 상태에서 숙성이 진행된다고 보면 된다.

• **혼합숙성** 채끝은 두꺼운 지방이 제거된 상태라면 웻에이징(1~2주)과 드라이에이징(1~2주)을 같이 진행하는 혼합숙성으로도 진행할 수 있다. 여기에서는 채끝의 4주 숙성과정을 보여주기 위해 기간을 길게 하였지만 효율적인 숙성을 원한다면 2주의 드라이에이징으로도 숙성효과를 볼 수 있다.

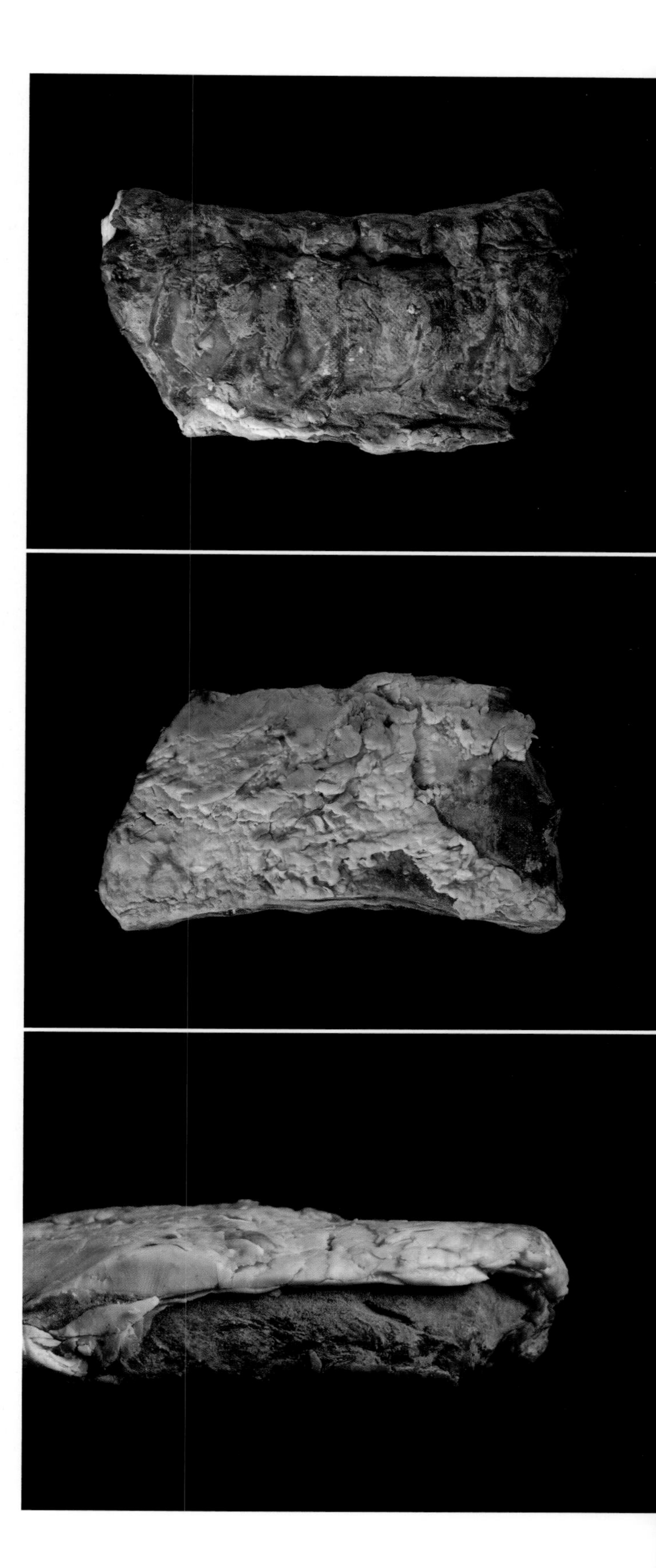

숙성 후 채끝 정형

1

채끝을 손질하기 전에 미리 위생타올을 도마에 깔고 작업하면 숙성면이 도마에 닿지 않아 위생적이다. 지방이 두꺼운 부위부터 손질해야 반대쪽을 손질할 때 정육이 눌리지 않는다. 또한, 두꺼운 부위에서 얇은 부위로 손질해야 두께를 일정하게 유지하기가 쉽다. 힘줄 제거는 넓은 면에서 좁은 면으로 진행한다. 등뼈에 붙어있던 부분은 손질하기 까다롭기 때문에 깔끔하게 안 될 수도 있다. 그래서 이 부위는 결을 따라 별도로 분리하여 구이용으로 판매할 수 있다. (전문용어로는 최장근에서 뭇갈래근을 분리한다고 함) 이 부위를 스테이크에 붙여서 판매할 경우에는 조리 시 떨어져서 상품 가치가 줄어든다.

1

2

3
4
5
6
7

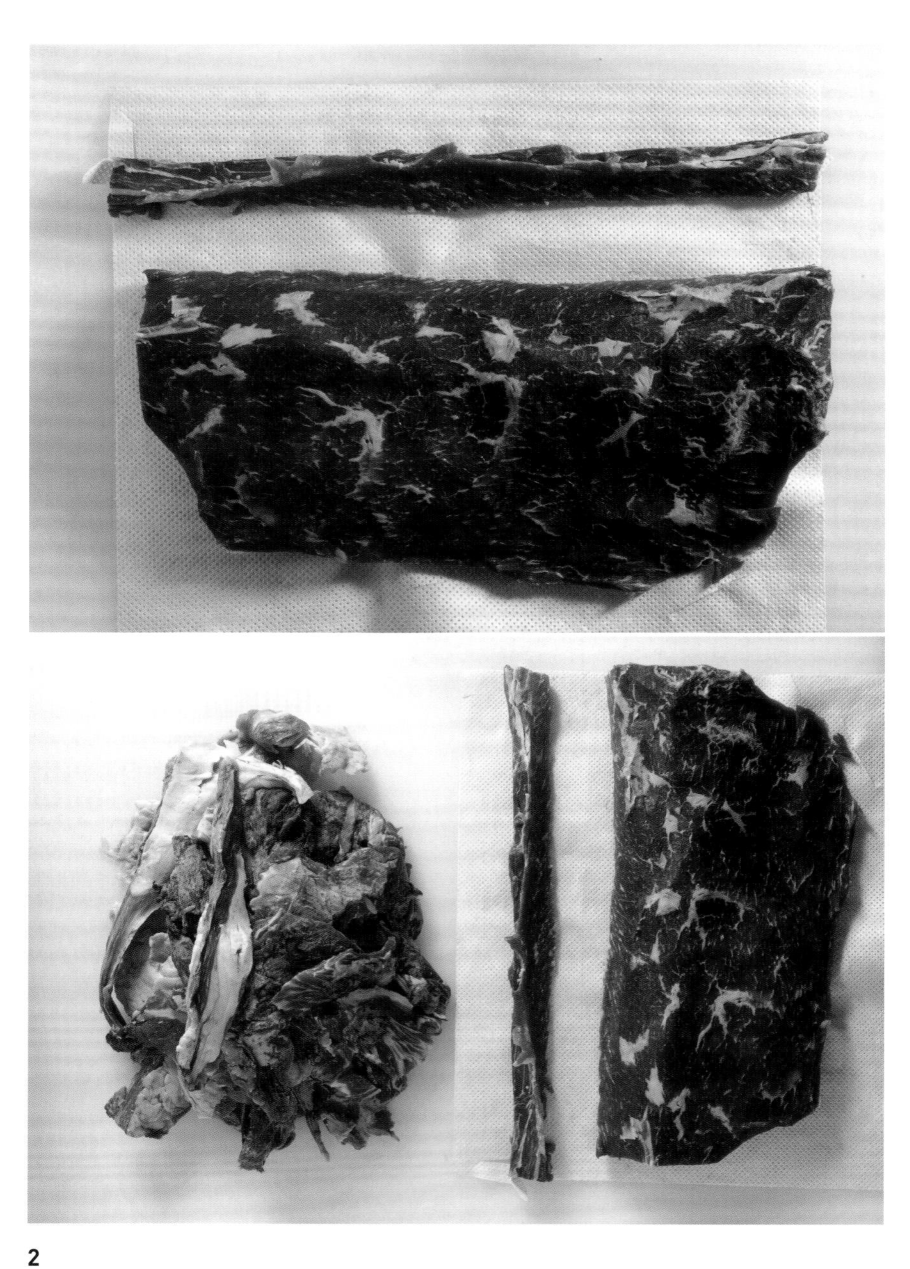

2

정형이 끝난 상태이다. 숙성된 겉면을 손질하면 약 30% 이상의 손실이 발생한다. 드라이에이징을 할 때 손실이 가장 많이 나는 부위가 채끝이기 때문에, 이를 효율적으로 숙성하는 것이 중요하다.

채끝 손질 완성

채끝은 미국인들이 가장 선호하는 부위로, 뉴욕 스트립 스테이크가 유명하다. 숙성취와 담백한 맛의 조화가 뛰어나다. 2㎝ 이상 두껍게 썰어서 요리하기를 추천한다.

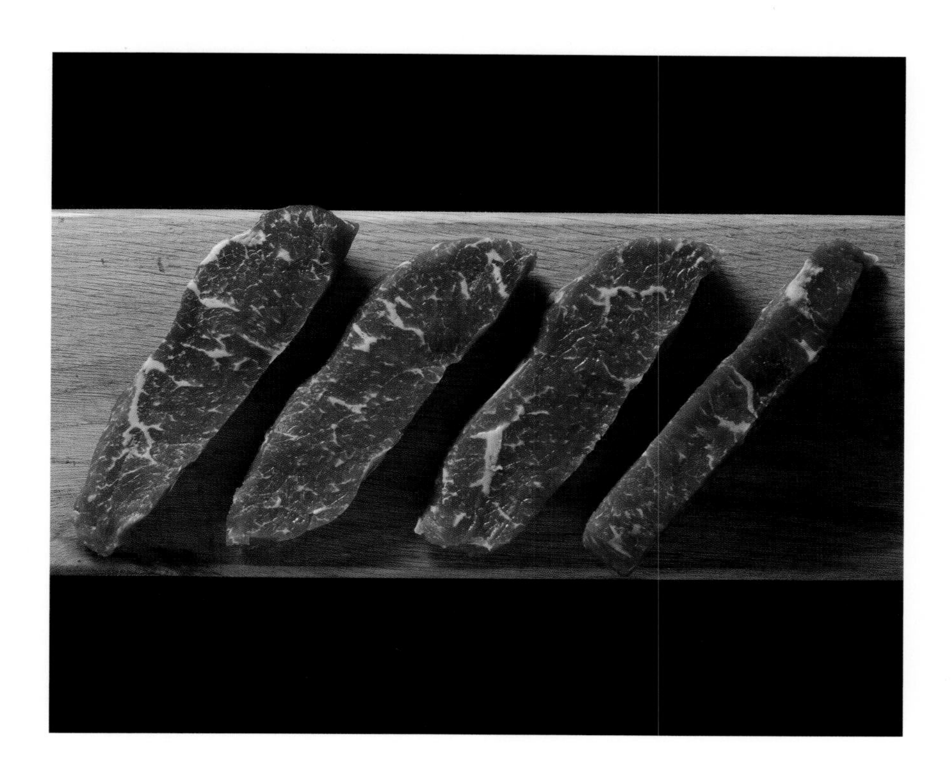

부채살

부채살은 단일 근육이기 때문에 근간지방이 적고, 힘줄이 근육을 덮고 있어 숙성하면 육향이 좋아진다. 또한, 육즙이 풍부한 부위로 가느다란 힘줄이 약간 질기지만 육단백질의 은은한 육향이 으뜸이다.

숙성 1일째 준비

품종	국내산 육우
육질등급	3등급
육량등급	B
지육중량	353㎏
부위별 중량	2.6㎏
숙성온도	1~4℃
상대습도	75~85%
풍속	2~5m/sec

숙성할 때는 도축 후 신선한 정육을 냉장상태에서 시작해야 한다. 냉동상태의 정육을 숙성할 때는 수분 감소가 심해져 숙성 실패로 이어질 수 있다. 뼈 없이 숙성하기 때문에 지방이 많은 부위가 위쪽에 오도록 놓고 숙성을 시작한다. 부채살은 반드시 두꺼운 지방을 제거하지 않은 상태에서 드라이에이징을 해야 짓무름을 방지하고 손실률을 줄일 수 있다. 숙성고에 지방을 아래쪽으로 놓고 숙성할 수도 있다. 단, 얇은 부채살의 경우에는 정육을 보호하기 위해 지방이 아래쪽에 오게 하여 숙성할 수도 있다. 1주일에 1번씩 숙성육의 위, 아래를 바꾸어주는 것도 좋다.

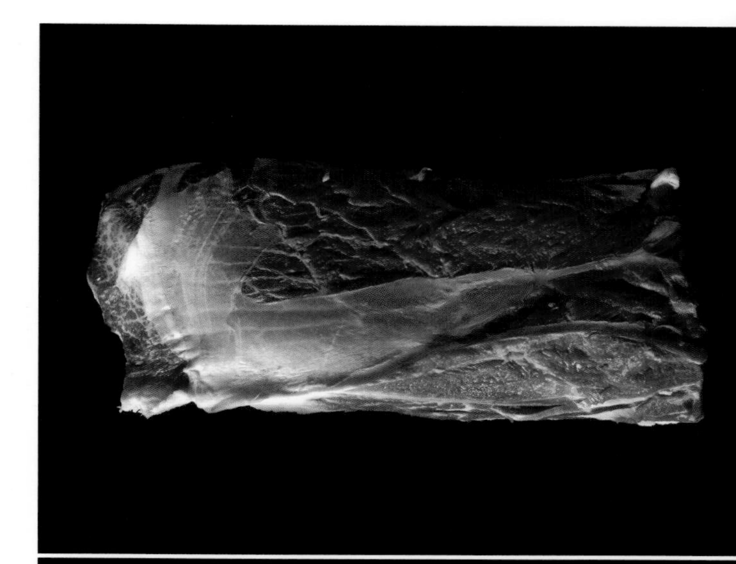

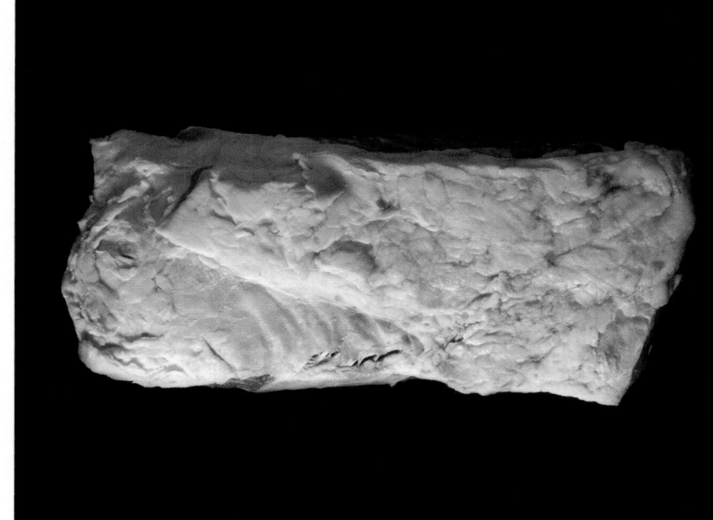

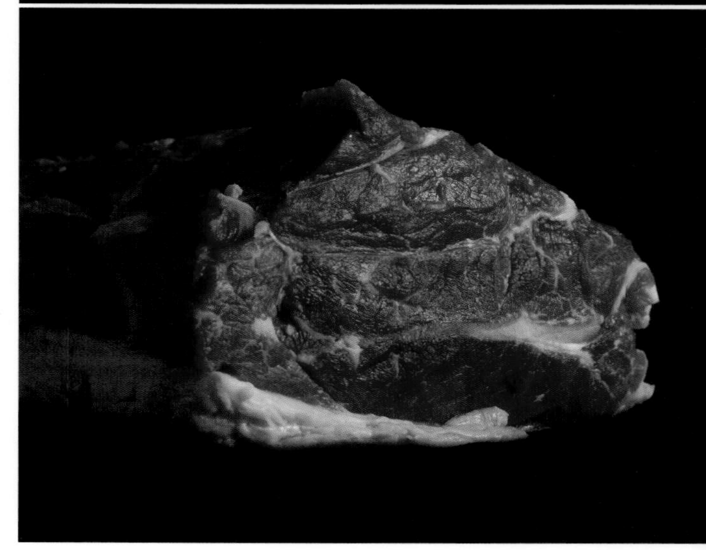

숙성 7일째 관찰

부위별 중량	2.43㎏
중량 감소율(전주 대비)	6.2% 감소
숙성온도	1~4℃
상대습도	75~85%
풍속	2~5m/sec

육색이 적갈색으로 변하기 시작하지만 겉표면의 건식숙성 상태에는 큰 차이가 없다. 이 기간에 정육 표면이 너무 건조하면 습도를 높이고 바람세기를 줄인다. 겉표면이 검붉게 변하거나 짓무름 현상이 있으면 너무 습한 상태이므로 숙성실을 건조하게 유지해야 한다.

육향은 기분 나쁘지 않은 고소한 우유향이 나야 한다. 냄새를 어느 특정향으로 비유하는 것이 적확하지 않지만 관능적으로 싫지 않은 냄새가 나는 것이 중요하다. 숙성은 처음 1주일이 가장 중요하다. 이때 자주 성실하게 관찰하여 숙성육과 숙성실의 상태를 점검하고 조절해야 한다. 수시로 숙성육이 바람에 골고루 노출될 수 있게 위치를 바꿔주어야 한다.

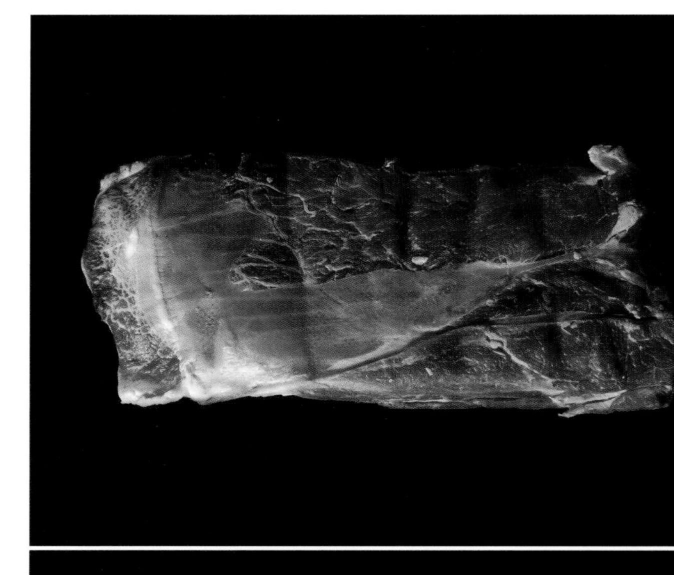

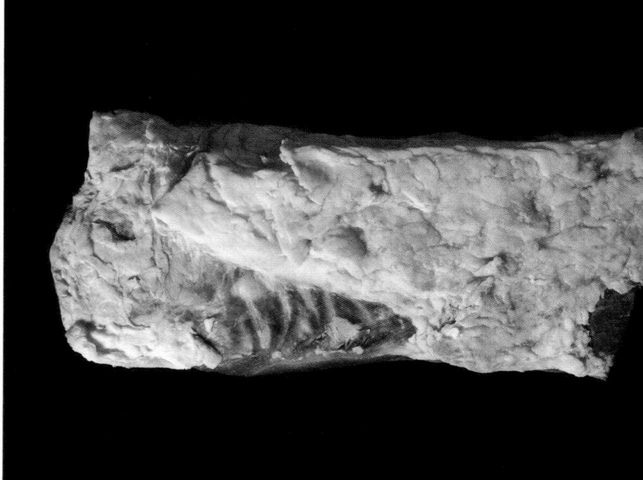

숙성 14일째 관찰

부위별 중량	2.24kg
중량 감소율(전주 대비)	8.1% 감소
전체 감소율	13.8% 감소
숙성온도	1~4℃
상대습도	75~85%
풍속	2~5m/sec

2주째부터는 지방이 많은 부위가 위쪽에 오게 놓고 숙성한다. 지방이 위쪽에 위치하면 드라이에이징으로 인한 자연손실을 줄이고, 지방이 지방산으로 변하면서 나오는 풍미가 숙성육에 스며드는 효과를 볼 수 있다. 정육의 바닥면이 되도록이면 개방된 채 숙성될 수 있는 시설이면 좋다.

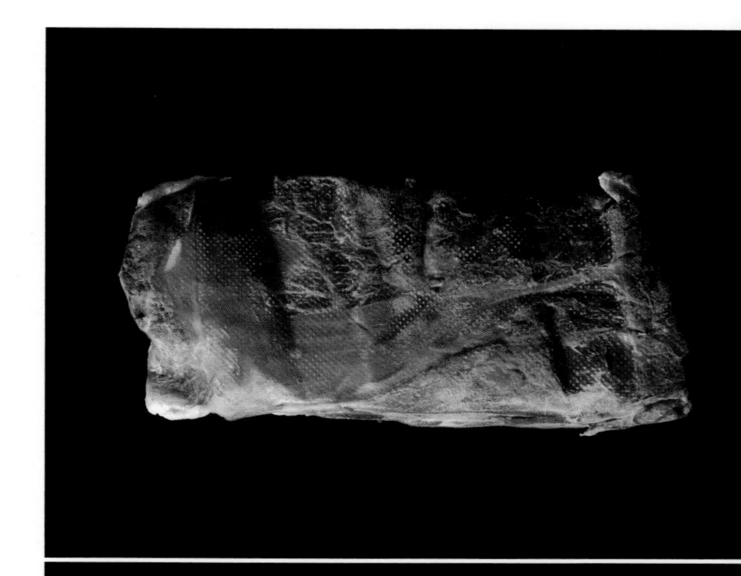

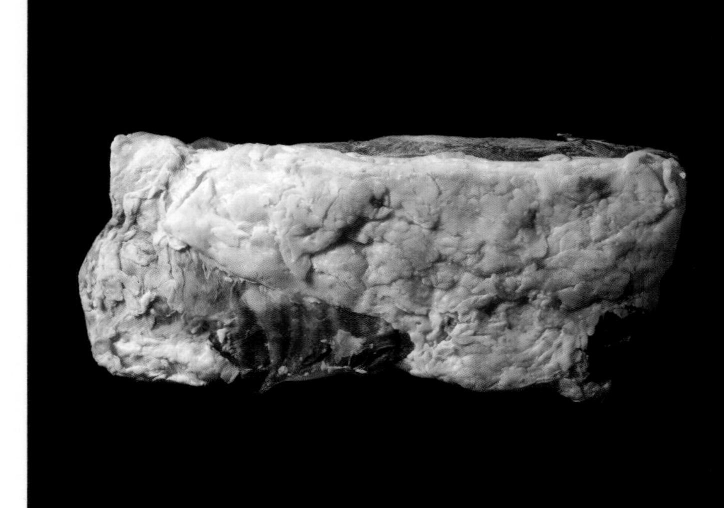

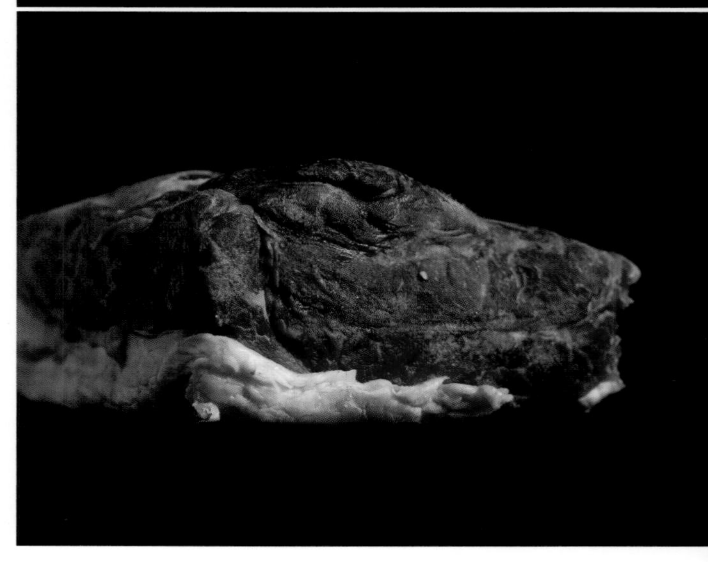

숙성 21일째 관찰

부위별 중량	2.02㎏
중량 감소율(전주 대비)	9.8% 감소
전체 감소율	22% 감소
숙성온도	1~4℃
상대습도	75~85%
풍속	0.5~1m/sec

부채살은 수분 증발로 손실률이 많은 부위이다. 3주째부터는 생산 수율에도 신경써야 한다. 이때부터는 바람세기를 조절하여 숙성육이 너무 마르지 않게 주의한다. 맛과 손실의 균형을 다루는 과정이므로 각자 맞는 방법으로 이 과정을 참고한다.

하얀 효소가 많이 자라기 시작하고 정육 겉면을 전체적으로 감싸고 있어야 한다. 이 시기를 풍미가 시작되는 시점으로 본다. 전주보다 많이 건조된 상태이며, 눌렀을 때 겉면은 건조하지만 안쪽은 탱탱하게 탄력이 느껴져야 한다. 이 시기에 숙성육을 관찰하다가 녹색곰팡이나 짓무름 현상이 보이면 부패가 시작되었다고 봐야 한다. 이때는 아깝더라도 안전성을 위해 과감하게 폐기 처분한다.

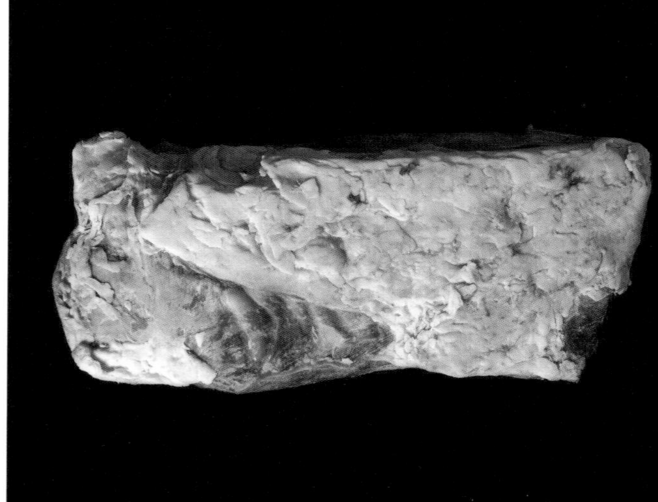

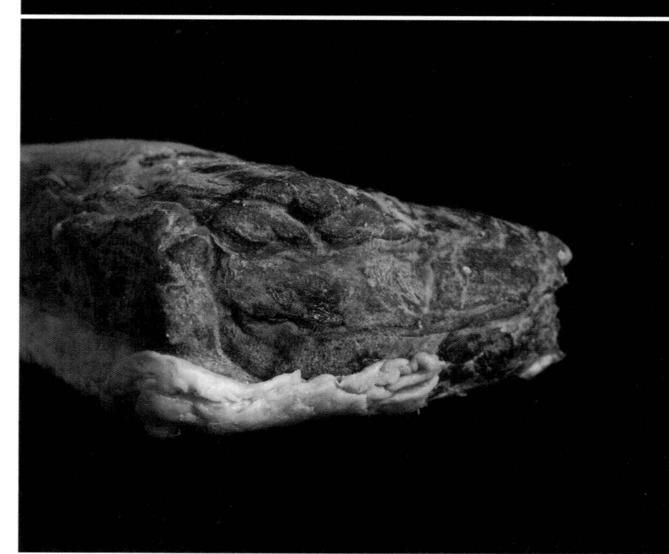

숙성 28일째 관찰

전체 숙성기간	28일
부위별 중량	1.9㎏
중량 감소율(전주 대비)	5.9% 감소
전체 감소율	27% 감소
숙성온도	1~4℃
상대습도	75~85%
풍속	0.5~1m/sec

지속적으로 숙성취를 검사하여 고소한 우유향이 유지되는지를 확인한다. 탄성은 엄지와 중지를 맞대었을 때 엄지 아래쪽의 손바닥 부위(도톰한 부분)의 탄성과 유사한지 확인한다. 넷째에서 새끼손가락으로 갈수록 탄성이 딱딱해지므로 숙성고가 건조한 상태이고, 검지 정도라면 습한 상태에서 숙성이 진행된다고 보면 된다.

부채살은 드라이에이징을 추천한다. 부위 특성상 가운데 힘줄은 쫀득한 식감으로 재미를 주고, 고소한 맛과 풍미, 숙성취가 드라이에이징의 시간에 비례하여 좋아지기 때문이다. 웻에이징과 함께 혼합숙성을 한다면 풍미에서 효율성이 다소 떨어지는 경향이 있다.

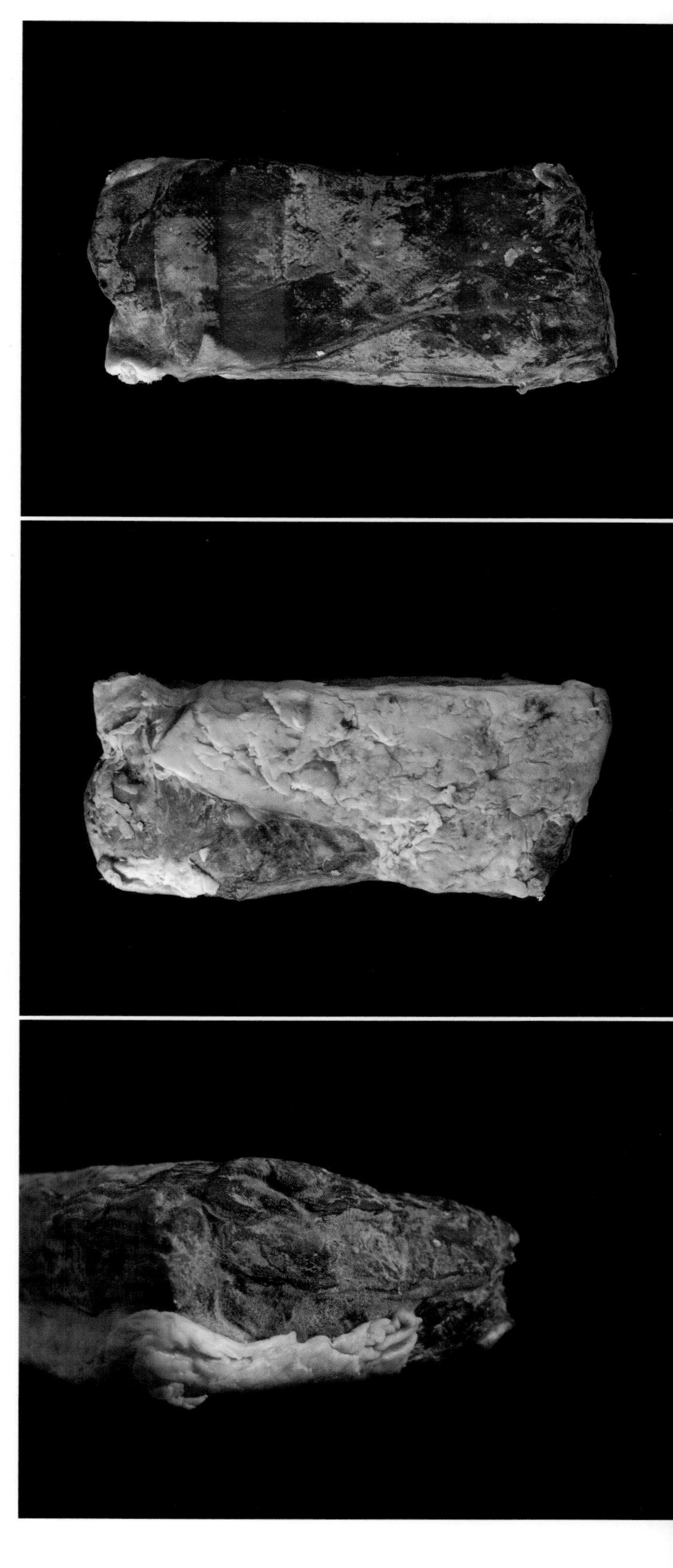

숙성 후 부채살 정형

1

부채살을 손질하기 전에 미리 위생타올을 도마에 깔고 작업하면 숙성면이 도마에 닿지 않아 위생적이다. 지방이 두꺼운 부위부터 손질해야 반대쪽을 손질할 때 정육이 눌리지 않는다. 지방이 있는 면은 힘줄과 함께 한번에 손질해야 한다. 또한, 두꺼운 부위에서 얇은 부위로 손질해야 두께를 일정하게 유지하기가 쉽다. 힘줄 제거는 넓은 면에서 좁은 면으로 진행한다. 숙성이 잘된 부채살은 손질할 때 칼날이 정육과 달라붙어 튈 수도 있으니 반드시 주의한다. (고기가 찰지다는 표현을 쓸 정도로 부채살은 숙성이 잘될수록 굉장히 찰지게 된다.)

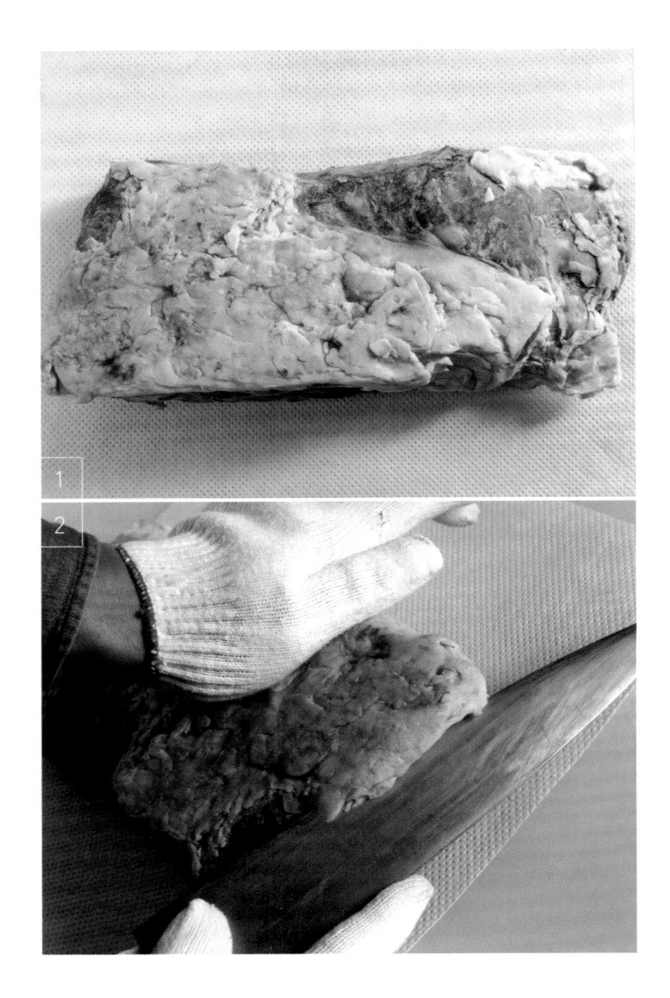

3
4
5
6
7
8

2

정형이 끝난 상태이다. 숙성된 겉면을 손질하면 약 20% 이상의 손실이 발생한다.

부채살 손질 완성

부채살은 가운데 박혀 있는 힘줄 때문에 많은 사람들이 처음에는 꺼리지만 숙성취와 풍미가 매우 뛰어나고, 식감이 쫄깃하여 개인적으로도 가장 선호하는 부위이다.

뭉치사태

사태의 종류에는 앞사태, 뒷사태, 상박살도 있지만 정육이 근막으로 작게 나뉘어져 있고 힘줄이 많아 뭉치사태만을 스테이크용으로 드라이에이징을 한다. 사태는 다리의 장딴지 부분으로 힘줄(근막)이 많아 부위 전체가 단단하지만, 힘줄에는 콜라겐, 엘라스틴 등의 단백질이 많아서 건강에 좋다. 숙성을 통하여 단단한 연도를 적당한 식감으로 변화시킬 수 있다. 다이어트 및 건강식을 찾는 소비자에게 인기가 많다.

숙성 1일째 준비

품종	국내산 육우
육질등급	3등급
육량등급	B
지육중량	353㎏
부위별 중량	2.4㎏
숙성온도	1~4℃
상대습도	75~85%
풍속	2~5m/sec

숙성할 때는 도축 후 신선한 정육을 냉장상태에서 시작해야 한다. 냉동상태의 정육을 숙성할 때는 수분 감소가 심해져 숙성 실패로 이어질 수 있다. 숙성고에는 편평한 부분이 아래쪽으로 오도록 놓고 숙성을 시작한다. 단, 주기적(1주 1회)으로 위, 아래의 방향을 바꿔가며 숙성한다.

뭉치사태는 반드시 두꺼운 지방을 제거하지 않은 상태에서 드라이에이징을 해야 짓무름을 방지하고 손실률을 줄일 수 있다.

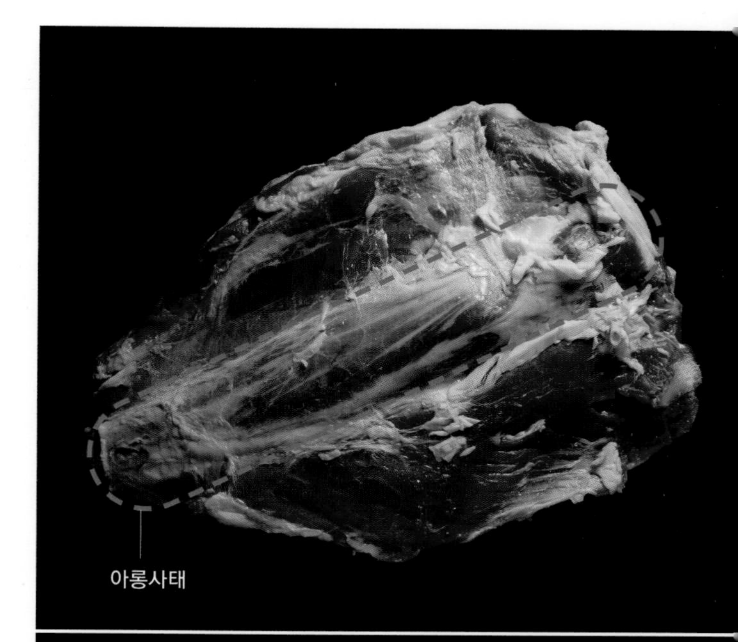

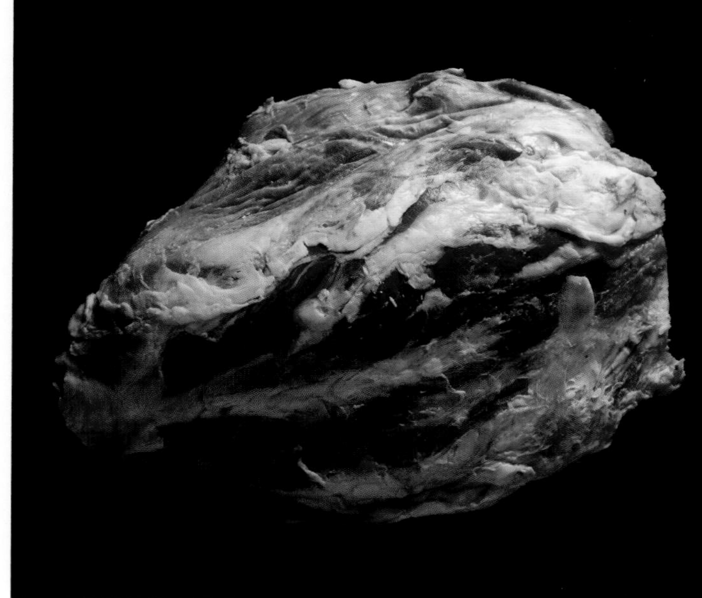

숙성 7일째 관찰

부위별 중량	2.28㎏
중량 감소율(전주 대비)	5.1% 감소
숙성온도	1~4℃
상대습도	75~85%
풍속	2~5m/sec

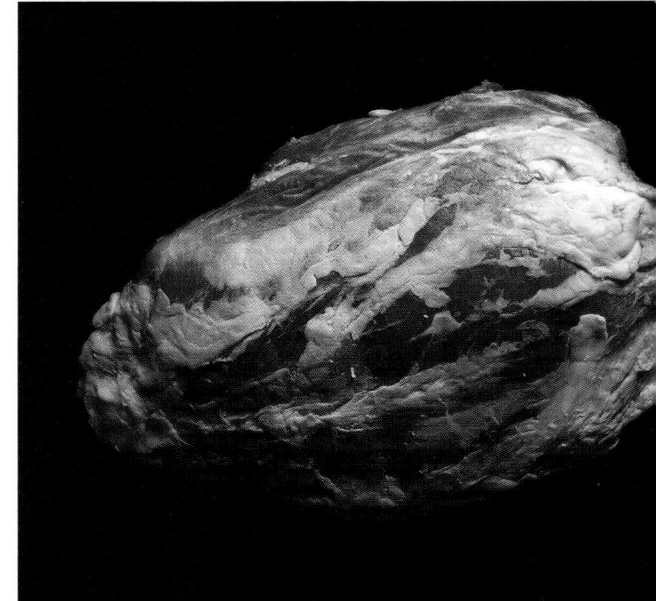

육색이 적갈색으로 변하기 시작하지만 겉표면의 건식숙성 상태에는 큰 차이가 없다. 이 기간에 정육 표면이 너무 건조하면 습도를 높이고 바람세기를 줄인다. 겉표면이 검붉게 변하거나 짓무름 현상이 있으면 너무 습한 상태이므로 숙성실을 건조하게 유지해야 한다.

육향은 기분 나쁘지 않은 고소한 우유향이 나야 한다. 냄새를 어느 특정향으로 비유하는 것이 적확하지 않지만 관능적으로 싫지 않은 냄새가 나는 것이 중요하다. 숙성은 처음 1주일이 가장 중요하다. 이때 자주 성실하게 관찰하여 숙성육과 숙성실의 상태를 점검하고 조절한다. 수시로 숙성육이 바람에 골고루 노출될 수 있게 위치를 바꿔주어야 한다.

숙성 14일째 관찰

부위별 중량	2.1㎏
중량 감소율(전주 대비)	8% 감소
전체 감소율	12.5% 감소
숙성온도	1~4℃
상대습도	75~85%
풍속	2~5m/sec

2주째부터 뭉치사태는 현수(걸어서 보관하는 방법) 숙성을 추천한다. 걸어서 숙성하면 단단한 근육질이 중력에 의해 부드러워져 연도 개선에 도움을 준다.

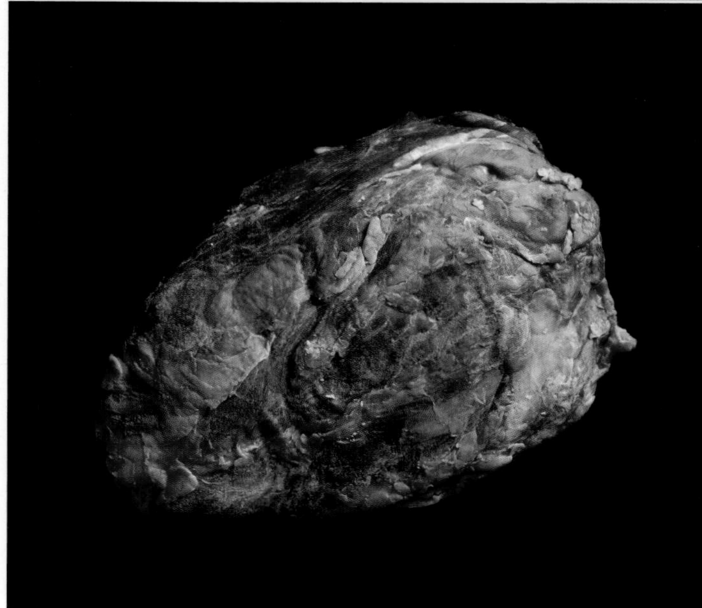

숙성 21일째 관찰

부위별 중량	1.92㎏
중량 감소율(전주 대비)	8.5% 감소
전체 감소율	20% 감소
숙성온도	1~4℃
상대습도	75~85%
풍속	2~5m/sec

생산 수율을 신경쓰기보다는 사태의 특성상 풍미가 짙을수록 좋기 때문에 바람세기를 줄이지 않는다. 하얀 효소가 많이 자라기 시작하고 정육 겉면을 전체적으로 감싸고 있어야 한다. 이 시기를 풍미가 시작되는 시점으로 본다. 전주보다 많이 건조된 상태이며, 눌렀을 때 겉면은 건조하지만 안쪽은 탱탱하게 탄력이 느껴져야 한다. 이 시기에 숙성육을 관찰하다가 녹색곰팡이나 짓무름 현상이 보이면 부패가 시작되었다고 봐야 한다. 이때는 아깝더라도 안전성을 위해 과감하게 폐기 처분한다.

숙성 28일째 관찰

전체 숙성기간	28일
부위별 중량	1.78㎏
중량 감소율(전주 대비)	7.2% 감소
전체 감소율	26% 감소
숙성온도	1~4℃
상대습도	75~85%
풍속	2~5m/sec

지속적으로 숙성취를 검사하여 고소한 우유향이 유지되는지를 확인한다. 탄성은 엄지와 중지를 맞대었을 때 엄지 아래쪽의 손바닥 부위(도톰한 부분)의 탄성과 유사한지 확인한다. 넷째에서 새끼손가락으로 갈수록 탄성이 딱딱해지므로 숙성고가 건조한 상태이고, 검지 정도라면 습한 상태에서 숙성이 진행된다고 보면 된다.

뭉치사태는 드라이에이징을 추천한다. 부위 특성상 힘줄이 많고, 근조직이 강하기 때문이다. 드라이에이징을 한 뭉치사태는 마치 아랫등심과 같은 식감이 나며, 숙성취와 풍미가 아주 짙어 소금과 후추 등의 시즈닝 없이도 마치 간을 한 것 같은 맛을 즐길 수 있다. 다이어트나 식이요법이 필요한 사람에게 인기가 많다.

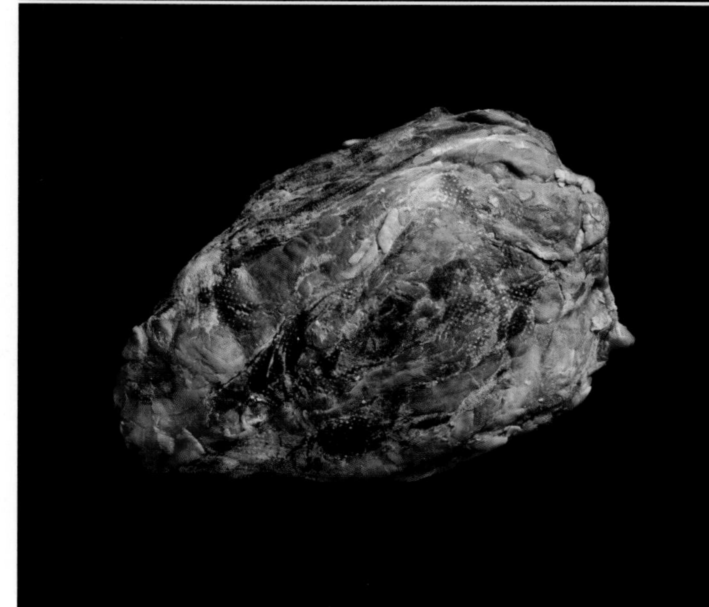

숙성 후 뭉치사태 정형

1

뭉치사태를 손질하기 전에 미리 위생타올을 도마에 깔고 작업하면 숙성면이 도마에 닿지 않아 위생적이다.편평한 부분부터 손질을 시작한다. 부위의 특성상 중간 중간에 힘줄이 많으므로 칼을 안전하게 다루어야 한다. 힘줄과 근육 사이에 숙성면이 깊게 존재할 수 있기 때문에 세심하게 신경써서 손질한다. 뭉치사태 끝부분의 큰 힘줄은 제거한다.

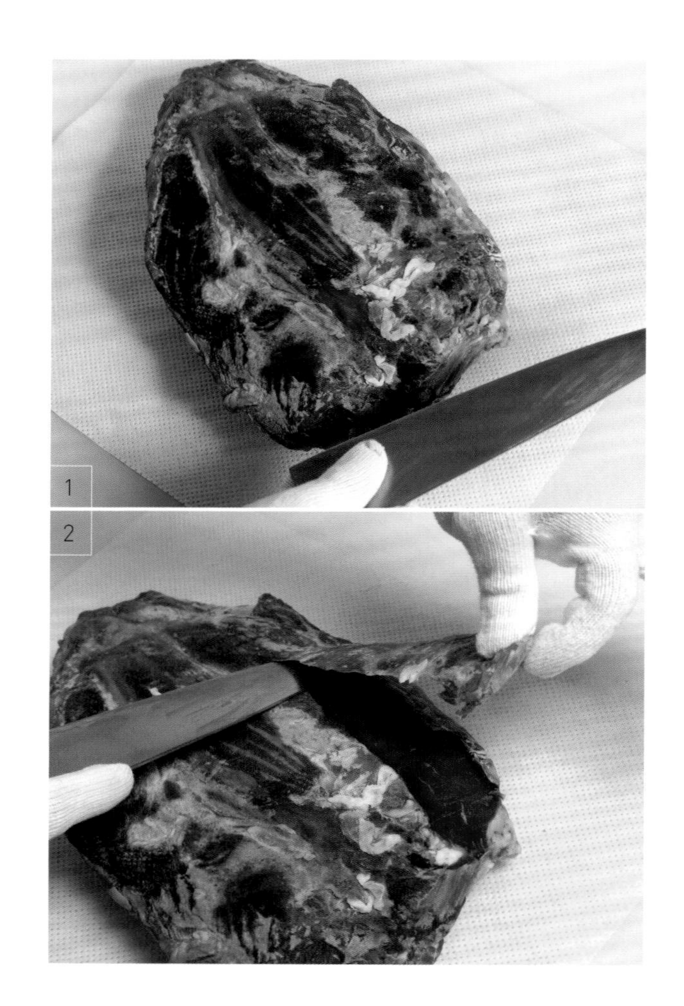

3
4
5
6
7
8

2

정형이 끝난 상태이다. 숙성 된 겉면을 손질하면 약 20% 이상의 손실이 발생한다.

뭉치사태 손질 완성

사태의 고정된 인식 때문에 많은 소비자들이 처음에는 꺼리지만 지방이 가장 적고 풍미가 진해서 진정한 소고기 마니아에게 인기가 높다. 특히, 단백질 섭취가 필요한 운동하는 사람, 성장기 청소년에게 좋다.

보
섭
살
(럼프)

채끝에 이어지는 허리아래의 뒷다리 부위로, 부드러운 살코기만으로 이루어져 있다. 풍미가 뛰어나고 지방이 적어 뒷다리 중 최고 부위다. 외국에서는 알파벳 D자 형태를 하고 있다고 해서 「D럼프」로 부른다. 육질이 부드러워 드라이에이징을 하면 스테이크로 이용할 수 있다.

숙성 1일째 준비

품종	국내산 육우
육질등급	3등급
육량등급	B
지육중량	353㎏
부위별 중량	3.65㎏
숙성온도	1~4℃
상대습도	75~85%
풍속	2~5m/sec

숙성할 때는 도축 후 신선한 정육을 냉장상태에서 시작해야 한다. 냉동상태의 정육을 숙성할 때는 수분 감소가 심해져 숙성 실패로 이어질 수 있다. 숙성고에는 편평한 부분이 아래쪽에 오게 놓고 숙성을 시작한다. 단, 주기적(1주 1회)으로 위, 아래의 방향을 바꿔가면서 숙성한다.

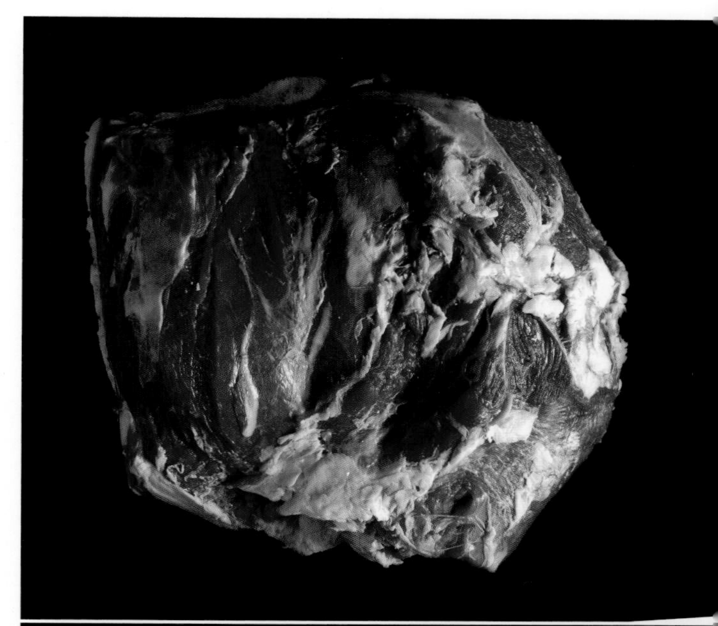

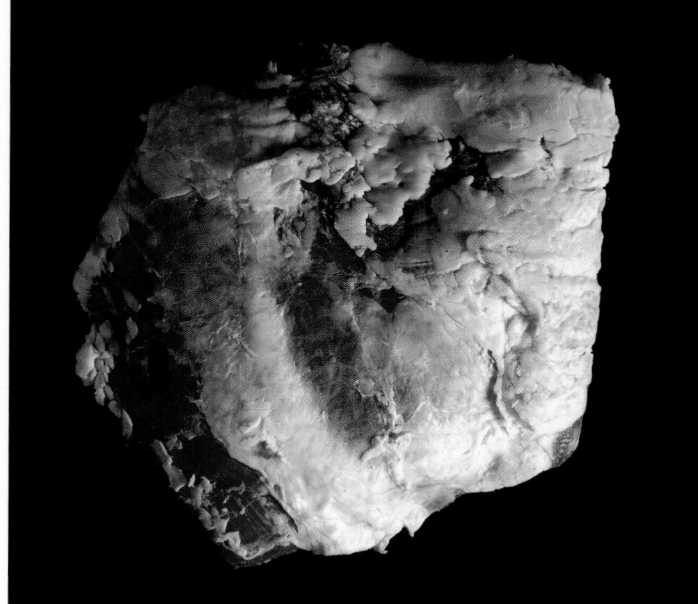

숙성 7일째 관찰

부위별 중량	3.48㎏
중량 감소율(전주 대비)	4.9% 감소
숙성온도	1~4℃
상대습도	75~85%
풍속	2~5m/sec

육색이 적갈색으로 변하기 시작하지만 겉표면의 건식숙성 상태에는 큰 차이가 없다. 이 기간에 정육 표면이 너무 건조하면 습도를 높이고 바람세기를 줄인다. 겉표면이 검붉게 변하거나 짓무름 현상이 있으면 너무 습한 상태이므로 숙성실을 건조하게 유지해야 한다.

육향은 다른 부위에 비해 강한 블루치즈향이 난다. 숙성은 처음 1주일이 가장 중요하다. 이때 자주 성실하게 관찰하여 숙성육과 숙성실의 상태를 점검하고 조절해야 한다. 숙성육이 바람에 골고루 노출될 수 있게 상하좌우 위치를 자주 바꿔주어야 한다.

숙성 14일째 관찰

부위별 중량	3.27kg
중량 감소율(전주 대비)	5.8% 감소
전체 감소율	10.4% 감소
숙성온도	1~4℃
상대습도	75~85%
풍속	2~5m/sec

보섭살의 건식숙성 특징은 방향을 자주 바꾸어 주는 데 있다. 상하좌우 최소 2일에 1번 정도 놓는 방향을 바꾼다. 하얀 효소가 2주째에 발생하기 시작하며 가장 짓무름이 심한 부위이기도 하니 각별히 관찰하여 관리한다.

숙성 21일째 관찰

부위별 중량	3.06㎏
중량 감소율(전주 대비)	6.6% 감소
전체 감소율	16.1% 감소
숙성온도	1~4℃
상대습도	75~85%
풍속	2~5m/sec

생산 수율에 신경쓰기보다는 보섭살의 특성상 풍미가 짙을수록 좋기 때문에 바람세기를 줄이지 않는다. 하얀 효소가 많이 자라기 시작하고 정육 겉면을 전체적으로 감싸고 있어야 한다. 이 시기를 풍미가 시작되는 시점으로 본다. 전주보다 많이 건조된 상태이며, 눌렀을 때 겉면은 건조하지만 안쪽은 탱탱하게 탄력이 느껴져야 한다. 이 시기에 숙성육을 관찰하다가 녹색 곰팡이나 짓무름 현상이 보인다면 부패가 시작되었다고 봐야 한다. 이때는 아깝더라도 안전성을 위해 과감하게 폐기 처분한다.

숙성 28일째 관찰

전체 숙성기간	28일
부위별 중량	2.89㎏
중량 감소율(전주 대비)	5.5% 감소
전체 감소율	20.8% 감소
숙성온도	1~4℃
상대습도	75~85%
풍속	2~5m/sec

숙성 완성도가 높은 보섭살은 숙성취가 가장 강하고, 육색도 가장 짙다. 수분 손실이 많아 중량 감소도 크다. 설도의 소분할 부위 중 설깃살, 설깃머리살, 도가니살, 삼각살도 있으나 설깃머리살은 드라이에이징을 하면 깊은 맛이 나는 반면 손실률이 50% 정도 발생하여 사실상 효율적이지 못하다. 다른 부위는 식감이 조금 강해서 스테이크용보다는 웻에이징 후 불고기 용도가 적합하다. 지속적으로 숙성취를 검사하여 고소한 우유향이 유지되는지를 확인한다. 탄성은 엄지와 중지를 맞대었을 때 엄지 아래쪽의 손바닥 부위(도톰한 부분)의 탄성과 유사한지 확인한다. 넷째에서 새끼손가락으로 갈수록 탄성이 딱딱해지므로 숙성고가 건조한 상태이고, 검지 정도라면 습한 상태에서 숙성이 진행된다고 보면 된다.

보섭살은 호주나 유럽에서 럼프스테이크라고 한다. 저지방을 선호하는 소비자에게 인기가 많고, 저지방 소고기의 사례로 빠짐없이 등장하는 부위이기도 하다. 드라이에이징 보섭살은 숙성취가 가장 고소하고 짙으며, 식감 또한 좋다. 단, 미디움레어 정도의 조리가 어울리며 웰던으로 하면 식감이 다소 퍽퍽해진다. 다이어트나 식이요법을 하는 사람에게 인기가 많다.

숙성 후 보섭살 정형

1

보섭살을 손질하기 전에 미리 위생타올을 도마에 깔고 작업하면 숙성면이 도마에 닿지 않아 위생적이다.편평한 부분부터 손질을 시작한다. 힘줄과 근육 사이에 숙성면이 깊게 존재할 수 있기 때문에 세심하게 신경써서 손질해야 한다. 되도록 근육의 결방향으로 숙성면을 손질하면 매끄럽게 할 수 있다. 작은 힘줄도 제거하면 식감이 더욱 좋아진다.

3
4
5
6

2

정형이 끝난 상태이다. 숙성된 겉면을 손질하면 약 20% 이상의 손실이 발생한다.

보섭살 손질 완성

마블링이 거의 없는 부위로 눈으로 맛을 평가하기는 어렵다. 지방이 거의 없어 단백질 섭취가 필요한 운동하는 사람, 성장기 청소년들에게 좋다. 숙성도가 높을수록 진한 우유향이 일품이다.

차돌박이

차돌박이는 소의 앞가슴 갈비뼈 아래쪽 부위인 제1갈비뼈에서 제7갈비뼈 하단부에 위치한다. 이 부위는 희고 단단한 지방을 포함한 근육으로, 약 15㎝의 폭으로 분리하여 정형한다. 차돌박이의 지방은 연골처럼 단단한 근간지방으로 식감이 좋고 드라이에이징을 하여 얇게 썰면 맛이 매우 뛰어나다. 차돌박이의 살코기는 짙은 적색으로 고기의 결이 거친 편인데, 고소하고 육즙이 많은 부위를 건식숙성하면 그 맛과 향이 배로 증가한다.

숙성 1일째 준비

품종	국내산 육우
육질등급	3등급
육량등급	B
지육중량	353㎏
부위별 중량	2.84㎏
숙성온도	1~4℃
상대습도	75~85%
풍속	2~5m/sec

숙성할 때는 도축 후 신선한 정육을 냉장상태에서 시작해야 한다. 냉동상태의 정육을 숙성할 때는 수분 감소가 심해져 숙성 실패로 이어질 수 있다. 숙성고에는 지방이 많은 부위가 위쪽에 오도록 놓고 숙성을 시작한다. 단, 주기적(1주 1회)으로 위, 아래의 방향을 바꿔가며 숙성한다.

숙성 7일째 관찰

부위별 중량	2.76㎏
중량 감소율(전주 대비)	2.8% 감소
숙성온도	1~4℃
상대습도	75~85%
풍속	2~5m/sec

차돌박이의 건식숙성 특징은 방향을 자주 바꾸어주는 데 있다. 상하좌우 최소 2일에 1번 정도 놓는 방향을 바꾼다. 짓무름이 적어 숙성과 관리가 수월하다.

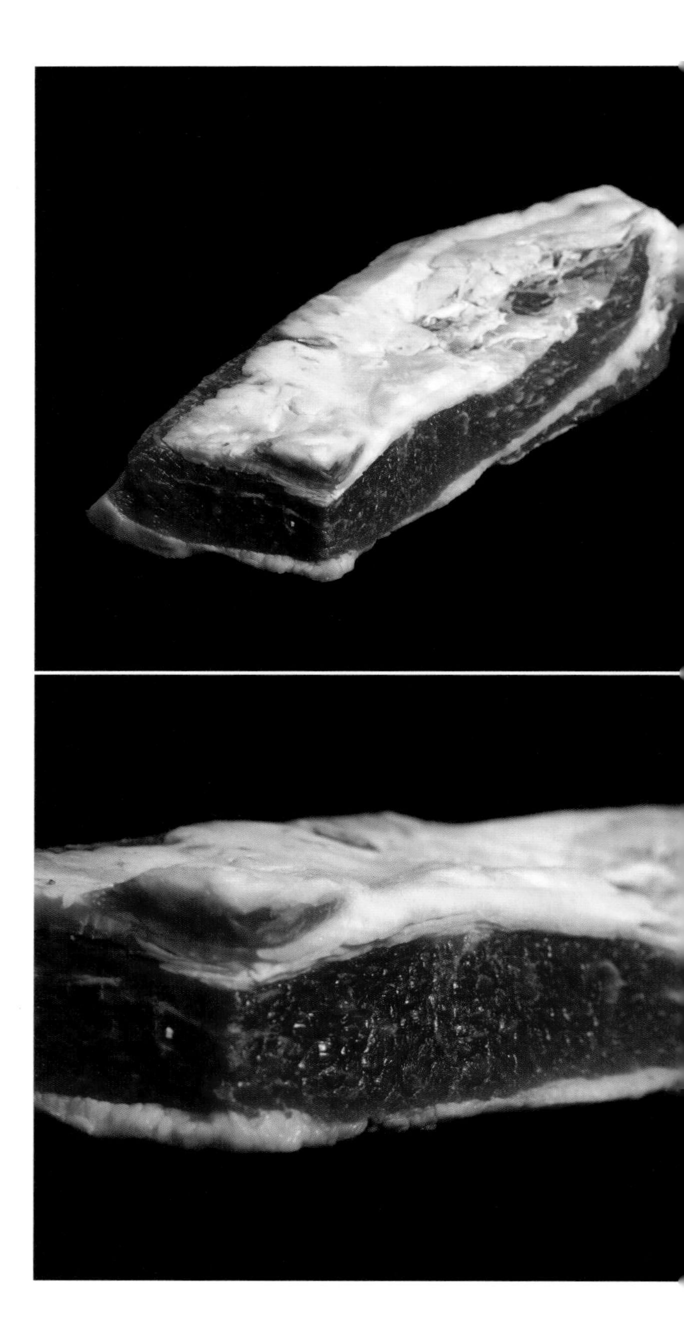

숙성 14일째 관찰

부위별 중량	2.66㎏
중량 감소율(전주 대비)	3.8% 감소
전체 감소율	6.3% 감소
숙성온도	1~4℃
상대습도	75~85%
풍속	2~5m/sec

2주째부터는 시각적으로도 숙성육에 많은 변화가 나타난다. 하얀 효소가 자라기 시작하고 고소한 치즈향이 많아져야 한다. 효소가 잘 자랐다면 숙성실의 온도, 습도, 바람관리가 제대로 이루어진 것이다. 그 상태를 지속적으로 유지시키는 일만 남았다. 하얀 효소는 품종, 정육 상태, 부위 등에 따라 조금씩 자라는 시점이 달라지는데 가끔 3주째에서 관찰이 시작되기도 한다.

숙성 21일째 관찰

부위별 중량	2.54㎏
중량 감소율(전주 대비)	4.5% 감소
전체 감소율	10.5% 감소
숙성온도	1~4℃
상대습도	75~85%
풍속	2~5m/sec

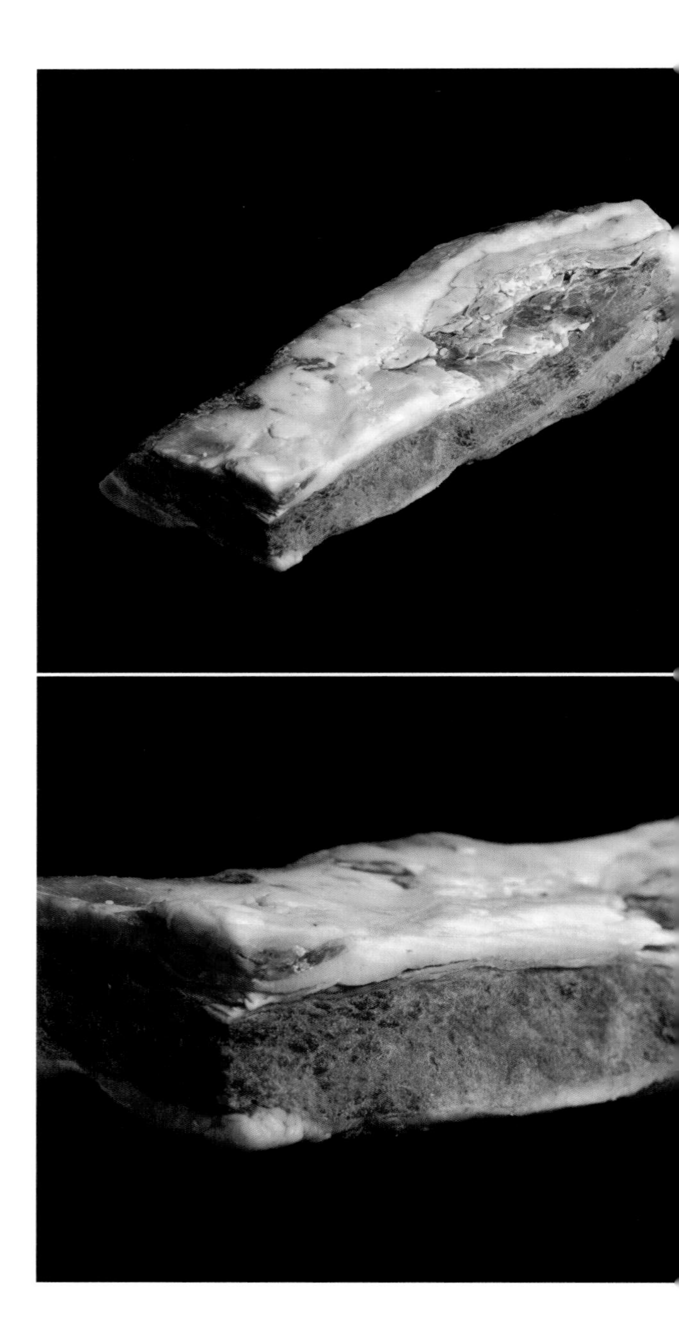

생산 수율에 신경쓰기보다는 차돌박이의 특성상 풍미가 짙을수록 좋기 때문에 풍속을 줄이지 않는다. 하얀 효소가 많이 자라기 시작하고 정육 겉면을 전체적으로 감싸고 있어야 한다. 이 시기를 풍미가 시작되는 시점으로 본다. 차돌박이 지방의 단단함 때문에 다른 부위에 비해 조금 단단하게 숙성된다.

숙성 28일째 관찰

전체 숙성기간	28일
부위별 중량	2.45㎏
중량 감소율(전주 대비)	3.5% 감소
전체 감소율	13.7% 감소
숙성온도	1~4℃
상대습도	75~85%
풍속	2~5m/sec

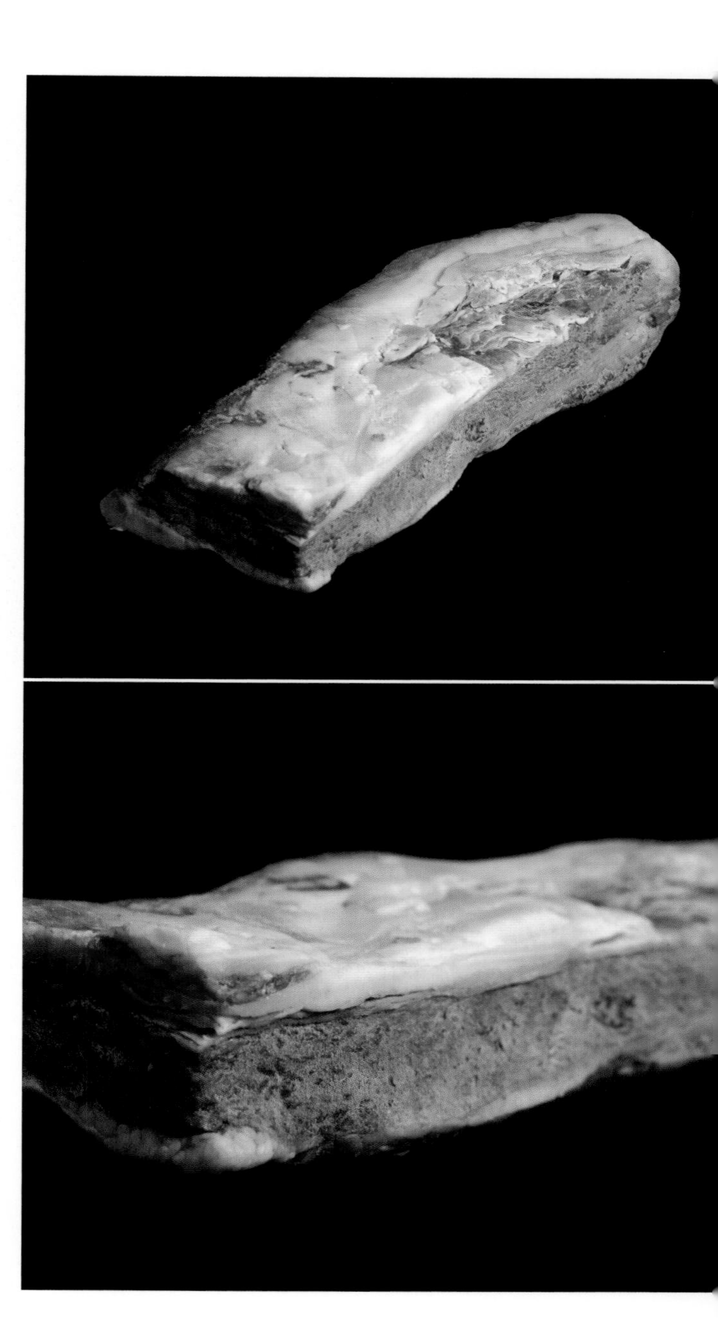

차돌박이 숙성육은 숙성상품 중 사실 단연 최고라고 해도 과언이 아닐 만큼 진한 고소함이 일품이다. 주로 얇게 썰어 구이용으로 판매한다. 단, 드라이에이징을 하면 깊은 맛이 나는 반면 손실률이 30% 이상 발생하여 기존 가격보다는 높은 가격으로 판매될 수밖에 없다. 숙성과정에서 약간 딱딱해지기도 하지만, 지방층이 감싸고 있어 근육질 손실은 적다. 손질과정에서 차돌박이 지방이 일반 정육에 비해 많이 제거되기 때문에 손실은 많지만, 소비자에게는 지방이 적은 차돌박이가 인기가 좋다.

숙성 후 차돌박이 정형

1

차돌박이를 손질하기 전에 미리 위생타올을 도마에 깔고 작업하면 숙성면이 도마에 닿지 않아 위생적이다.편평한 부분부터 손질을 시작한다. 차돌박이 겉면은 지방이 감싸고 있으므로 숙성면과 속면을 잘 구분하여 절단해야 한다. 많은 사람들이 차돌박이에 붙은 지방을 선호하지만, 숙성차돌박이는 최소한의 지방만을 남겨놓는 게 특징이다.

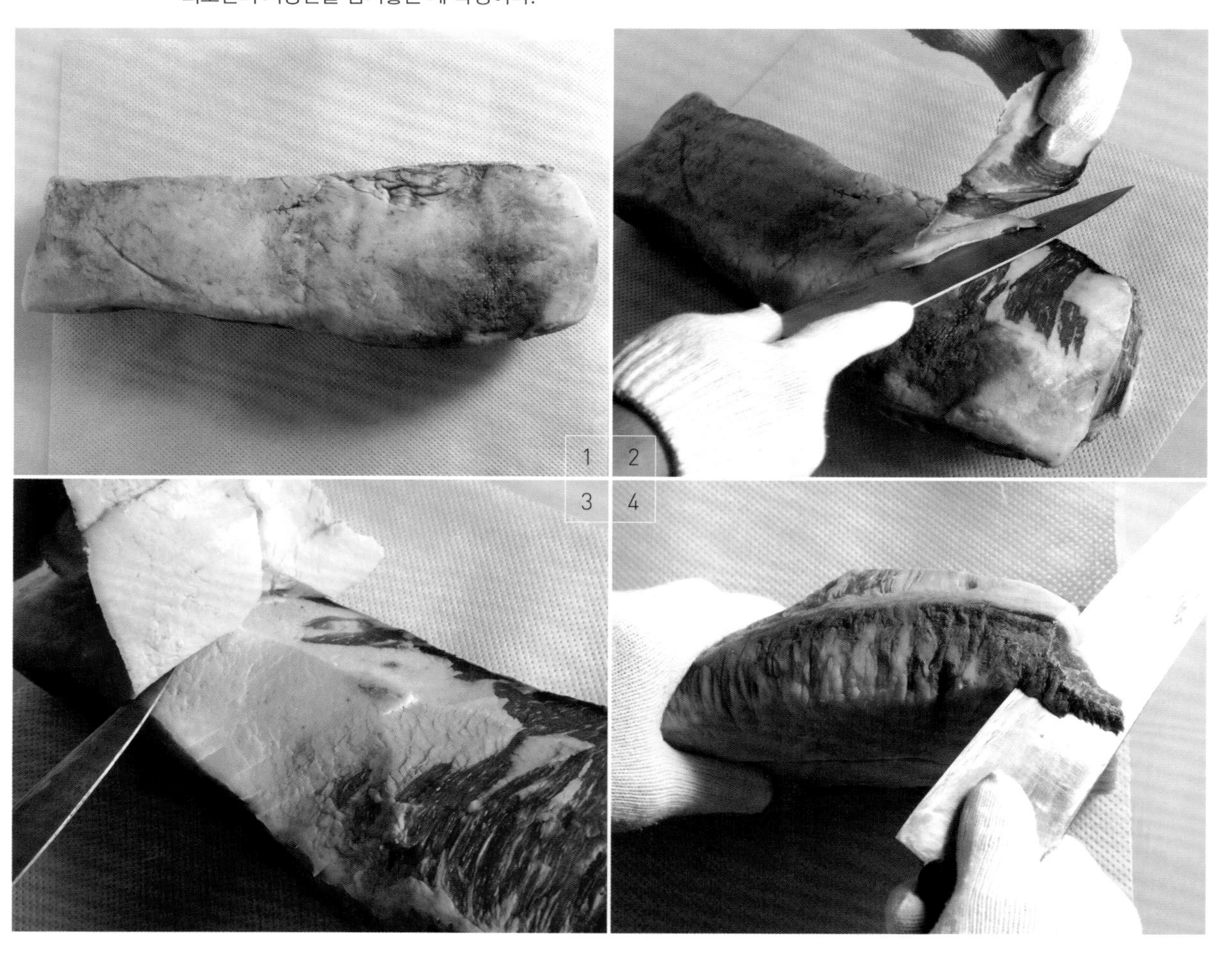

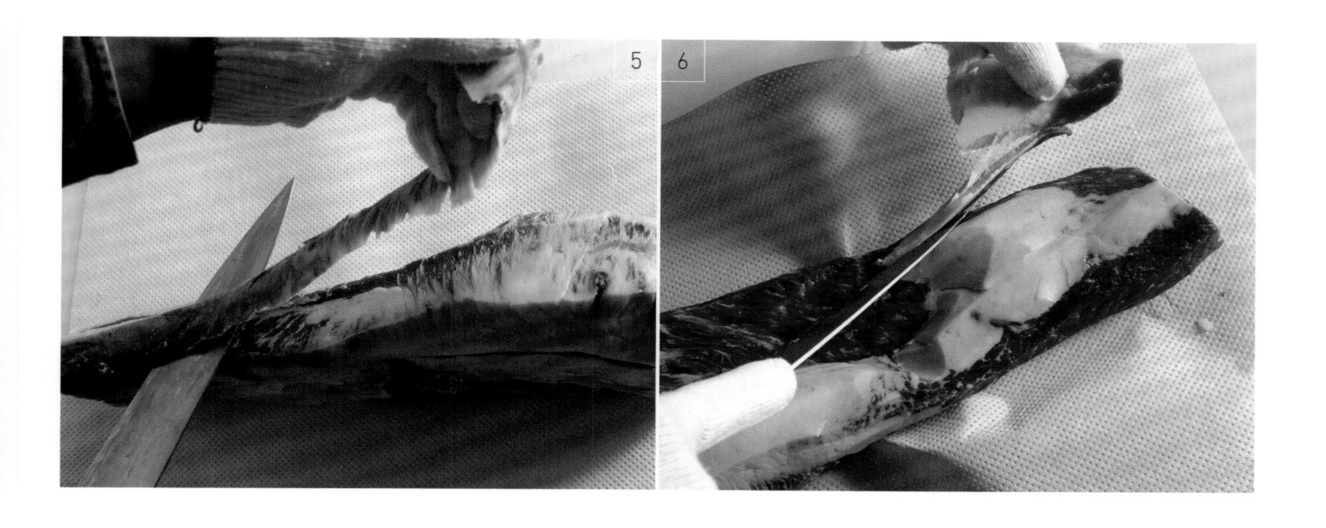

2

정형이 끝난 상태이다. 숙성된 겉면을 손질하면 약 30% 이상의 손실이 발생한다. 차돌박이의 지방은 맛을 최소한으로 즐길 수 있는 정도가 적합하다. 얇게 슬라이스하여 판매한다. 깊은 풍미가 특징이다.

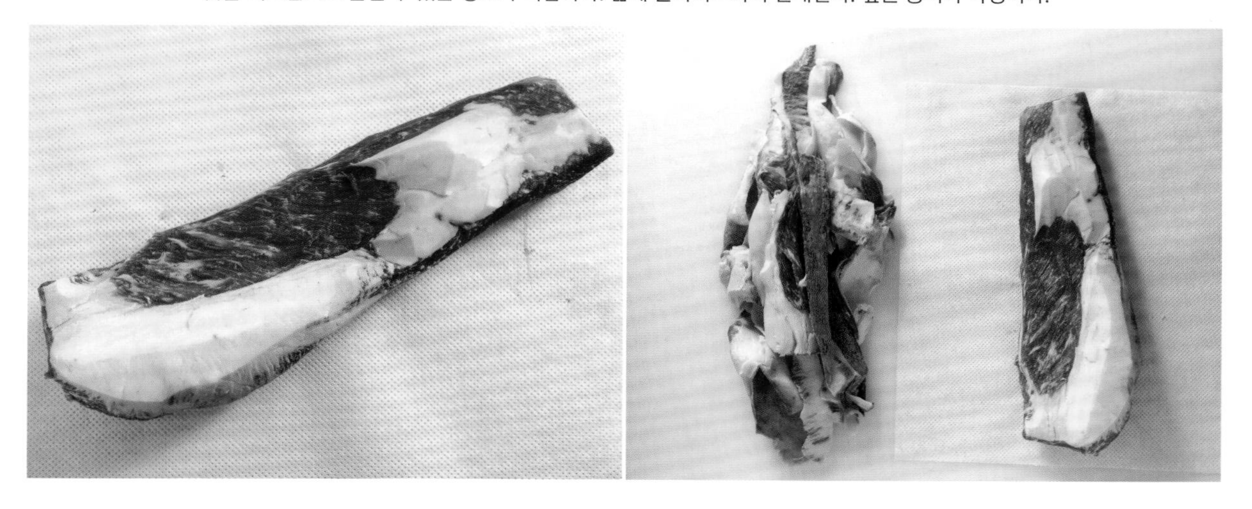

뼈 등 심

(윗등심~아랫등심)

목심에서 이어지는 배최장근 부위를 중심으로 윗등심, 꽃등심, 살치살, 아랫등심으로 이루어져 있으며, 등뼈에서 등심을 분리하지 않은 상태이다. 현수숙성(식육을 현수에 걸어서 하는 숙성방법)을 하기에 가장 효율적이며, 중량이 무거워서 중력에 의한 연육이 잘 진행된다. 또한 뼈와 지방이 감싸고 있어 드라이에이징을 하면 육즙 손실이 적고 숙성 후 정형에서도 손실이 적다. 숙성고를 운영하기에는 덩어리가 커서 공간 활용의 제약을 받는다는 것이 단점이다.

숙성 1일째 준비

품종	국내산 육우
육질등급	3등급
육량등급	B
지육중량	353kg
부위별 중량	31.57kg
숙성온도	1~4℃
상대습도	75~85%
풍속	2~5m/sec

숙성할 때는 도축 후 신선한 정육을 냉장상태에서 시작해야 한다. 냉동상태의 정육을 숙성할 때는 수분 감소가 심해져 숙성 실패로 이어질 수 있다. 뼈등심은 현수숙성 방식으로 S고리를 윗등심 부위에 걸어서 현수봉에 매달아 숙성한다.

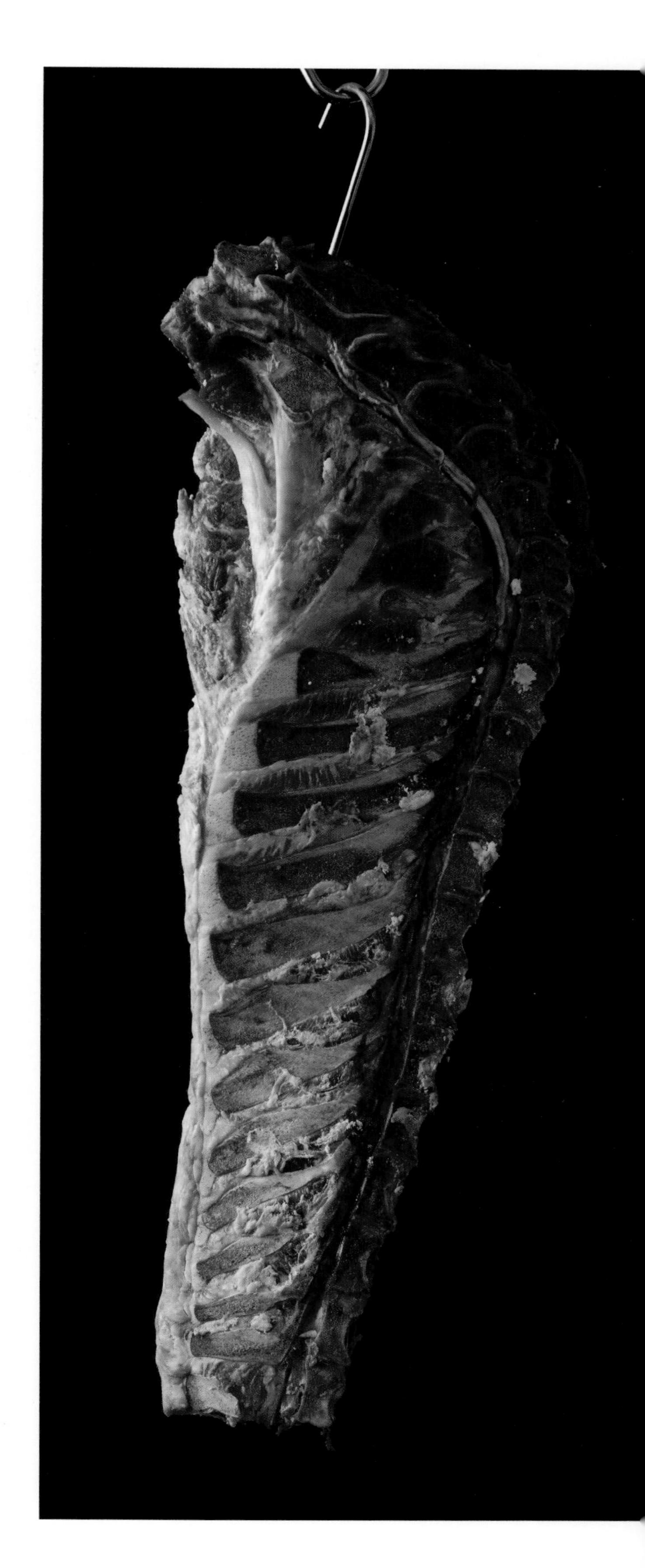

숙성 7일째 관찰

부위별 중량	31㎏
중량 감소율(전주 대비)	1.8% 감소
숙성온도	1~4℃
상대습도	75~85%
풍속	2~5m/sec

육색이 적갈색으로 변하기 시작하지만 겉표면의 건식숙성 상태에는 큰 차이가 없다. 숙성은 처음 1주일이 가장 중요하다. 이때 자주 성실하게 관찰하여 숙성육과 숙성실의 상태를 점검하고 조절해야 한다. 현수숙성은 선반숙성과 달리 위치를 바꿀 필요는 없다.

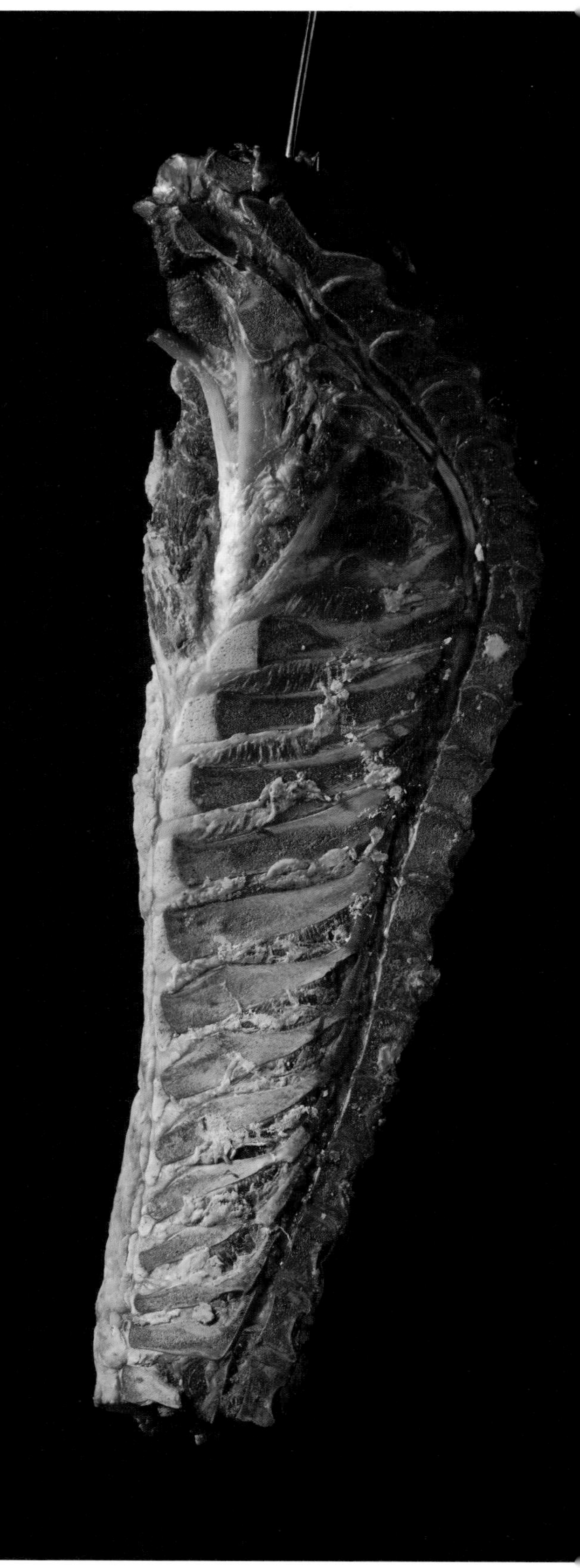

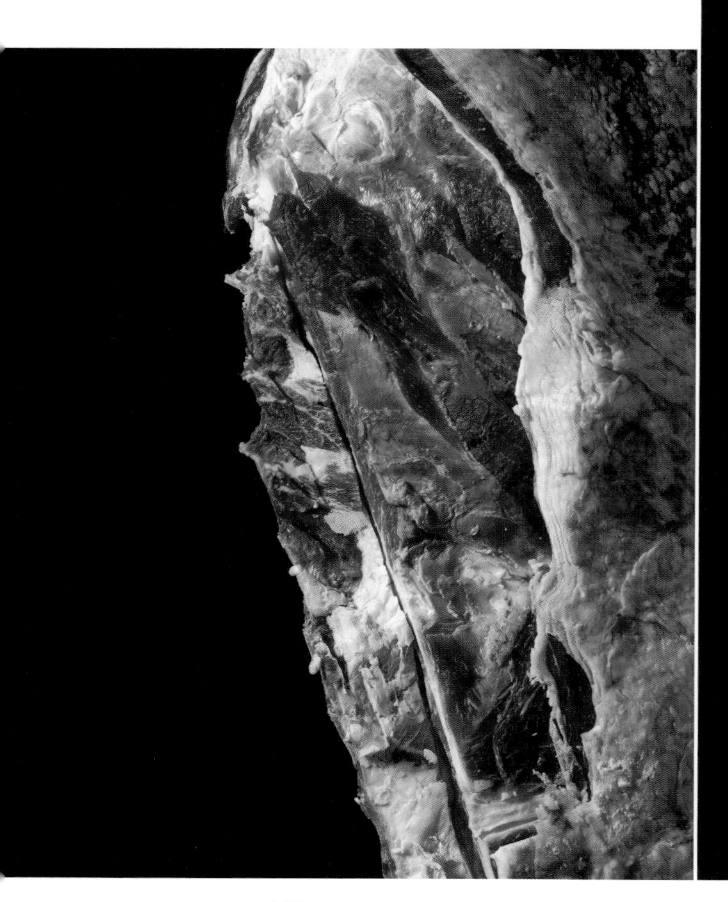

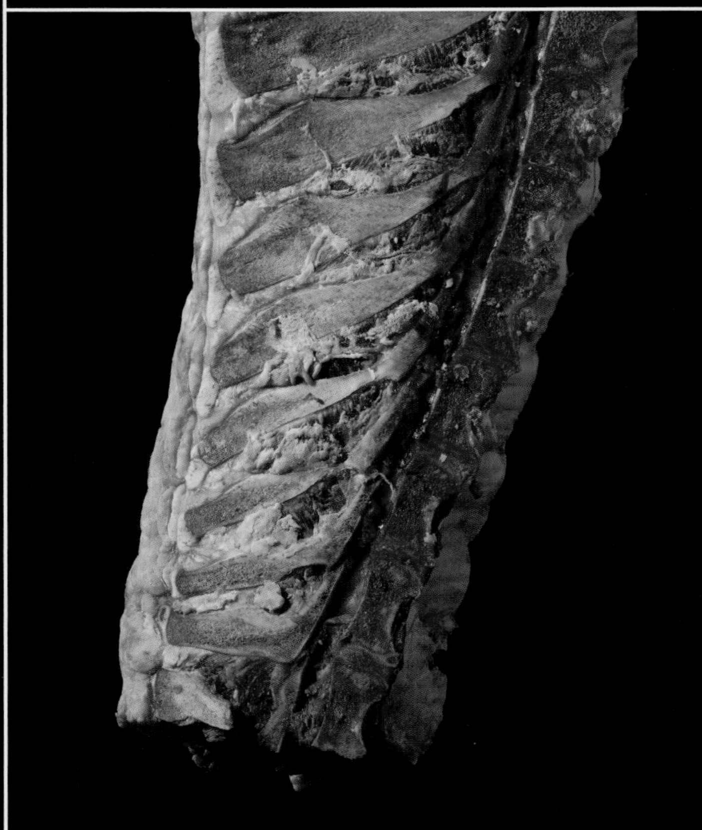

숙성 14일째 관찰

부위별 중량	30.03㎏
중량 감소율(전주 대비)	3.1% 감소
전체 감소율	4.88% 감소
숙성온도	1~4℃
상대습도	75~85%
풍속	2~5m/sec

2주째부터는 시각적으로도 숙성육에 많은 변화가 나타난다. 하얀 효소가 자라기 시작하고, 숙성육에서 고소한 치즈향이 맡아져야 한다. 하얀 효소는 품종과 정육의 상태와 부위에 따라 조금씩 자라는 시점이 달라지는데, 가끔 3주째에 관찰이 시작되기도 한다.

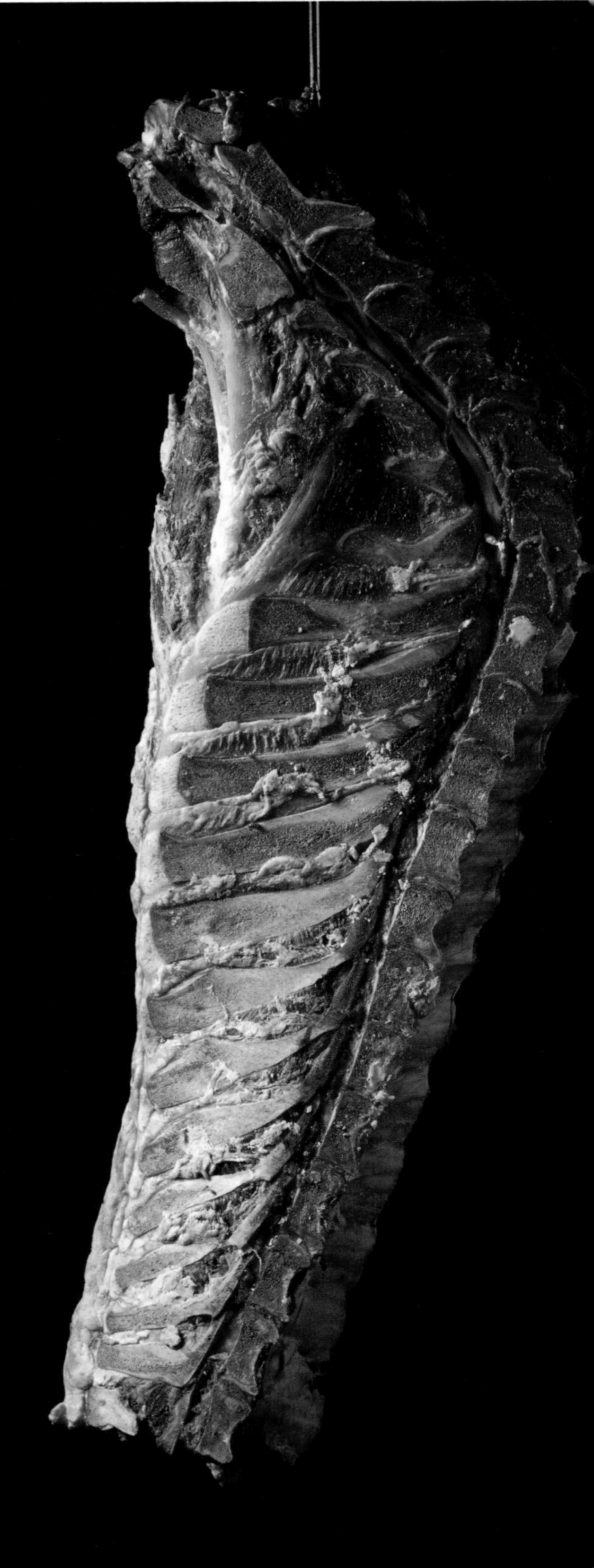

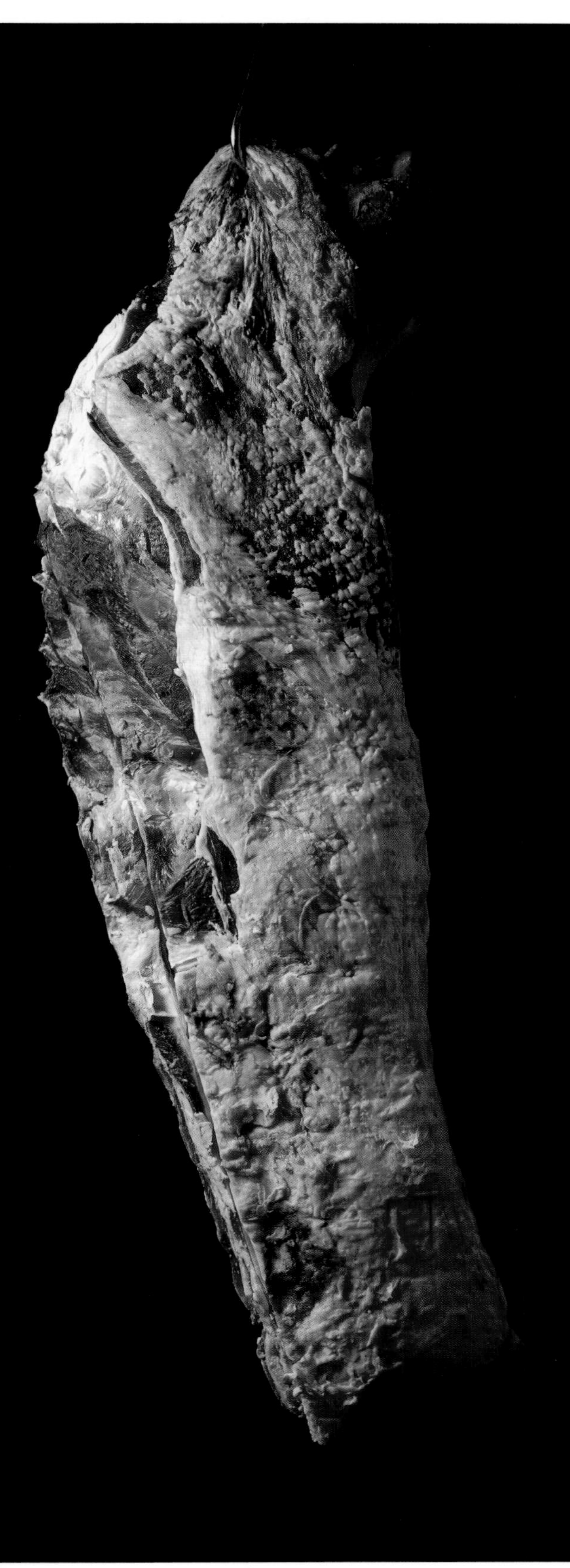

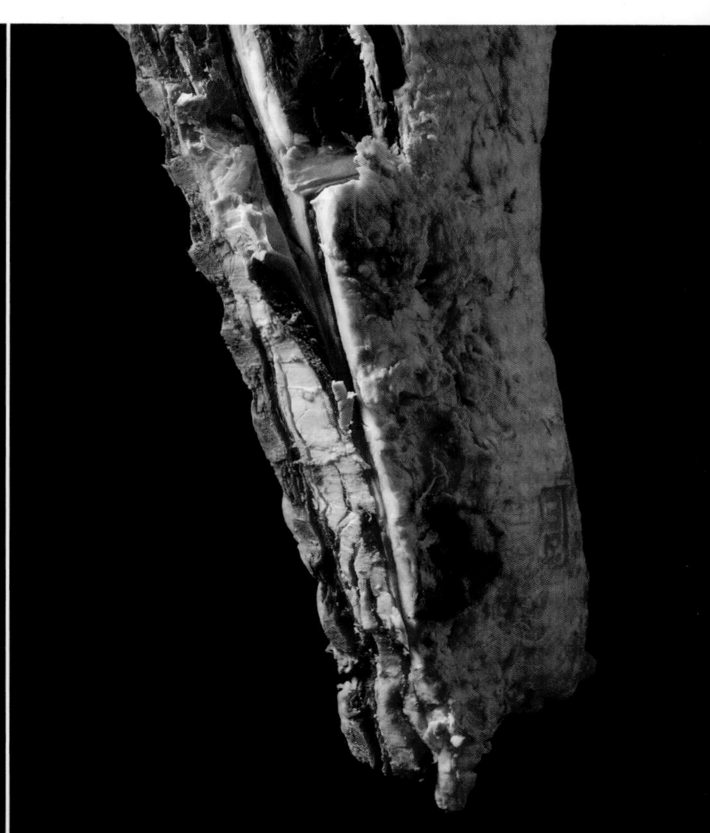

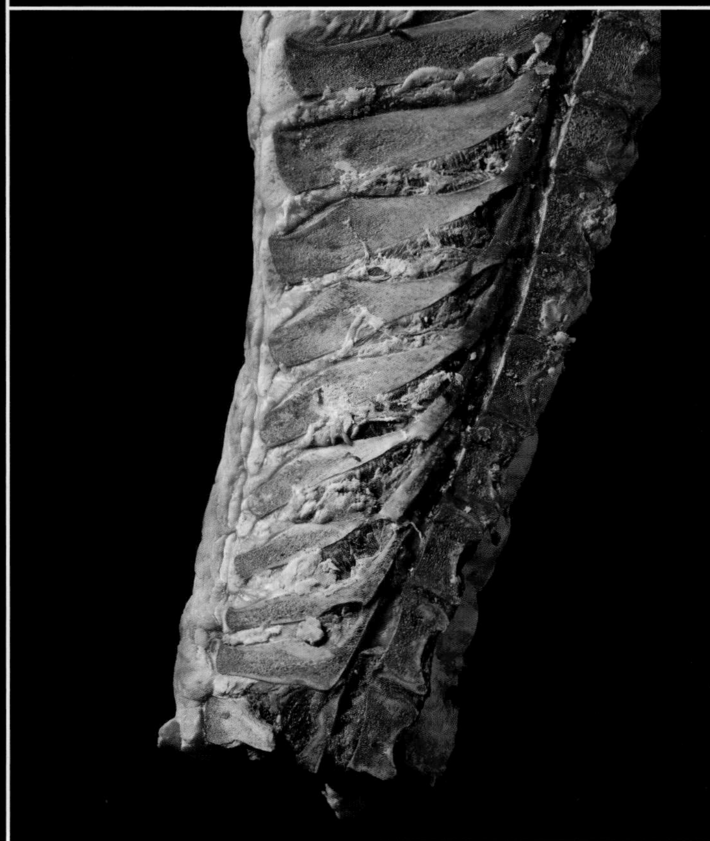

숙성 21일째 관찰

부위별 중량	28.82㎏
중량 감소율(전주 대비)	4% 감소
전체 감소율	8.71% 감소
숙성온도	1~4℃
상대습도	75~85%
풍속	2~5m/sec

3주째부터는 생산 수율에도 신경써야 한다. 이 때부터는 바람세기를 조절하여 숙성육이 너무 마르지 않게 주의한다. 맛과 손실의 균형을 다루는 과정이므로 각자 맞는 방법으로 이 과정을 참고한다. 하얀 효소가 많이 자라기 시작하고 이 시기를 풍미가 시작되는 시점으로 본다.

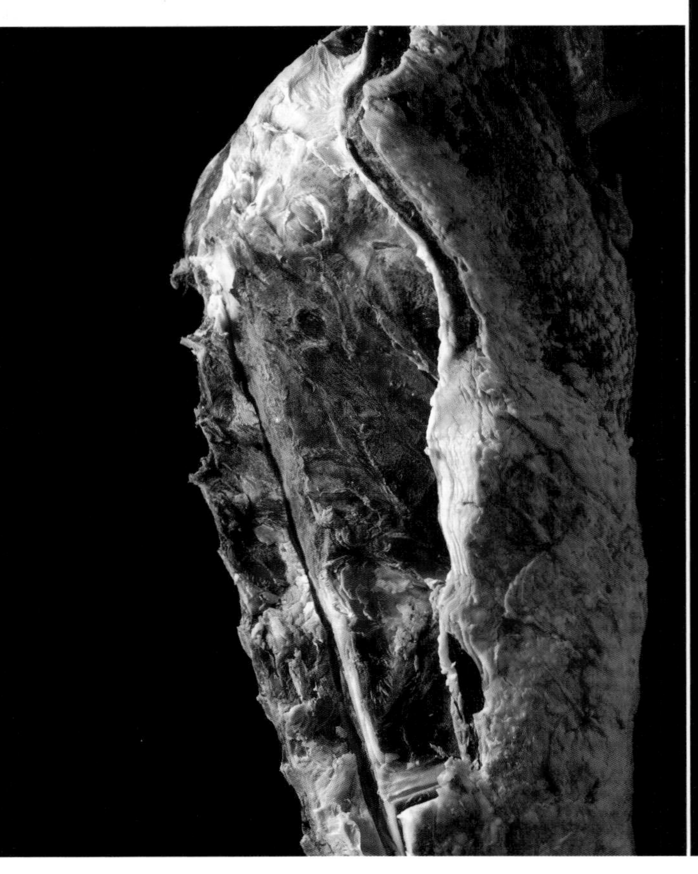

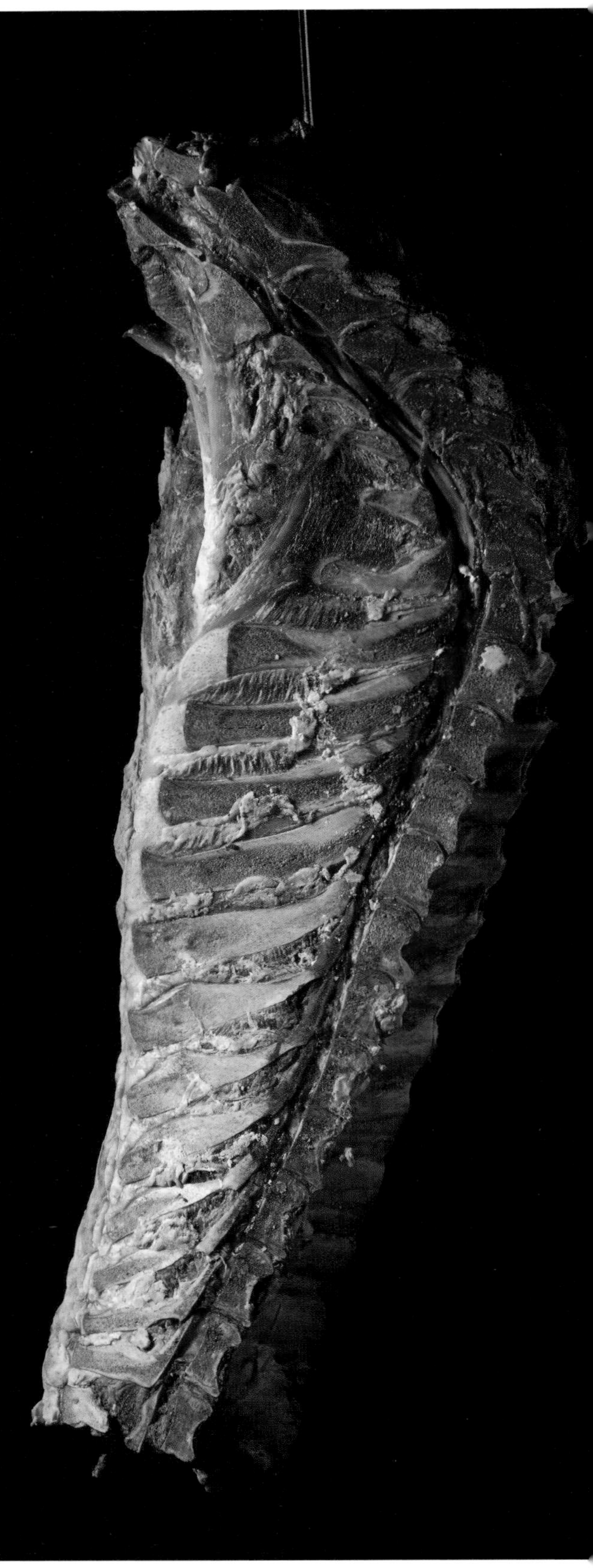

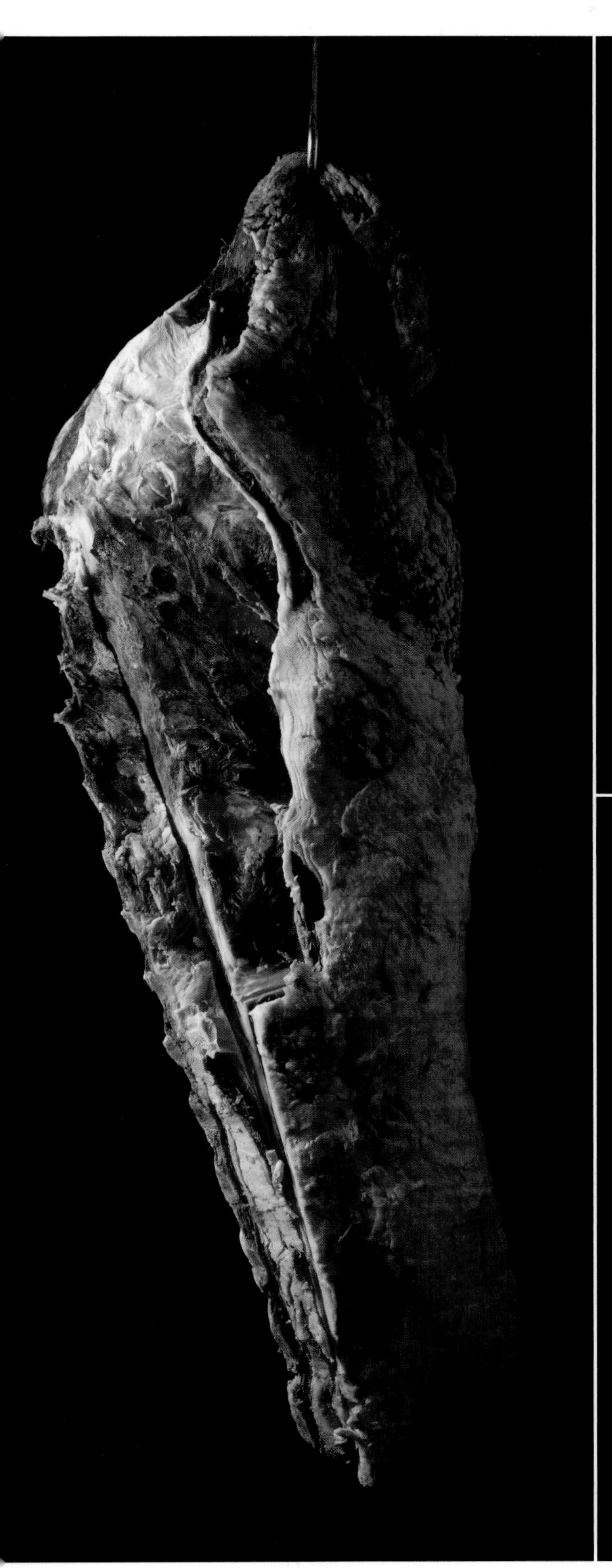

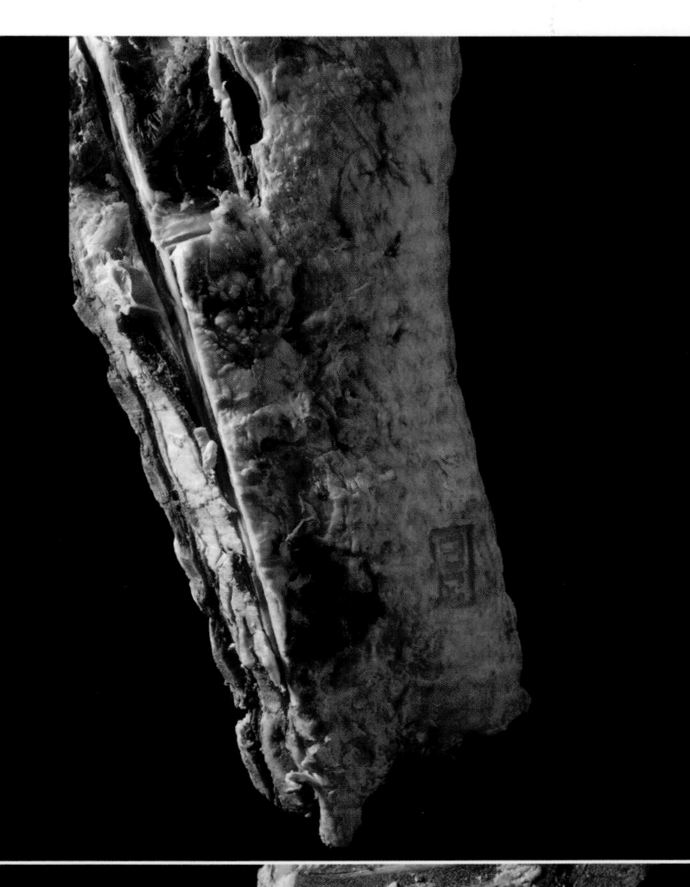

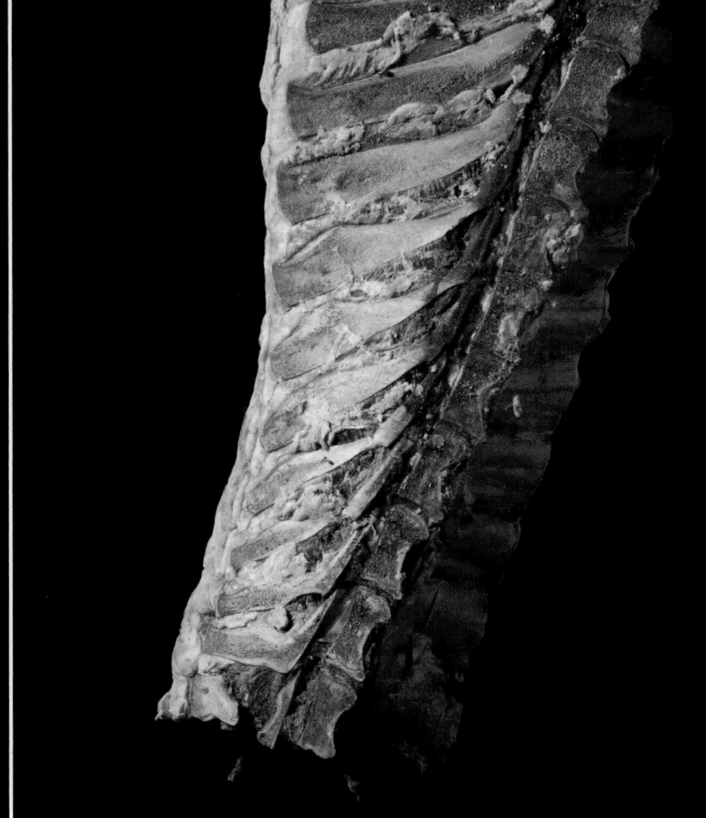

숙성 28일째 관찰

전체 숙성기간	28일
부위별 중량	28.42㎏
중량 감소율(전주 대비)	1.4% 감소
전체 감소율	9.97% 감소
숙성온도	1~4℃
상대습도	75~85%
풍속	2~5m/sec

뼈와 등심을 분리하는 과정에서는 숙련된 칼질이 필요하다. 등뼈에서 등심을 분리할 때 등심 부위의 칼날 상처에 주의해야 한다. 정형방법을 잘 숙지하고 연습하여 고급 부위인 등심의 상품가치가 떨어지지 않도록 신경쓴다.

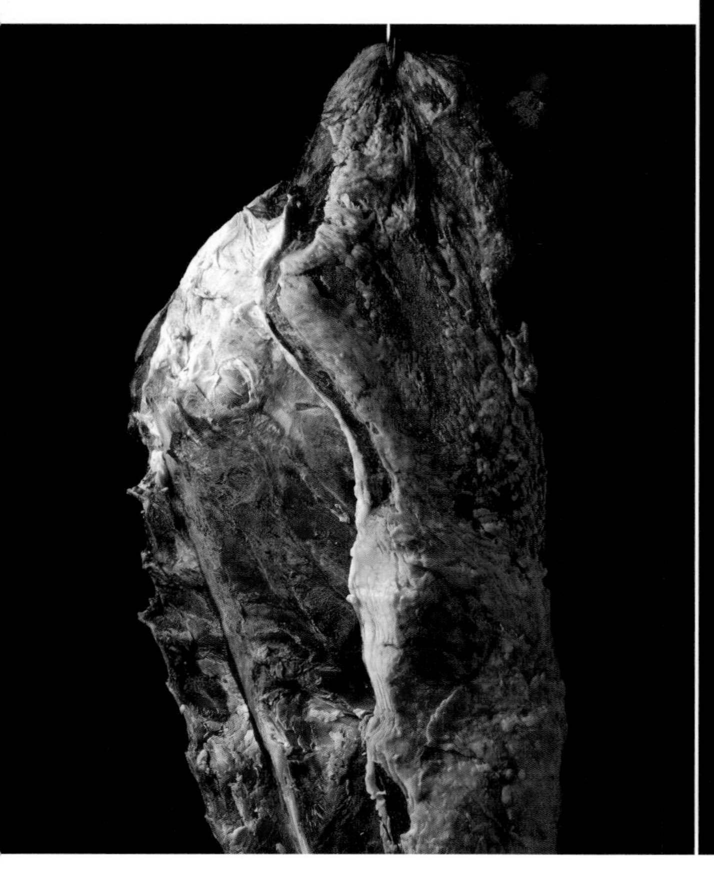

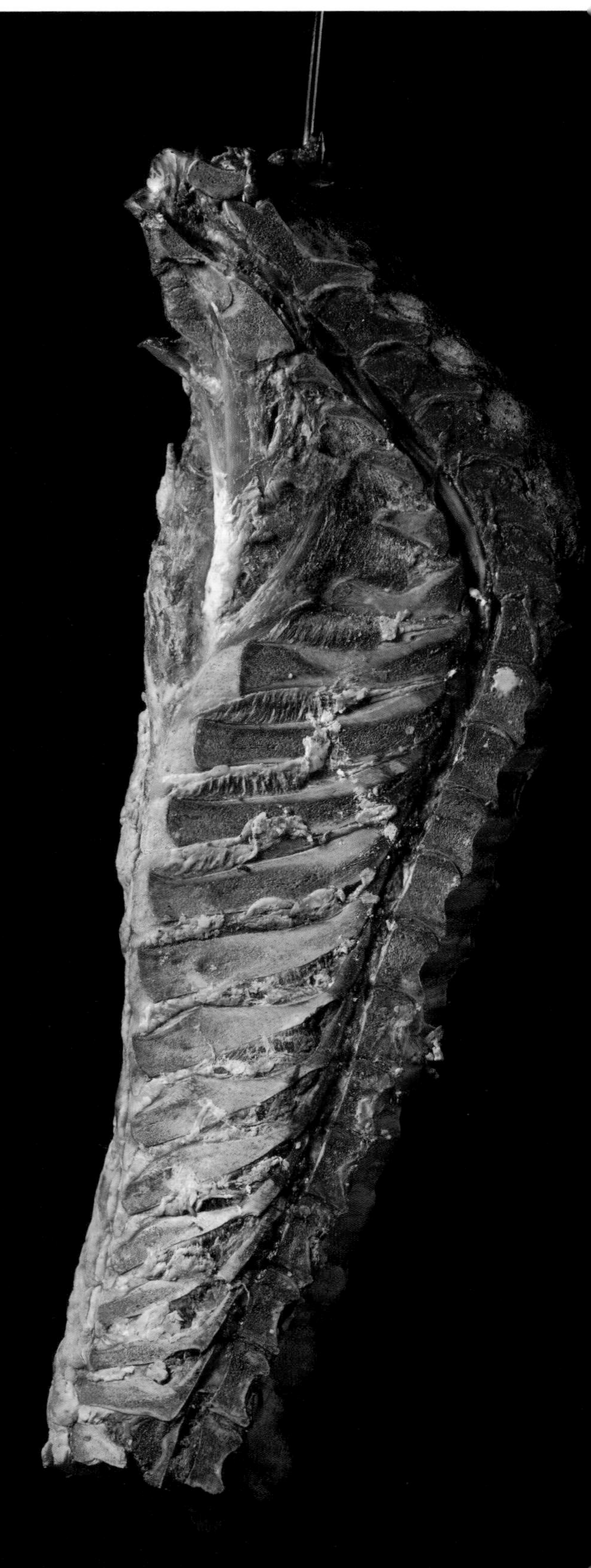

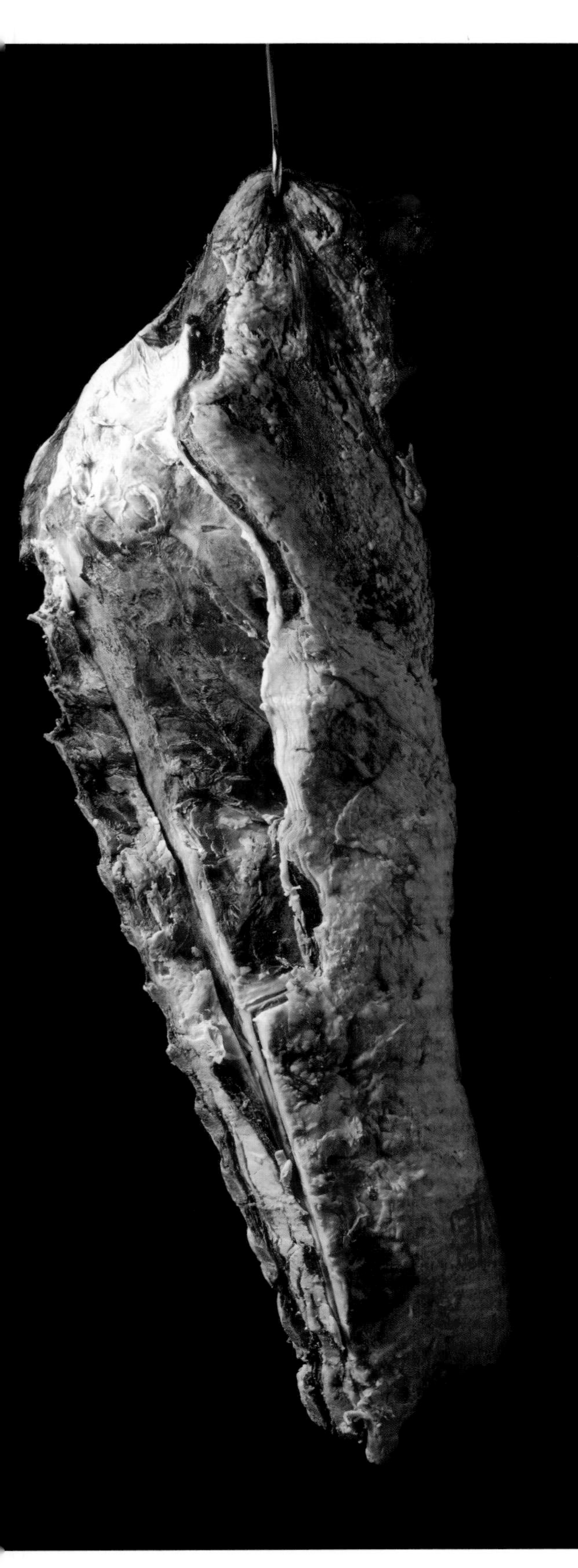
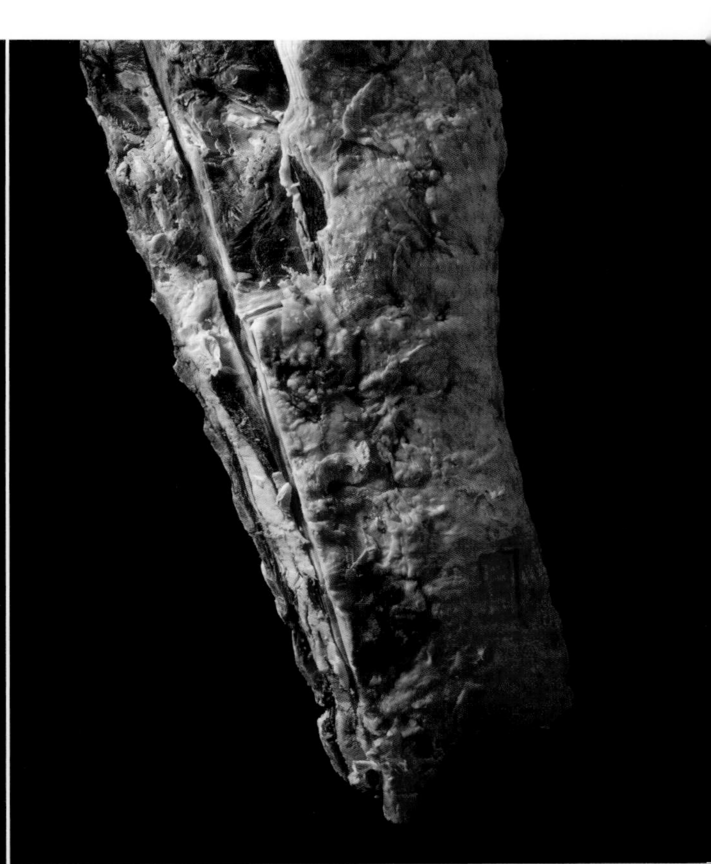
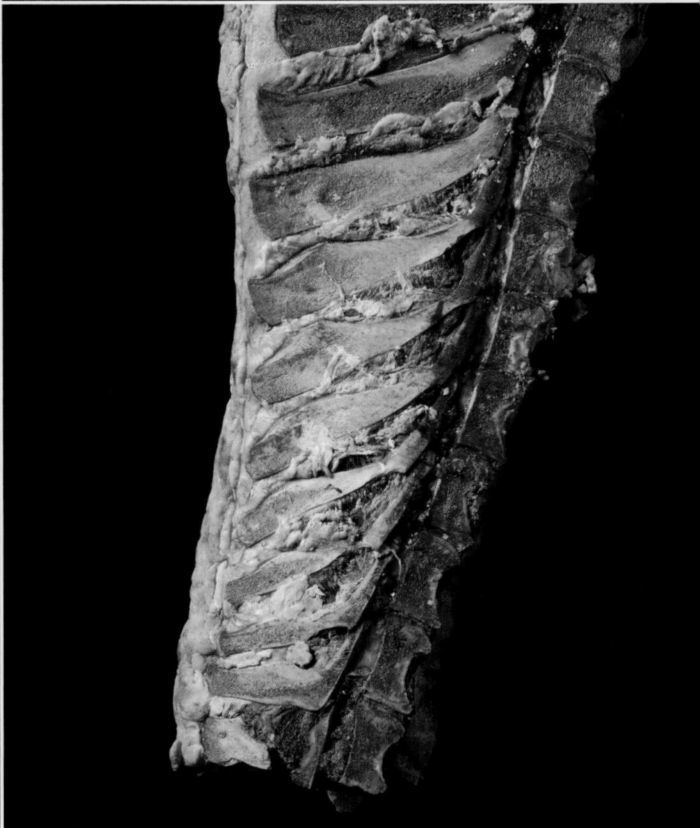

숙성 후 뼈등심 정형

1

경추 부위의 뼈(1번부터 12번)를 분리한다. 이때 목심 부위에 칼이 깊게 들어가지 않도록 주의한다. 분리한 목심은 숙성해도 연도가 개선되지 않는 부위이므로, 불고기용으로 판매한다. 고소한 맛이 일품이다.

1

2

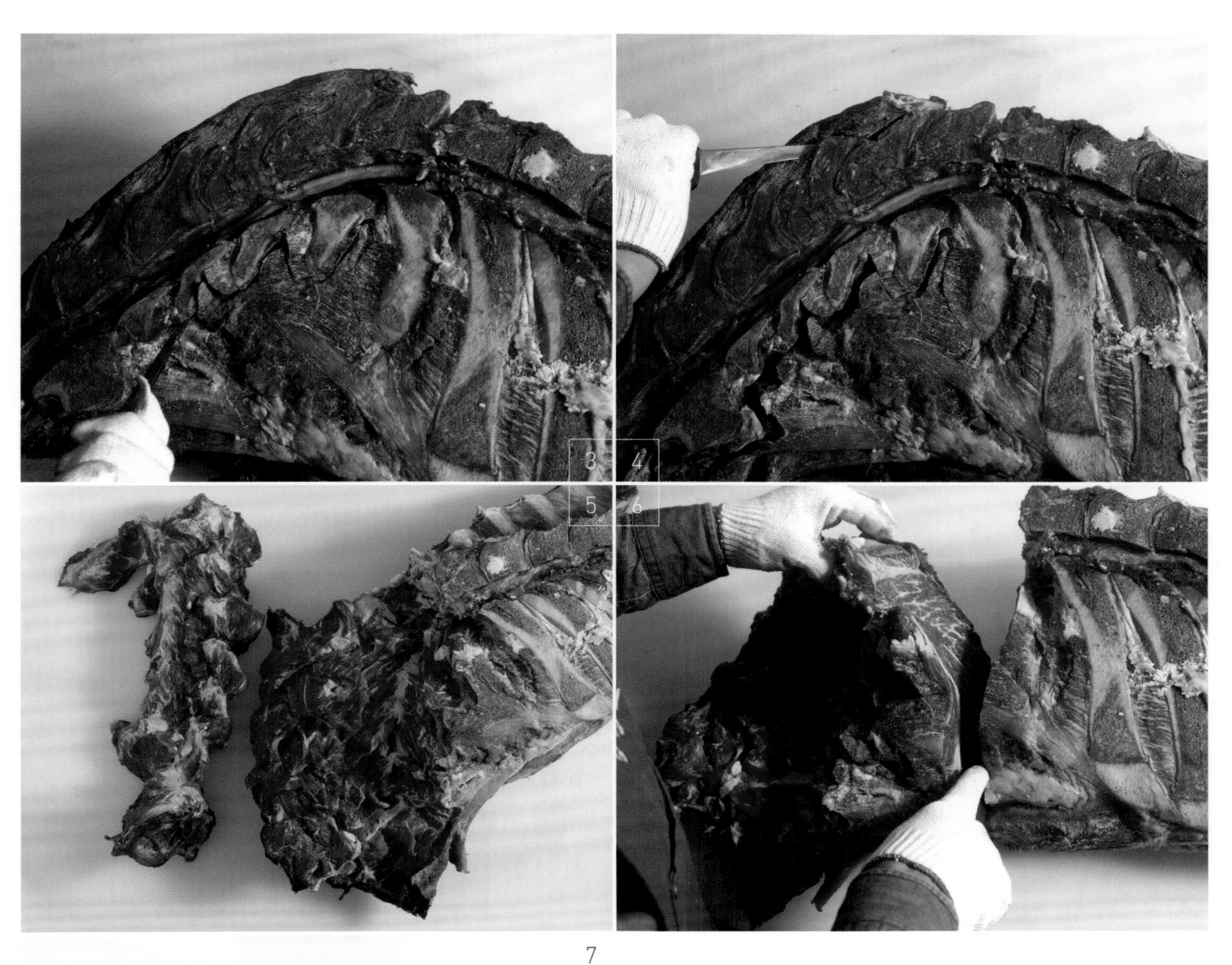

7

2

윗등심과 엘본으로 분리하는 작업이다. 엘본 작업은 「숙성 후 엘본 정형」에서 설명하였다(p.105 참고). 뼈 있는 윗등심의 경우에는 「Bone-in 스테이크」처럼 골절기를 이용한 정형방법이 있고, 뼈를 분리하여 윗등심과 꽃등심으로 판매하는 방법이 있다.

1

2

3

4

5

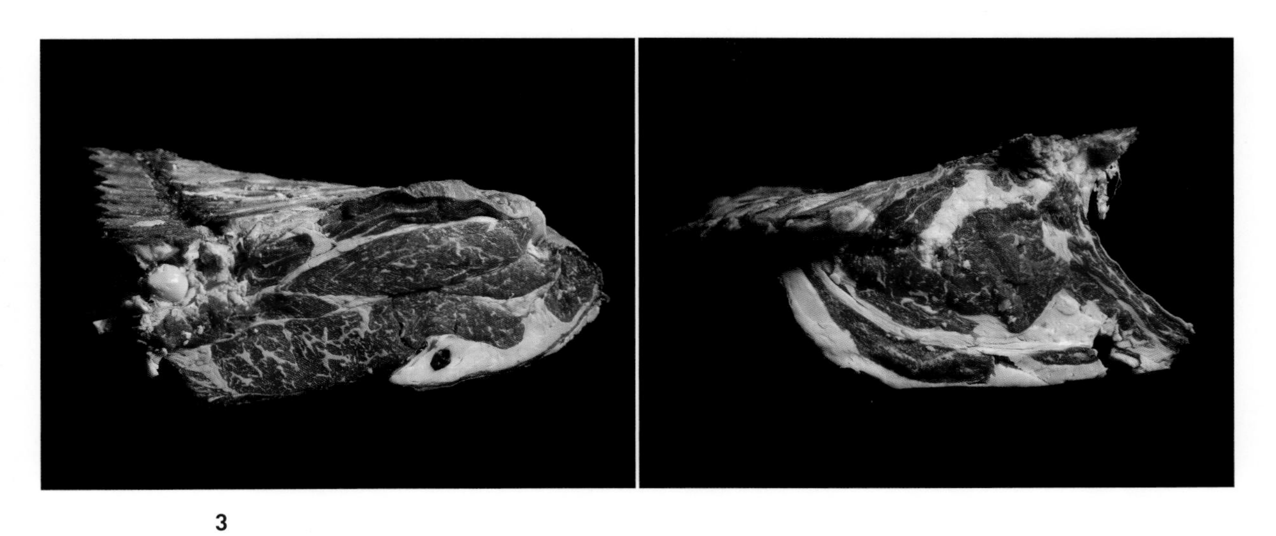

3

정형이 끝난 상태이다. 숙성 겉면을 손질하면 약 10%의 손실이 발생한다. 뼈 있는 등심은 어느 등심 부위라도 갈비와 등심의 맛을 느낄 수 있다.

02

습식숙성(부위별)

WET-AGING

웻에이징(습식숙성)을 할 때는 지방을 제거하고 숙성해야 좋다. 지방이 포함된 상태에서 진공포장을 하면 자칫 소 지방 특유의 향이 날 수도 있다. 숙성이 진행될 때는 진공포장이 개봉되지 않도록 주의한다. 진공 후 1~4℃에서 2~3주 안에 판매해야 한다. 핏물이 지나치게 고여 있거나, 진공상태가 풀린다면 신속하게 재포장을 해야 한다. 웻에이징은 피가 고인 향이 악취로 작용할 수 있는 단점이 있기 때문에, 정육과 정육이 눌리지 않도록 보관하는 것이 가장 중요하다.

갈비

대 분 류 갈비

소 분 류 안창살 / 제비추리 / 토시살

숙 성 법 두께가 얇아 드라이에이징을 할 수 없다.

특수 부위 특성상 숙성기간이 짧아도 부드럽게 먹을 수 있다.

진공포장이 개봉되지 않도록 주의한다.

진공 후 1~4℃에서 1~2주 안에 판매할 수 있다.

안창살

근막을 제거하지 않고 웻에이징을 한다. 이렇게 하면 수분이 빠지는 현상을 예방한다.

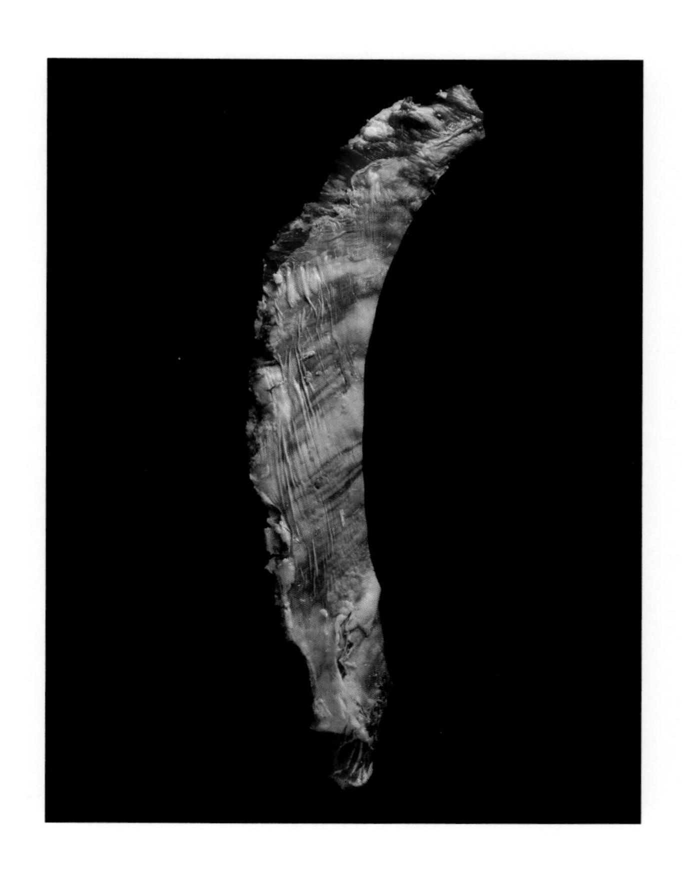

제비추리

다른 특수 부위보다 웻에이징 기간을 1주일 정도 더 진행하면 연도가 더욱 좋아진다.

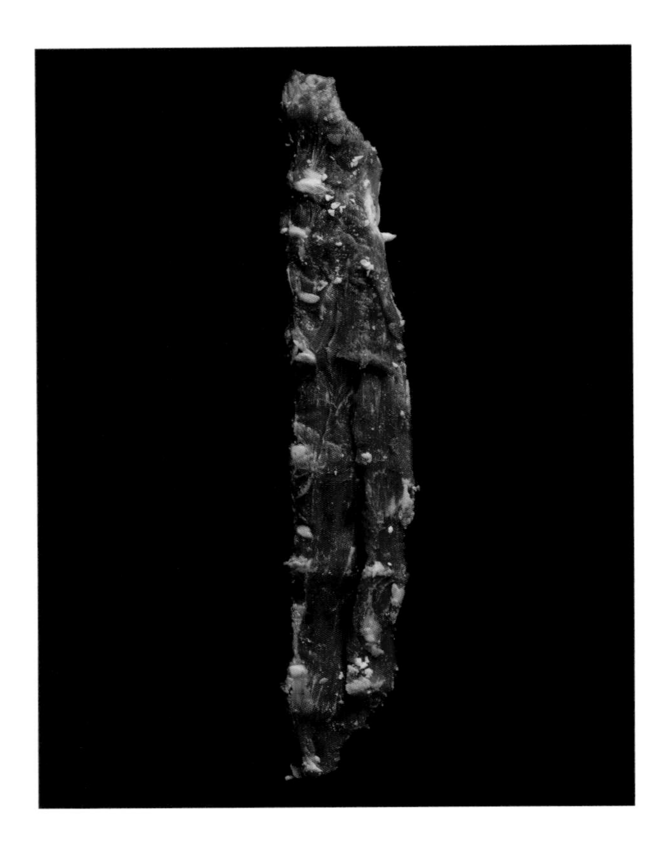

토시살

숙성기간을 굳이 생각하지 않고 판매할 수 있는 특수 부위다.

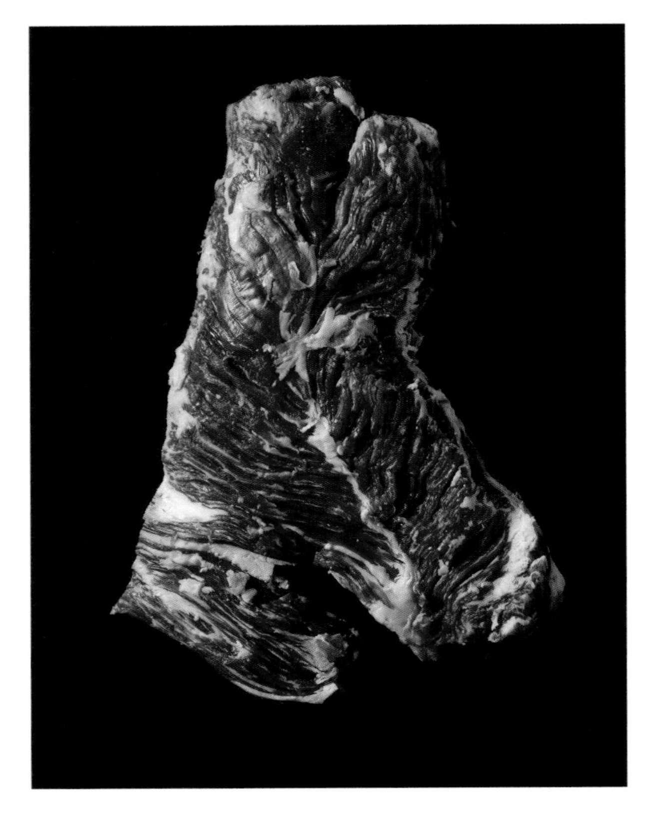

양지

대분류	양지
소분류	업진안살 / 업진살 / 치마양지 / 양지머리 / 치마살 / 앞치마살
숙성법	치마살, 업진살은 2주 정도 웻에이징 후 구이용으로 판매한다.

업진안살

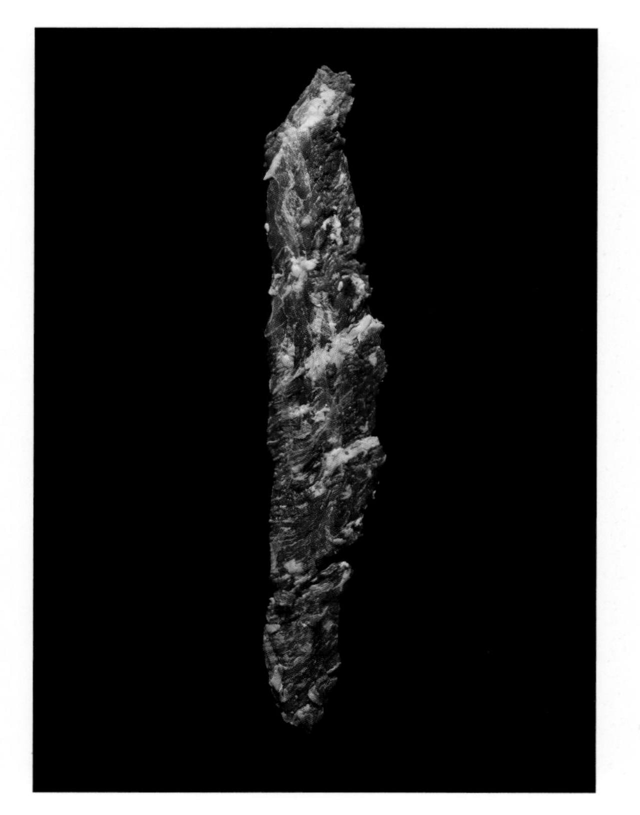

업진살

치마양지

양지머리

치마살

앞치마살

안심

대 분 류	안심
소 분 류	안심살
숙 성 법	두께가 얇아 드라이에이징을 할 수 없다. 웻에이징을 할 때는 지방을 제거하고 숙성하는 것이 좋다. 지방이 포함된 상태에서 진공포장을 한다면 자칫 소 지방 특유의 향이 날 수 있다. 1~4℃에서 2~3주 안에 판매할 수 있다.

안심살

안심은 사이에 있는 근막과 힘줄을 잘 제거해야 한다.

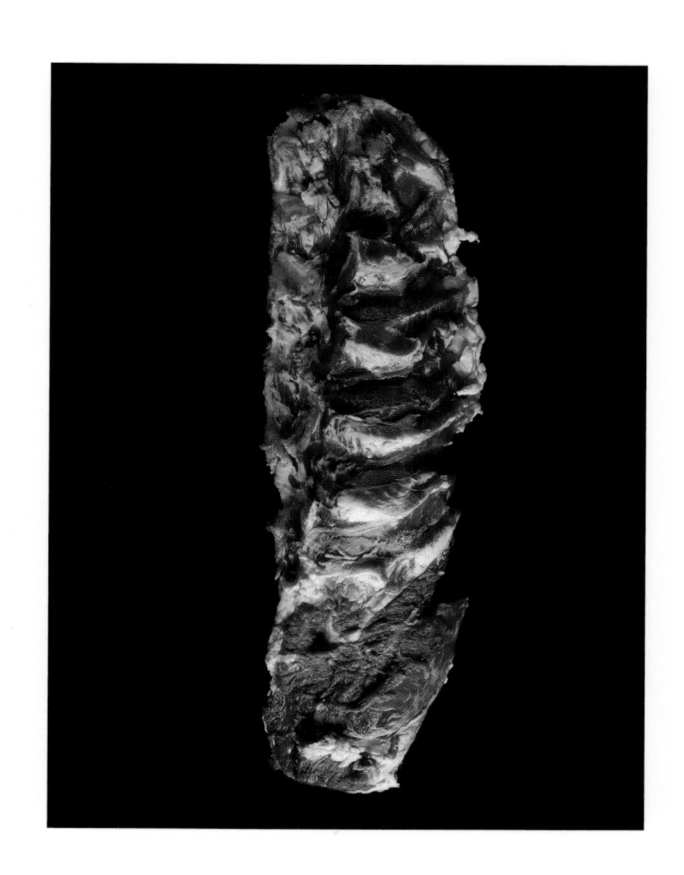

사태

대분류	사태
소분류	앞사태 / 뒷사태 / 뭉치사태
숙성법	뭉치사태는 드라이에이징과 웻에이징 모두 가능하다.

앞사태

뒷사태

뭉치사태

목심

대분류	목심
소분류	목심살
숙성법	웻에이징을 할 때는 지방을 제거하고 숙성하는 것이 좋다. 지방이 포함된 상태에서 진공포장을 한다면 자칫 소 지방 특유의 향이 날 수 있다. 1~4℃에서 2~3주 안에 판매할 수 있다.

목심살

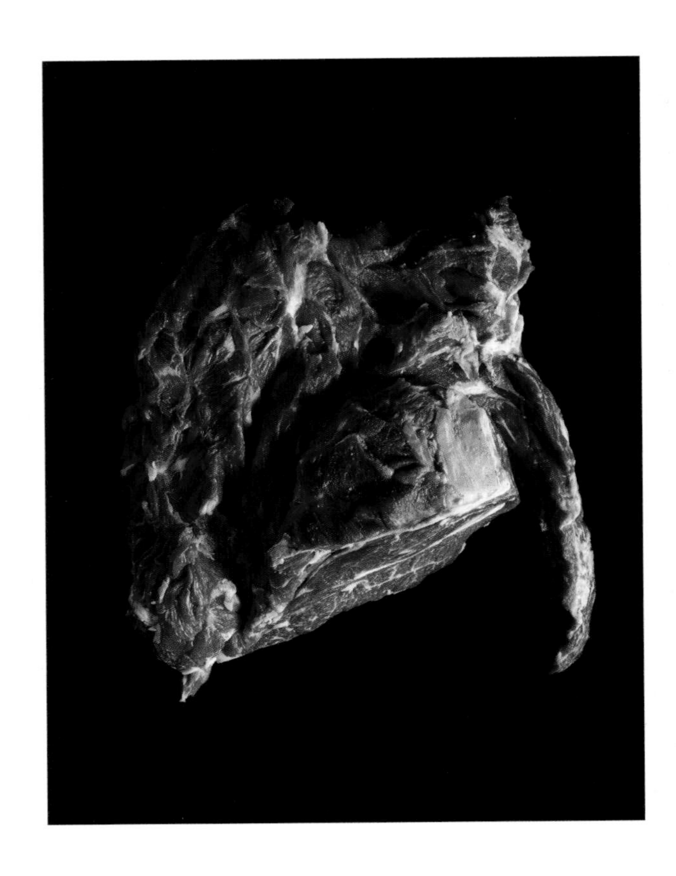

앞다리

대 분 류 앞다리

소 분 류 꾸리살 / 앞다리살 / 부채덮개살 + 갈비덧살

숙 성 법 웻에이징을 할 때는 지방을 제거하고 숙성하는 것이 좋다.

지방이 포함된 상태에서 진공포장을 한다면 자칫 소 지방 특유의 향이 날 수 있다.

1~4℃에서 2~3주 안에 판매할 수 있다.

부채덮개살과 갈비덧살은 따로 진공포장하지 않고 함께 웻에이징한다.

불고기 또는 국거리용으로 사용한다.

꾸리살

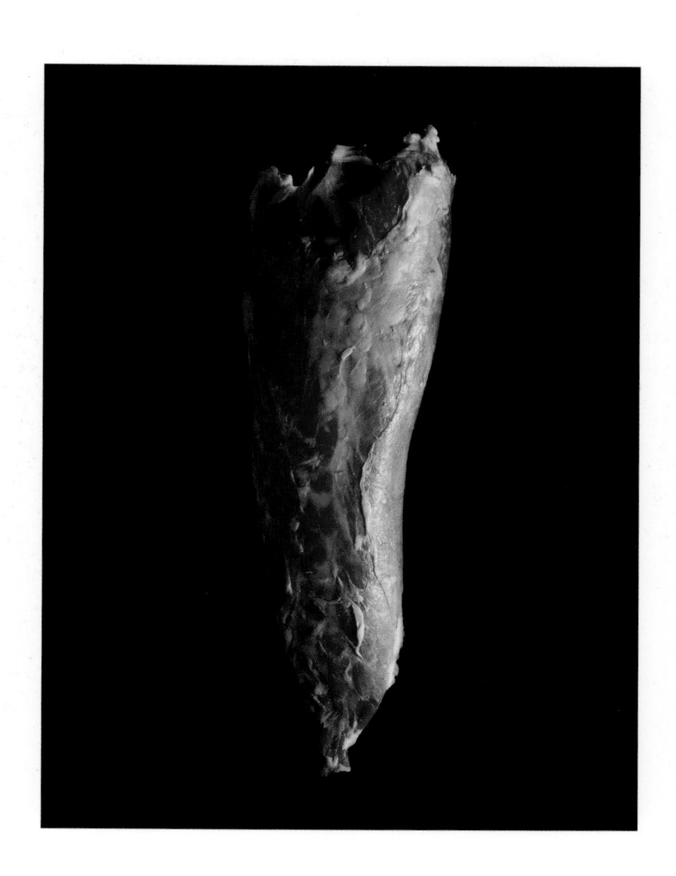

앞다리살

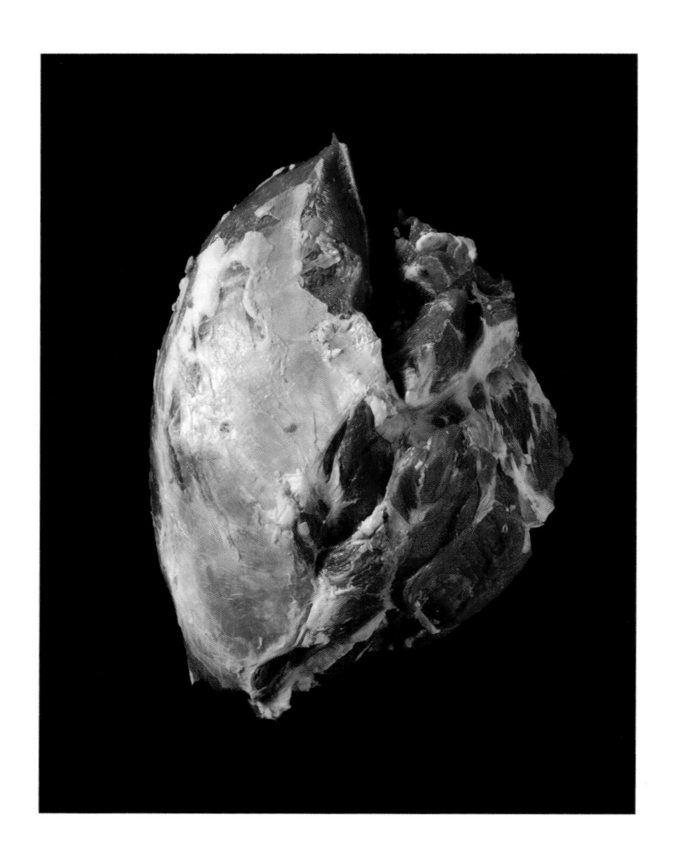

부채덮개살 + 갈비덧살

부채덮개살과 갈비덧살은 같이 진공 포장하여 웻에이징한다.

설도

대분류 설도

소분류 설깃살 + 설깃머리살 / 도가니살 / 삼각살

숙성법 웻에이징을 할 때는 지방을 제거하고 숙성하는 것이 좋다.

지방이 포함된 상태에서 진공포장을 한다면 자칫 소 지방 특유의 향이 날 수 있다.

1~4℃에서 2~3주 안에 판매할 수 있다.

설깃살과 설깃머리살은 따로 진공포장 하지 않고 함께 웻에이징한다.

설깃살 + 설깃머리살

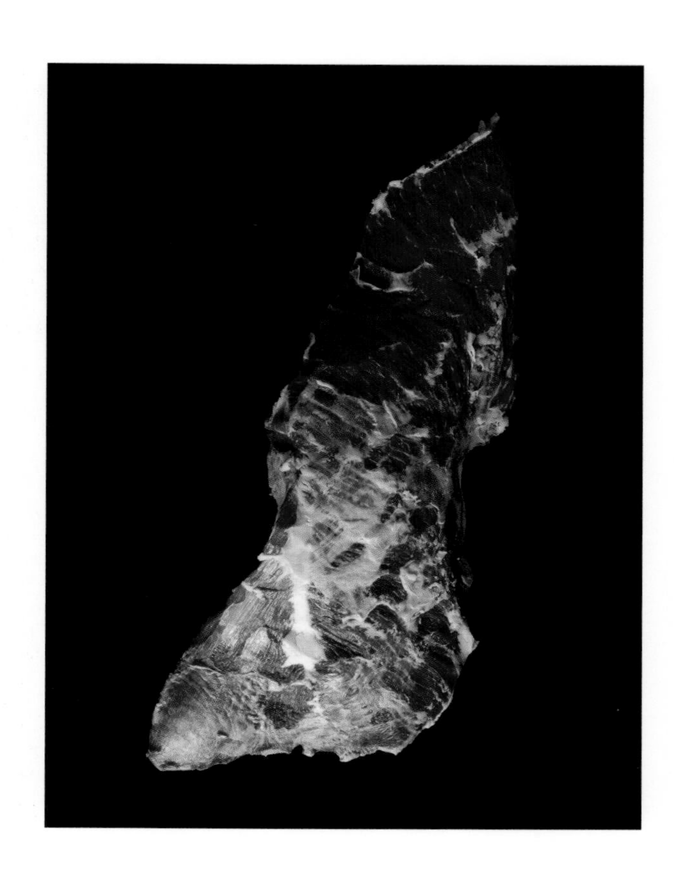

도가니살

삼각살

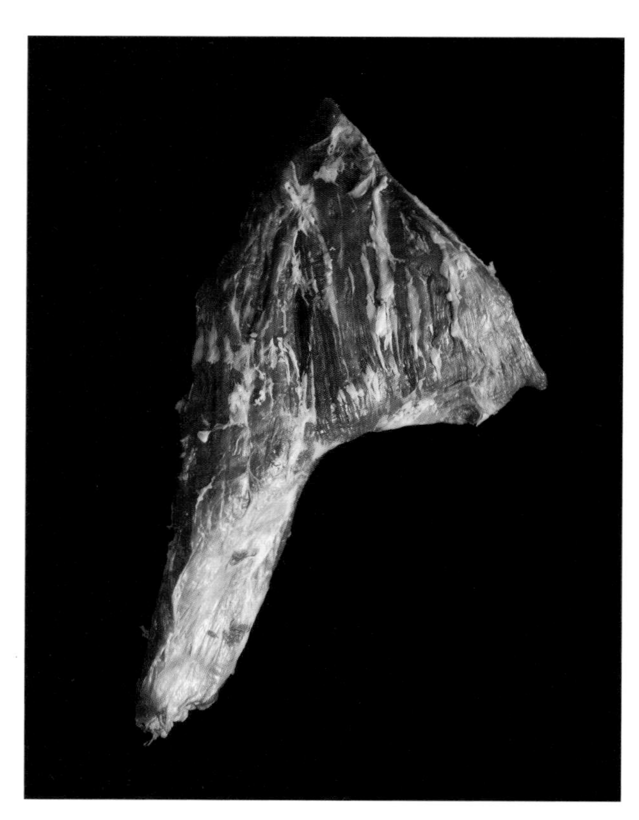

우둔

대 분 류	우둔	
소 분 류	우둔살 / 홍두깨살	
숙 성 법	**우둔살**	발골 작업이 끝나면 숙성하지 않고 육회용으로 판매할 수 있다. 근막은 남겨두고 지방을 제거한 후 숙성한다. 장조림용으로 판매할 경우에는 2~3주 숙성한다.
	홍두깨살	장조림이나 육포 등의 용도로 사용한다. 근막은 남겨두고 지방을 제거한 후 숙성한다. 근조직이 강하여 약 3주 정도 숙성한다.

우둔살

홍두깨살

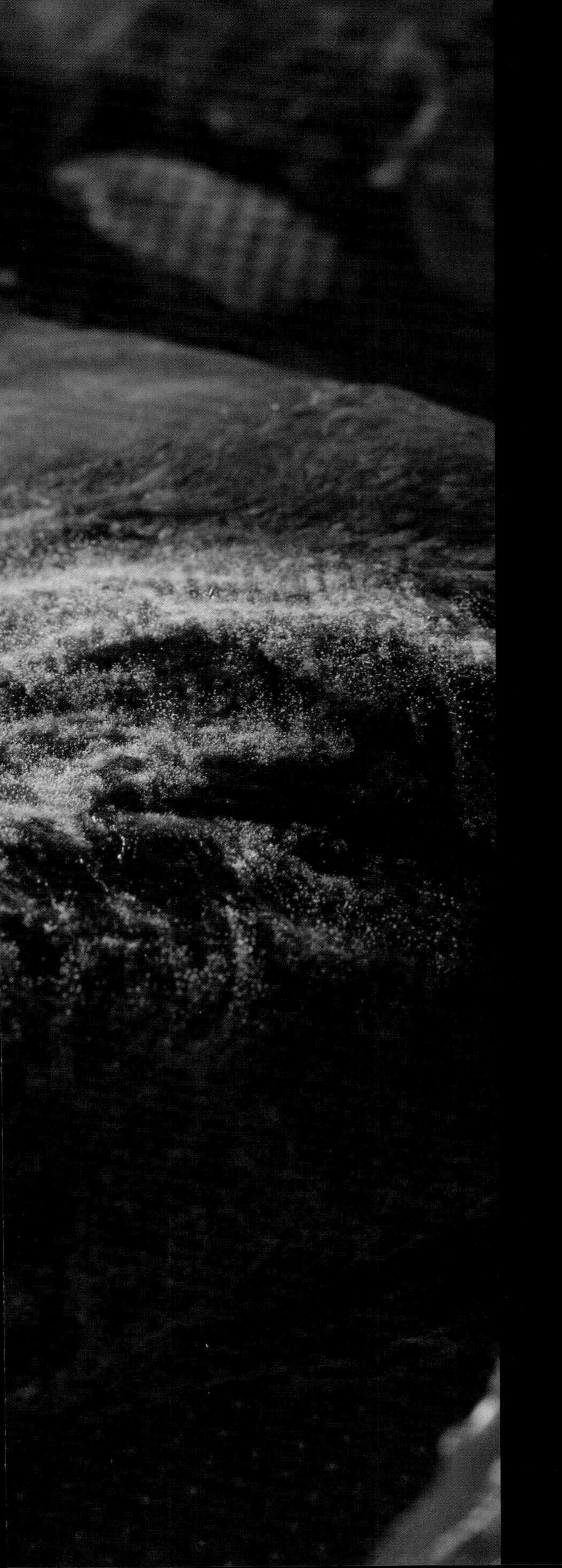

PART 05

국내 숙성육 시장 전망

식육 선택 인식의 변화

2020년 한 해 동안 우리나라 한우등급 판정결과를 보면 한우 전체에서 1등급 이상이 약 74.1%를 차지하였다(『2020 축산물품질평가원 통계연보』). 이러한 고등급 소고기는 구이로 판매가 잘 되지만, 비선호 부위(양지 · 사태 · 우둔 · 설도 등)나 저지방 등급은 질기고 퍽퍽한 식감 때문에 적체량이 증가하고 있다. 때문에「저등급 고급 부위」나「고등급 비선호 부위」를 이용하는 다양한 연구가 시도되고 있다.

최근에는 건식숙성(Dry-Aging) 소고기를 이용하는 레스토랑이나 판매점이 늘어나고 있어서 숙성육의 관능성과 안전성에 대한 연구가 지속되고 있다. 더불어 소비자 사이에서는「고등급 소고기가 좋고, 저등급 소고기는 나쁘다」는 기존 인식에서 벗어나 올바른 고기 소비방법으로 저등급 소고기를 이용한 드라이에이징 숙성육 시장이 확대되고 있다. 무엇보다 지방을 싫어하는 건강한 소비 트렌드와 직접 요리하여 즐기는 문화가 맞물려 숙성육 판매가 증가하고 있다. 한 번 숙성육을 맛본 고객은 적당한 식감과 한국인에 맞는 치즈향, 고소한 풍미를 잊지 못해 다시 찾을 정도이다.

현재 고등급 육류시장은 변함없는 소비층이 형성되어 있다. 드라이에이징 숙성육은 특별한 외식 메뉴를 찾는 소비자층에 어필할 가능성이 충분하여 고급 외식시장에서 점유율이 점점 높아질 것으로 관련 전문가들은 예상하고 있다. 또한, 근내지방이 적은 저등급 원육으로도 충분히 상품력이 뛰어난 고기맛을 구현할 수 있기 때문에 이러한 측면에서 다양한 소비자의 입맛과 변화되는 인식에 걸맞는 새로운 상품으로 시장을 형성할 것으로 기대한다.

고기를 숙성하는 것은「선택이 아닌 필수」라고 생각한다. 사후강직이 해제되는 시기까지라도 충분한 숙성의 시간이 필요하며, 좋은 원석을 잘 가공하여 소비자에게 선보이는 것은 결코 유행이 아니다. 빵 한 조각에도 만드는 사람의 노력과 레시피가 들어있듯이, 한 덩어리의 고기가 상품가치를 높일 수 있는 것은 원료육 자체의 맛을 숙성으로 향상시켰기 때문이고 이 숙성육은 판매자만의 특별한 고기가 되는 것이다. 지금까지는 품종과 등급에 의한 수동적인 상품이었다면, 보다 능동적인 식육을 판매하는 것이 미래의 경쟁력이라고 할 수 있다. 그러므로 앞으로의 식육문화는 적당한 마블링과 마블링이 적은 부위에 맞는 적절한 숙성기술로 육질의 부드러움은 유지하면서 담백하고 연한 육류를 생산하는 데에 초점이 맞춰질 것이다. 더 나아가 소고기의 품질과 맛이 소고기의 등급에 따라 평가되던 식육 선택의 인식이 많이 변화될 것이라 확신한다.

숙성육의 발전 방향

숙성을 연구하는 많은 연구기관이나 전문가는 현재 각자에 맞는 숙성법과 효소의 차이로 경쟁력을 키워나가고 있다. 과연 잘 이루어진 숙성은 어떤 기준으로 소비자에게 인식될까?

첫 번째는, 안정성의 기반 아래 숙성 연구가 필요하다.
1℃의 차이가 숙성과 부패의 경계를 만들기 때문에 숙성하는 사람은 지속적으로 「안전」이라는 말에서 자유로울 수가 없다. 단지 값비싼 시설에만 숙성을 맡기는 것이 아니라, 철저한 위생관리와 숙성육의 지속적인 관리가 필요하다.
두 번째로, 가치 있는 맛을 찾아야 한다.
숙성육의 특성상 불가피한 손실이 많다. 무턱대고 숙성기간만을 늘린다고 좋은 숙성육이 생산되는 것은 아니다. 좋은 품질과 합리적인 가격에 대한 고민도 숙성육을 연구하는 사람에게는 매우 중요한 숙제이다.

아울러 건식숙성은 좋고, 습식숙성은 안 좋다는 인식이 소비자에게 자리잡게 해서도 안된다. 습식숙성도 안전하고 효율적인 숙성방법 중에 하나이므로 적당한 혼합숙성과 관리가 이루어진다면 충분히 품질 좋은 숙성육을 개발할 수 있다. 앞으로 숙성육 시장은 공급의 증가가 확실히 예견되고 있는 것이 사실이다.
이미 많은 업체들이 숙성육을 유통하고 있다. 경쟁력 있는 가치를 만들려면 연구와 더불어 숙성시장에 뛰어들어야 한다.

수십 년 전에 식당에서 주방장이라고 불리던 직업은 이제 셰프라고 모두들 부른다. 동네빵집 아저씨를 파티시에라고 부르고, 다방은 커피전문점으로 변화하였다.
결코 불리는 이름만 바뀐 것이 아니다. 생산자마다 각각의 상품에 가치를 더하고, 전문화하였으며, 대기업과는 차별된 맛으로 시장에서 발전하고 있다.
이제는 식육시장도 정육점 아저씨에서 앞으로 어떤 이름으로 불리게 될지는 모르지만, 보다 발전하기 위해서는 생산하는 상품에 보다 전문적이고 소비자가 감동받을 수 있는 가치를 부여하는 것이 발전으로 가는 길이라 생각한다.

숙성육 시장은 식육에 대한 전문성이 깊은 분야이므로, 우수한 숙성기술을 확보한 유통업체가 성공적인 높은 진입장벽을 형성할 것이다.
숙성육을 연구할 때는, 숙성기술을 확보하는 약 1~2년의 시간이 필요하고, 숙성용 설비를 수용할 수 있는 공간도 확보되어야 한다. 이러한 진입장벽 때문에 많은 창업자가 시도할 수 있는 시장은 아니지만, 진입에 성공한 창업자는 안정된 경영과 수익이 가능한 미래를 예상할 수 있다. 또한, 돼지고기 역시 장시간 숙성과정을 거치면 소고기와 마찬가지로 깊은 풍미를 맛볼 수 있다. 이렇듯 숙성육의 새로운 상품 개발은 다양한 품목으로의 확장도 가능한 사업이다. 숙성육은 현재 국내의 정육시장에 새로운 대안으로 떠오르고 있으므로 앞으로가 더 기대되는 사업이다.

{ 숙성은
유행이 아니라
필수이다.

PART 06

숙성육을 맛있게 먹는 방법

꽃등심 스테이크와 다타키

꽃등심은 두 가지 부위로 나눌 수 있다. 단일 근육조직으로 이루어진 살치살 부위와 두 종류 이상의 근육조직으로 이루어진 윗등심 부위다. 꽃등심은 앞쪽에서 뒤쪽으로 갈수록 근육조직의 결이 틀어지기 때문에 자칫 잘못하면 맛있게 구운 고기를 질기게 먹을 수 있다. 그래서 두 부위를 따로 조리하여 부드러운 살치살은 다타키로, 고소한 윗등심은 스테이크로 먹는다.

재료

꽃등심 1장 (2~2.5㎝)
올리브오일 적당량
소금, 후추 적당량
양송이버섯 2개
베이비 루꼴라 20g

타다키 소스

1 양송이버섯을 슬라이스해서 올리브오일을 두른 팬에 넣고 볶는다.

2 소금과 후추로 간을 하여 충분히 볶다가, 숨이 죽으면 버터를 넣어 풍미를 더한다.

3 볶은 양송이를 핸드믹서에 곱게 갈 때, 올리브오일을 더 넣는다.

1 고기는 30분쯤 전에 미리 냉장고에서 꺼내놓는다. 냉장고에서 바로 꺼내어 차가운 상태(2~4℃)로 고기를 익히면 레어에서 미디움레어(45~55℃)까지의 조리시간이 그만큼 길어지고, 겉은 타고 속은 잘 익지 않을 수 있다. 또한 조리시간이 길어진 만큼 수분 손실도 생긴다.

2 살치살과 윗등심 부위를 분리한다. 이때 살치와 윗등심 사이에 있는 지방과 근막은 제거하지 않는 게 좋다. 왜냐하면, 고기를 익힐 때 수분이 증발하지 않도록 보호막 역할을 해주기 때문에 다 익힌 후에 떼어낸다.

3 소금과 후추로 시즈닝을 한다. 드라이에이징을 하면 시즈닝을 안 해도 풍부한 육향을 느낄 수 있다.

4 팬에 올리브오일을 넉넉히 두르고 센불에 달군다. 스테이크로 구울 때는 연기가 나기 시작하면 고기를 올리고 두께 2㎝ 기준(뼈없는)으로 1분씩 번갈아 뒤집으면서 앞뒤 2분씩 구우면 미디움 레어 정도로 익는다.

1

2

4

5 다타키로 구울 때는 앞뒤 1분씩 굽고, 옆면을 30초씩 구우면 알맞다. 고기를 구울 때 자주 뒤집어야 하는지, 한 번만 뒤집어야 하는지에 대한 의견이 많은데, 드라이에이징 숙성육은 고기 자체가 가진 수분이 적기 때문에 한쪽 면을 오래 구우면 고기표면이 타버리거나 오버쿡 우려가 있다. 따라서 자주 뒤집어서 고기 내부의 수분이 퍼질 시간을 만들어야 한다.

6 익힌 고기는 레스팅을 한다. 열을 받아 수축되었던 고기가 이완하면서 고기 내부의 육즙이 골고루 퍼지고, 고기 구조가 튼튼해지며, 수분을 가둬두는 힘이 커진다. 레스팅은 보통 고기를 익힌 시간의 1/2~2/3 정도만 해도 좋다. 다타키는 충분히 식힌다.

7 베이비 루꼴라를 찬물에 10분 정도 담가 식감을 살린다. 식힌 다타키는 결과 반대방향으로 슬라이스한다. 다타키 위에 소스를 뿌리고 루꼴라를 올려 마무리한다. 씨겨자를 곁들여도 좋다.

5

6

티본(포터하우스) 스테이크

기본적으로 고기를 익혀 먹는 이유는 4가지다. 안전, 식감, 소화 그리고 가장 중요한 맛이다. 일반적으로 우리는 질기고 뻣뻣한 고기보다 부드럽고 육즙이 많은 고기를 좋아하기 때문에, 수분 손실을 최소화하고 근조직 전체를 부드럽게 만들어야 한다. 이 두 가지를 모두 만족시키기는 불가능하다고 볼 수 있다.
수분 손실을 줄이려면 중간온도(50~60℃)에서 잠깐 익혀야 하고, 근조직 전체를 부드럽게 하려면 70℃ 이상의 온도에서 오랜 시간 조리해야 한다. 따라서 고기 부위에 따라 조리법이 달라져야 하고 그 쓰임새도 각각 달라진다. 고기는 열이 닿는 순간부터 수분이 폭발적으로 증발하기 시작한다. 그렇기 때문에 조리시간을 짧게 해야 수분 손실을 최대한 줄일 수 있다. 이렇게 하려면 튀기거나 굽거나 볶는 조리를 선택해야 한다.
티본은 안심과 채끝 두 부위의 익는 속도가 다르고, 가운데 뼈가 단열재 역할을 하기 때문에 익는 속도가 더뎌 구울 때 신경써야 한다.

재료

티본 1장(두께 2.5㎝)
올리브오일 적당량
소금, 후추 적당량

1 고기는 약 30분 전에 미리 냉장고에서 상온에 꺼내어 고기의 온도를 올린다. 왜냐하면, 냉장고에서 바로 꺼내어 차가운 상태(2~4℃)로 고기를 익히면 레어에서 미디움 레어(45~55℃)까지의 조리시간이 그만큼 길어지고, 길어진 만큼 수분 손실도 생기기 때문이다.

2 고기에 소금과 후추를 적당히 뿌려 시즈닝을 한다. 드라이에이징 스테이크는 소금과 후추를 뿌리지 않아도 본연의 숙성향을 느낄 수 있다.

3 팬에 올리브오일을 넉넉히 두르고 센불에 달군다. 연기가 나기 시작하면 고기를 올리고 앞뒤 30초씩 시어링한다.

4 불을 약간 줄인다. 왜냐하면, Bone-in 스테이크는 뼈가 단열재 역할을 하여 고기가 더디게 익기 때문에, 겉면의 오버쿡을 방지하고 속까지 고르게 익히기 위해서다.

5 안심보다 지방이 많은 채끝쪽이 열전도율이 낮아서 늦게 익는다. 그래서 굽는 동안 뜨거운 기름을 채끝쪽에 끼얹으면서 익혀야 고르게 익는다.

2

3

5

6 1분마다 뒤집으면서 양쪽면을 4~5분(한쪽면 2분~2분 30초) 구우면 미디움레어~미디움의 익힘 정도가 나온다. 조금 더 익히기를 원하면 앞뒤 30초씩만 더 굽는다. 하지만, 드라이에이징 고기는 약간 건조한 것이 특징이므로 조금 더 익히기를 추천하지 않는다.

7 익힌 고기는 레스팅을 한다. 이유는 열을 받아 수축되었던 고기가 이완하면서 고기 내부의 육즙이 골고루 퍼지고 고기 구조가 튼튼해지며, 수분을 가두는 힘이 커지기 때문에 육즙이 풍부한 스테이크가 된다. 레스팅은 보통 고기를 익힌 시간의 1/2~2/3만 해도 좋다.

8 스테이크 중 티본 스테이크는 연도가 가장 좋은 부위이며, 2가지의 다른 맛을 즐길 수 있어 세계적으로 가장 많이 사랑받는다.

6

7

설깃살 불고기

설깃살은 설도 부위 중 운동량이 많은 부위로, 근섬유가 굵고 고기의 결도 매우 거칠다. 또한, 결 사이사이에 가느다란 힘줄이 많아서 다소 질긴 부위이다. 1~2㎜ 정도로 슬라이스해서 불고기용으로 이용하면 지방이 적어 담백한 요리가 된다.

재료

불고기용 설깃살(또는 도가니살) 600g
양파 1/2개
올리브오일 적당량

양념

양파 1/4개
대파(흰부분) 1/2대
배 1/4개
마늘 2쪽
간장 6큰술
설탕 3큰술
맛술 2큰술
참기름 1큰술

1 불고기는 빠르게 볶아서 내는 요리이기 때문에, 썰 때는 결반대로 얇게 자르는 것이 좋다.

2 양념 재료를 모두 간다.

3 볼에 고기를 담고 간 양념을 넣고 골고루 스며들게 버무린 다음, 양파를 채썰어서 섞는다. 1시간 이상 고기를 재워놓는다.

4 충분히 뜨겁게 달궈진 팬에 올리브오일을 두르고 고기를 볶는다. 이때 팬이 뜨겁지 않으면 수분이 팬에 고여 삶아지듯이 익기 때문에 먹음직스러운 색이 나오지 않는다.

2

3

사태 스튜

사태나 양지 부위는 근조직이 질기고 사이사이에 힘줄이 들어있기 때문에 짧은 시간에 익히는 조리법보다 장시간 조리하여 근섬유들이 찢어질 수 있게 하는 것이 적합하다.

재료
사태살 300g
토마토 1/2개
표고 1개
양송이버섯 1개
청피망 1/2개
홍피망 1/2개
양파 1/2개
마늘 2쪽

사태 마리네이드
키위 1/2개
간장 2큰술
다진 마늘 1큰술
올리브오일 1큰술

스튜 국물
토마토 1/2개
간장 3큰술
홀토마토 1캔
다진 마늘 2큰술
매실액 2큰술
레드페퍼 1큰술
물 2컵

1 고기는 자르면 자를수록 육즙이 빠져 나올 수 있는 면이 많아지기 때문에 자르지 않고 조리하는 게 좋지만, 집에서 빠르게 조리하려면 2㎝ 이상의 크기로 깍뚝썰기한다.

2 잘라준 고기는 볼에 담아 곱게 간 마리네이드 재료를 넣고 주무른다. 마리네이드는 하루 전에 해놓으면 좋다.

3 마늘을 제외한 건더기 재료들은 고기보다 약간 작게 잘라놓는다.

4 국물 재료를 냄비에 넣고 볶은 다음, 물을 넣고 끓이면서 으깬다.

5 국물이 끓으면 마리네이드한 사태를 넣고, 한 번 끓어오르면 불을 줄인다. 이때 잘라놓은 **3**의 재료와 마늘을 넣고 30~40분 이상 끓인다.

6 뭉근한 불로 오래 끓여야 근조직 사이에서 젤라틴이 나와 고기가 연해지고 국물이 걸쭉해지면서 맛있어진다.

7 고기를 찔러봤을 때 부드럽게 푹 들어가면 그릇에 담아 완성한다.

1

3

5

홍두깨살 장조림

홍두깨살은 우둔의 한 부위로 원기둥처럼 생겼다. 육질이 단단하고 질겨서 장조림, 육회, 육전, 육포용으로 사용한다.

재료

홍두깨살 600g
마늘 8쪽
꽈리고추 10개
생강 적당량

고기 삶기용

양파 1/2개
대파(흰부분) 1대
정종 3큰술
통후추 적당량

장조림 양념

간장 1컵
물 1컵
육수 1컵
설탕 1/3컵
물엿 1/3컵
맛술 1/3컵
정종 1/3컵
생강 1쪽

1. 홍두깨살은 덩어리로 잘라 찬물에 1시간 정도 담가 핏물을 뺀다. 핏물을 빼지 않으면 육수가 탁해지고 텁텁한 맛이 난다.
2. 냄비에 물을 넣고 고기 삶기용 재료를 넣고 끓이다가 팔팔 끓으면 고기를 넣는다. 끓을 때 넣어야 고기맛이 더 좋아지고, 처음부터 찬물에 고기를 넣으면 육수맛이 좋아진다. 여기서는 고기맛을 높이기 위해 끓는 물에 넣었다. 끓는 물에 약 10분 삶은 다음, 불을 줄여 40분~1시간 더 끓인다. 끓는 물에 오래 삶으면 근조직 속의 수분이 빠져나가 고기가 뻑뻑해지므로 중불에 오래 익히는 것이 좋다. 익힌 고기는 건져서 식히고, 육수는 걸러놓는다.
3. 식힌 고기는 결대로 찢는다. 잘게 찢은 고기는 덩어리일 때보다 단면적이 넓어져서 국물이나 소스가 더 잘 배고, 조리시간을 단축시킨다.
4. 장조림 양념을 냄비에 넣고 끓인다. 끓으면 고기와 꽈리고추, 마늘, 생강을 같이 넣고 약 10분 끓인 다음 식힌다.
5. 식으면 생강을 빼내고 그릇에 담아 마무리한다.

1

3

4

양지 무국

양지는 소의 앞가슴에서부터 복부 아래쪽에 걸쳐있는 부위이다. 양지머리, 업진안살, 치마양지는 조금 질기지만 지방이 적고 고소한 맛이 일품이다. 전골, 국거리로 많이 사용한다. 국거리로는 치마양지를 가장 추천한다.

재료
양지 100g
무 200g
대파(하얀 대) 적당량
다진 마늘 1작은술
국간장 1큰술
참기름 적당량

1 양지는 결대로 길쭉하게 자른 다음, 결 반대방향으로 얇게 자른다.

2 무는 2㎝ 길이 정사각형으로 나박썰기를 한다.

3 파는 송송 썰어 놓는다.

4 달궈진 냄비에 참기름을 두르고, 고기와 다진 마늘을 넣고 볶는다.

5 고기를 볶은 다음, 무를 넣고 같이 볶는다.

6 물을 넣고 국간장으로 간을 한다.

7 끓으면 대파를 넣고 마무리한다.

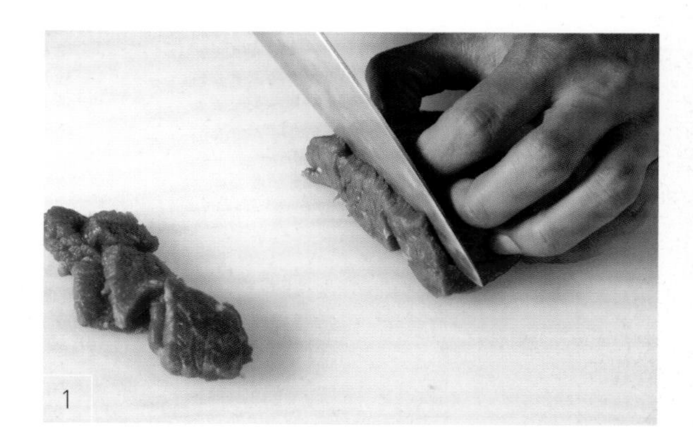
1

4

5

우둔살 육회

우둔은 엉덩이 부위의 살로 지방이 적고 살코기가 많다. 비선호 부위 중 근막의 분포가 적어서 장조림, 육회, 불고기용으로 많이 사용한다.

재료

육회용 소고기(꾸리살) 200g
적양파 적당량
베이비 루꼴라 적당량

양념

홀그레인 머스타드 2큰술
올리브오일 1큰술
발사믹 식초 1큰술
레몬즙 1작은술

1 적양파는 가늘게 채썰어 10분 정도 찬물에 담가 매운맛을 살짝 뺀다.

2 베이비 루꼴라도 찬물에 담가 식감을 살린다.

3 육회용 고기는 먼저 결이 끊어지도록 자른 다음 채썰기를 한다.

4 고기를 볼에 담고 양념 재료를 넣고 버무린다.

5 버무린 육회를 접시에 담고 적양파와 베이비 루꼴라를 얹은 다음, 씨겨자(재료 외)를 조금 올려 마무리한다.

3

다양한 가니시

감자 퓌레

재료
감자 1개
우유 200㎖
로즈마리 1줄기
소금, 후추 적당량
버터 1큰술

1 감자는 소금물에 삶아서 체에 내린다.

2 체에 내린 감자에 우유를 넣고 끓인 다음, 로즈마리를 넣고 은근히 졸인다.

3 농도가 되직해지면 소금, 후추로 간을 하고 버터를 넣은 다음 마무리한다.

1

2

발사믹 머시룸

재료
양송이버섯 1개
표고 1개
만가닥버섯 1/2다발
새송이버섯 1/2개
발사믹 식초 50㎖
설탕 1큰술
발사믹 리덕션 적당량
화이트와인 적당량
마늘 2쪽
올리브오일 적당량
소금, 후추 적당량

5

1. 버섯 종류들은 한입크기보다 조금 더 크게 자른다.
2. 마늘은 편썰기를 한다.
3. 달궈진 팬에 오일을 넉넉히 두르고 마늘을 볶는다.
4. 마늘향이 올라오면 버섯을 넣고 볶는다.
5. 소금, 후추로 간을 하고 색이 날 때까지 볶는다. 이때 오일이 부족하면 더 넣는다.
6. 버섯이 어느 정도 볶아지면 화이트와인을 넣어 잡내를 날려준다.
7. 발사믹 식초와 설탕을 넣고 졸인다.
8. 발사믹 리덕션을 넣고 한 번 더 볶은 다음 마무리한다
9. 취향에 따라 그라나파다노 치즈(재료 외)를 갈아서 올려도 좋다.

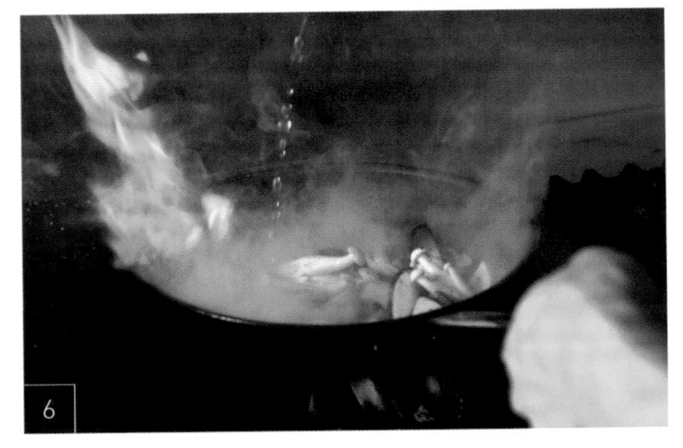
6

8

구운 아스파라거스, 대파, 양파

재료

아스파라거스 3줄기
대파(하얀 대) 2줄기
양파 1/4개
올리브오일 적당량
소금, 후추 적당량

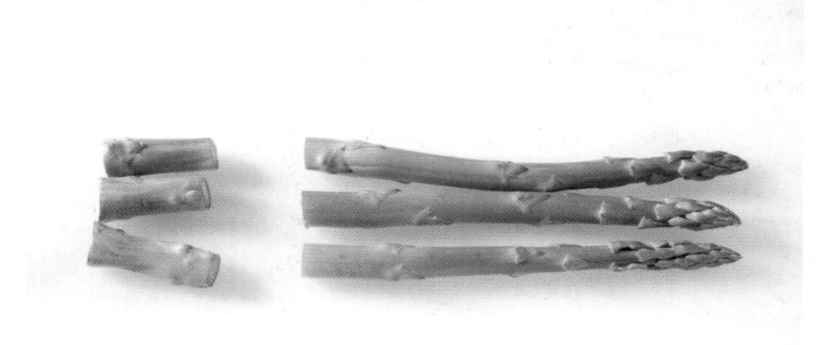

1

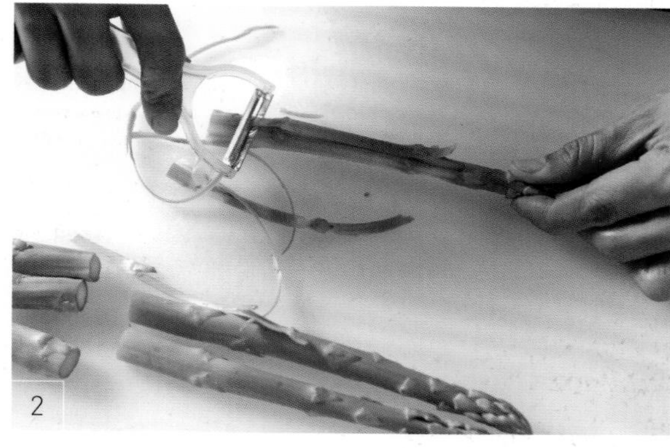

2

4

5

1 아스파라거스의 뿌리쪽 색이 연한 부분은 질기므로 잘라낸다.

2 질긴 섬유질이 많은 껍질은 필러로 벗긴다.

3 대파는 하얀 대만 잘라서 사용한다.

4 양파는 껍질째 1/2 또는 1/4 크기로 잘라 소금, 후추를 뿌리고 올리브오일을 발라 놓는다.

5 달궈진 그릴 위에 재료들을 올려 타지 않게 돌려가며 굽는다.

채소버섯볶음

재료
청피망 1/2개
홍피망 1/2개
새송이버섯 1/2개
표고 1/2개
아스파라거스 1줄기
버터 1큰술
화이트와인 적당량
올리브오일 적당량
소금, 후추 적당량
* 사진에는 채소로 피망(청/홍)만 사용했지만,
그 외 다양한 재료를 함께 볶아도 좋다.

1

2

1 피망은 윗부분을 잘라 속씨를 뺀다.

2 반을 잘라 삼각형으로 자른다.

3 아스파라거스의 뿌리쪽 색이 연한 부분은 질기므로 잘라내고, 질긴 섬유질이 많은 껍질은 필러로 벗긴다.

4 버섯 종류는 한입크기보다 조금 더 크게 자른다.

5

6

5 달궈진 팬에 오일을 두르고 채소와 버섯을 넣고 볶는다.

6 소금, 후추로 간을 하고 어느 정도 볶아지면 화이트와인을 넣어 잡내를 날려준다.

7 볶은 후 불을 끄고 버터를 넣어 풍미를 더한다.

7

PROFILE

정건호

해양대학교를 졸업하고 선상생활을 하면서 유일한 낙은 세계를 돌아다니며 잠깐이나마 맛볼 수 있었던 각국의 요리였다. 당시 티본스테이크, 폭찹 등이 대중화되지 않았던 시기에 어렵지 않게 즐겼던 일은 휴가 중 주변지인들에게 나만의 자랑거리가 되기도 했다. 인도네시아의 란당, 호주에서의 스테이크, 유럽의 소시지류 등은 정말이지 특별한 경험이었다.
유난히도 배멀미가 심해 3년이라는 항해를 마치고 IT 회사에 들어가 신사업 기획 업무를 담당하다가, 우연히 축산업 유통과 IT 접목에 관심을 갖기 시작하였다. 축산시장을 분석해보면서 「커피, 빵 등보다 식탁의 중심이며 무한한 잠재력을 가진 육류시장이 왜 대중들로부터 관심 받지 못할까?」라는 궁금증이 커졌다. 이에 대한 답을 찾고자 하는 열정이 강해져 정육회사에 취직하였다.
발골과 정육판매를 병행하는 회사였다. 이곳에서 「3등급」이라는 인연을 만나게 되었다. 당시에는 판매조차 생소했던 육우 3등급을 저렴하게 판매하던 회사에서 유일한 고민거리는 식감이었다. 저렴한 가격과 고소함 등은 소비자에게 호평을 받았지만, 오래오래 씹어야만 하는 식감은 꼭 풀어야 할 숙제였다. 일이 손에 익을 무렵부터 연육을 위해 밤새워 연구했고, 효소를 이용한 연육제 개발과 숙성을 이용한 자연연육방법만이 이 숙제를 해결할 수 있다고 생각했다. 마침 이 시기에 사회적으로「마블링」이 건강 이슈로 대두되어 소비자가 1⁺⁺ 등급에 대해 다시 생각하기 시작했다.

2010년 국내 최초로 3등급 육우를 이용한 숙성전문매장을 창업하였다. 돌이켜보면 인생 최대의 도전이었다. 당시 강남 서초에서 육우를 판매하는 정육점은 솔직히 찾아볼 수 없었고, 특히나 3등급을 대형마트(코스트코) 인근에서 판매한다는 것은 업계사람들로부터「또라이」라는 소리를 들을 정도였다. 결과가 뻔히 보이는 싸움이라며 소를 공급받을 거래처를 찾는 것도 어려웠다.

「마블링이 싫어요.」 매장에 가장 먼저 내걸었던 글이었다. 이때 매장을 찾는 고객 대부분은 이 말이 궁금해서 문을 열고 들어왔다고 한다. 나의 숙성철학은「건강하고 부드럽게」이다. 이것이 고객에게 잘 전달되었는지 얼마 지나지 않아 많은 사람들이 찾아왔고 심지어 방송에서도 유명세를 타게 되었다. 그런 중에 뜻밖의 선물이 찾아왔다.「서울대 · 숙명여대 컨소시엄 저지방 저등급 부가가치 증진 프로젝트 주관책임 연구원」. 2015년 농림축산식품부 연구과제의 최종 과제수행사로 나의 회사가 선정되었다. 이 책을 통해 서울대학교 조철훈 교수님과 숙명여자대학교 윤요한 교수님께 감사드린다. 3년의 숙성연구기간 동안 스스로 축산시장과 고객에게 더욱 자신감 있는 사람으로 거듭나게 되었던 것 같다.

지금은 숙성이 특정인의 기술이나 유행이 아닌 필수과정이 되어야 한다는 생각으로「한국바이에른식육학교」라는 교육회사를 설립하여 독일의 육가공 기술과 숙성, 발골, 정육 기술을 교육하고 있다. 무한한 발전가능성이 아직도 남아있는 축산시장에서 사업보다는 연구와 개발, 그리고 올바른 정보를 전달하여 내가 몸담고 있는 시장에 도움이 되고자 한다. 독일 최고의 마이스터 교육기관인「1.Bayerische Fleischerschule Landshut」과 제휴하여 선진 육가공 기술과 새로운 육류문화를 발굴함으로써 우리의 축산시장을 지원하려고 노력하고 있다.

숙성육의 기술

펴낸이 유재영
펴낸곳 그린쿡
글 정건호
사 진 한정선

기 획 이화진
책임편집 이화진
디자인 임수미

1판 1쇄 2021년 11월 15일
1판 2쇄 2023년 5월 31일
출판등록 1987년 11월 27일 제10-149

주 소 04083 서울 마포구 토정로 53(합정동)
전 화 324-6130, 6131
팩 스 324-6135
E-메일 dhsbook@hanmail.net
홈페이지 www.donghaksa.co.kr
www.green-home.co.kr
페이스북 www.facebook.com/greenhomecook
인스타그램 www.instagram.com/__greencook

ISBN 978-89-7190-794-8 13590

DRY-AGING
WET-AGING
MIXED-AGING